高等学校规划教材

高等数学

秦少武　张绪林　主编

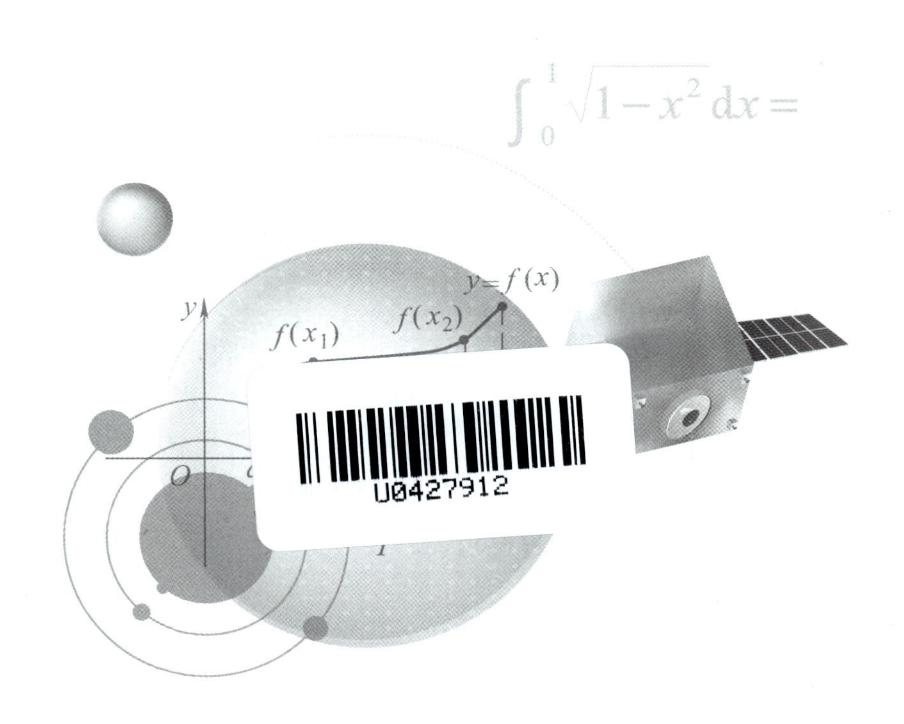

化学工业出版社
·北京·

内容简介

《高等数学》是按照新形势下高职教育改革的精神，结合编者多年的教学实践编写而成的。全书共分八章，主要内容为：函数、极限与连续，导数及其应用，不定积分，定积分及其应用，微分方程，多元函数微积分，无穷级数，线性代数初步。本书编写以"必需、够用"为度，在传统数学体系基础上，进行了必要的整合和创新，力求降低难度、分散难点，简明实用，通俗易懂，符合学生心理特征和认知规律。本书与同时出版的教学辅导用书《高等数学辅导与检测》（张绪林、秦少武 主编，化学工业出版社出版）配套使用。

本书可作为高职高专、成人教育及同类学校各专业的高等数学教材或学生的自学用书。也可作为专升本的教材或参考书。

图书在版编目（CIP）数据

高等数学/秦少武，张绪林主编. —北京：化学工业出版社，2021.9（2023.10重印）

高等学校规划教材

ISBN 978-7-122-39729-4

Ⅰ.①高… Ⅱ.①秦… ②张… Ⅲ.①高等数学-高等学校-教材 Ⅳ.①O13

中国版本图书馆CIP数据核字（2021）第162822号

责任编辑：甘九林　杨　菁　闫　敏　　装帧设计：张　辉
责任校对：王　静

出版发行：化学工业出版社（北京市东城区青年湖南街13号　邮政编码100011）
印　　装：河北鑫兆源印刷有限公司
787mm×1092mm　1/16　印张11¾　字数284千字　2023年10月北京第1版第3次印刷

购书咨询：010-64518888　　售后服务：010-64518899
网　　址：http：//www.cip.com.cn
凡购买本书，如有缺损质量问题，本社销售中心负责调换。

定　　价：46.00元　

《高等数学》
编写人员

主　　编　秦少武　张绪林

参编人员　严中芝　卢社军　郑清平

　　　　　董文娟　何丙年

前　言

随着高职教育的迅猛发展，目前在生源状况、培养目标及教学模式等方面都发生了很大变化。为了适应这些变化，满足高职数学课程教与学的需要，编者在多年的高职教学研究与实践的基础上，依照教育部颁布的“高职数学课程教学基本要求”，结合高职教育的职业特色和学生现状，编写了本教材。本教材遵循了高职基础课教学“为专业课服务为宗旨”“以应用为目的，以够用为度”的原则，凸显了“易教、易学、易用”“理实一体化”的特征，体现了数学教学的人文性和使学生具有一定的可持续发展性。本教材具有以下特点：

1.体系优化，内容精练，循序渐进。

在保证知识体系完整的基础上，为兼顾各学科需求，对传统的教材体系进行了必要的整合和创新，加入了线性代数初步等内容，删去那些与专业学习关系不大的内容，舍去不必要的繁琐证明，减少复杂的计算。笔者对各个知识点都作了精心安排与提炼，对各个小节及知识点的先后次序进行了反复推敲与斟酌。在内容编排上由易到难、由浅入深、循序渐进；在文字描述上通俗易懂、图文并茂，使抽象的内容直观化；特别是在例题的组织上，使每一个例题都具有典型性和示范性，对于前后例题间的知识覆盖面和难易度、相似性与相异性等都有较多兼顾，力求使读者能够举一反三，触类旁通。

2.浅显实用，教师易教，学生易学。

本书淡化了理论性，强化了知识的实用性和教学的适用性，做到了“新、精、透”（体例与形式及题型与材料新颖，内容的选编、讲解及语言精练，知识点、例题及学法指导讲解透彻）；采用批注式解读，使知识干货化，要点清单化。各个小节中都明确了学习要求及知识的重难点，归纳了解题的要点和思路，指出了一些易错点及对策，总结了一些重要规律和结论，这样大大降低高职数学的教与学的难度。本书既是教材，又是讲义，还可当作笔记本；既便于教师轻松地教，又便于学生高效地学。教师翻开本书就知道“教什么、怎么教”，感觉到“轻松、好教”；学生翻开本书就知道“学什么、怎么学、学后怎么应用”，感觉到“易学、能学、愿意学”。

3.强化基础训练，习题深度和广度适中，题型丰富而贴近实际。

精心选编富有启发性、应用性、为专业服务的题目，每节都配有大量的基础题、适量的拓展题、极少量的拔高题，并配合常见的考试题型与同步考试接轨。习题循序渐进，梯度合理，层次分明。同时通过配套的辅导用书，对本书的习题和复习题进行详解详析，剖析及拓展关联知识与方法技巧，便于自学和自我检测、查阅和查缺补漏，帮助学生答疑解惑，消除可能存在的疑虑，弥补课堂上听课的疏漏，养成良好、规范的答题习惯，强化学生对知识的掌握，实现从知识到能力的过渡。

4.满足职业岗位要求，体现数学教学改革思路，凸显数学教学中的人文性。

为着眼学生未来发展，适应社会岗位的全方位要求，本书努力挖掘数学的思维训练和文化素质教育的功能，注重了学生基本运算能力和分析问题、解决问题能力的培养；设置了“想一想”“练一练”等栏目，引发学生思考问题，拓展思路，提高学生的学习兴趣，培养学生的创新思维、动手能力和主动学习的能力。本书旨在使学生能够获得专业课程、职业岗位及终身学习所必需的重要的数学知识及应用技能，逐步形成关键能力、必备的品格和正确的价值观。

5.版面新颖，色调醒目，栏目实用。

采用主次版面设计，双色彩版印刷。主版面讲述知识内容；辅以“本节导学”“注意”“提示”等栏目。帮助学生理清知识脉络，抓住重点，突破难点，辨析疑点，总结学习方法及基本规律与结论；同时，对重要的定义、定理、性质以及易错易混点加以注释，揭示实质和内涵，便于识别和理解，增强记忆和正确运用；对典型例题给出点评、分析与说明，并对解题方法与技能加以归纳和总结；对学生的易错点加以挖掘、归纳与诊断，析理透彻，有助于学生识错纠错、远离误区；另外，空余版面可留给学生记笔记、写反思、做总结。这样主次版面对照，对知识透析全解，有助于学生知识的梳理和整合、能力的培养和提升。

限于编者水平，书中难免有不妥之处，恳请读者批评指正。

编　者

目 录

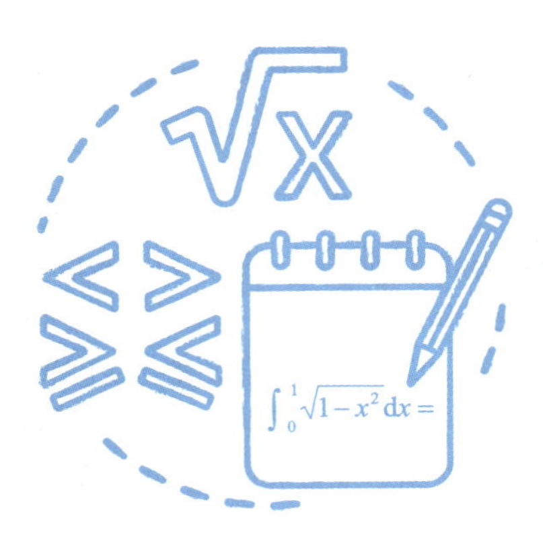

第一章 函数、极限与连续

函数是高等数学中最重要的基本概念之一，也是微积分学研究的主要对象；极限是研究微积分学的重要工具，并作为重要的思想方法和研究工具，贯穿于高等数学课程的始终；连续是函数的一个重要性态。本章先简要回顾函数的相关知识，然后重点讨论函数的极限与连续的基本概念、基本性质、基本运算和实际应用，为进一步学习微积分知识奠定基础。

本节导学

内容：（1）函数的概念；（2）函数的性质；（3）初等函数。

重点：（1）熟练掌握基本初等函数的图像与性质；（2）会求函数的值与定义域。

难点： 掌握复合函数的复合过程。

第一节 函数

一、函数的概念

1. 函数的定义

定义 设有两个变量x和y，D是一个非空实数集，如果对于数集D中的任意一个数x，依照某个对应法则f，都有唯一确定的数y与之对应，那么y就叫做定义在数集D上的x的函数，记作$y=f(x)$。其中x称为**自变量**，y称为**函数变量**（或**因变量**），D称为函数的**定义域**（或自变量x的取值范围）。

注 意

函数中，依照对应法则f，函数y只能有唯一确定的值y_0相对应。

如果对于确定的$x_0\in D$，依照对应法则f，函数y有唯一确定的值y_0相对应，则称y_0为$y=f(x)$在x_0处的函数值，记作$y_0=y\big|_{x=x_0}=f(x_0)$。

所有函数值构成的集合称为函数的**值域**，记作$f(D)$。

练一练

设$f(x)=x^2-2x$，求$f(1)$，$f(-x)$。

例题解析

例 1 设$f(x)=3x^2-2x+1$，求$f(0)$，$f(m)$，$f(a+1)$。

解 $f(0)=3\times0^2-2\times0+1=1$；$f(m)=3m^2-2m+1$；

$f(a+1)=3(a+1)^2-2(a+1)+1=3a^2+4a+2$。

2. 函数的两个要素

想一想

怎样区分两个函数不是相同函数呢？

函数$y=f(x)$由定义域D和对应法则f唯一确定，故定义域和对应法则称为函数的两个要素。如果两个函数的定义域和对应法则都相同，我们就说这两个函数是**相同函数**。相同函数只与函数的两个要素有关，而与变量用什么字母表示无关。例如函数$y=x^2$和函数$v=t^2$是相同函数。

提 示

$y=\lg x$称为常用对数函数，是以10为底的对数$y=\log_{10}x$的简写；而$y=\ln x$称为自然对数函数，它是以e为底的对数$y=\log_{e}x$的简写。其中$e\approx2.71828\cdots$，称为自然常数。

例题解析

例 2 判断下列各组函数是否相同。

（1）$f(x)=2\lg x$，$g(x)=\lg x^2$；

（2）$f(x)=\sqrt[3]{x^4-x^3}$，$g(x)=x\sqrt[3]{x-1}$；

（3）$f(x)=x$，$g(x)=\sqrt{x^2}$。

解 （1）因为$f(x)=2\lg x$的定义域为$(0,+\infty)$，而$g(x)=\lg x^2$的定义域为$(-\infty,0)\cup(0,+\infty)$。两个函数定义域不同，所以$f(x)$和$g(x)$不相同。

（2）因为$f(x)$和$g(x)$的定义域都是$(-\infty,+\infty)$，且$f(x)=\sqrt[3]{x^4-x^3}=x\sqrt[3]{x-1}=g(x)$，所以$f(x)$和$g(x)$是相同函数。

（3）因为$f(x)=x$，$g(x)=\sqrt{x^2}=|x|$，两者对应法则不一致，所以$f(x)$和$g(x)$不相同。

想一想

$f(x)=\dfrac{x^2-4}{x-2}$与$\varphi(x)=x+2$是不是同一个函数？

3. 函数的表示法

函数的表示法常用的有三种：**解析法**（公式法）、**列表法**、**图像法**。

在高等数学中，函数的表示主要用解析法，其优点是便于理论推导和计算；有时也用列表法和图像法，这两种方法的优点是直观形象，易看出函数的变化趋势。

4. 分段函数

实际中，有时会遇到一个函数在定义域的不同范围内用不同的解析式来表示的情形，像这样表示的函数称为**分段函数**。

几种特殊的分段函数举例如下。

（1）绝对值函数

$y=|x|=\begin{cases}x & (x\geqslant0)\\ -x & (x<0)\end{cases}$，定义域为$D=(-\infty,+\infty)$，值域为$f(D)=[0,+\infty)$。其图形如图 1-1 所示。

(2) 符号函数

$$f(x)=\operatorname{sgn} x=\begin{cases}-1 & (x<0)\\ 0 & (x=0)\\ 1 & (x>0)\end{cases}$$

此函数定义域为 $D=(-\infty,+\infty)$，值域为 $f(D)=\{-1,0,1\}$，其图形如图 1-2 所示。

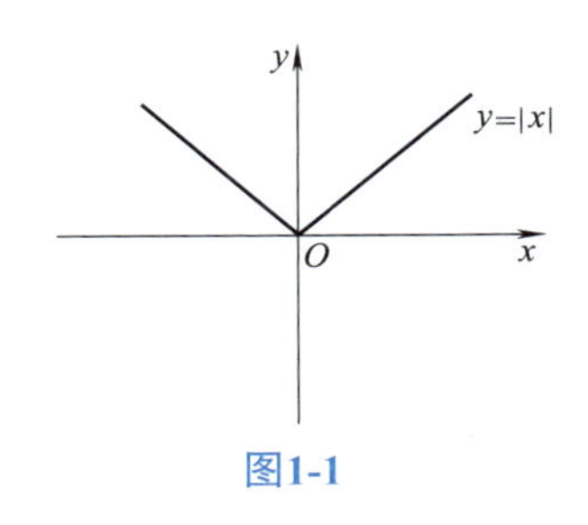

图1-1

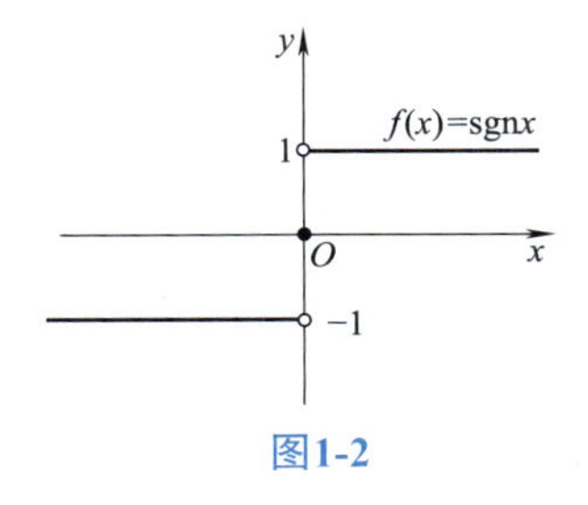

图1-2

注 意

分段函数是一个函数，而不是几个函数。它的定义域是各段区间的并集。求分段函数的函数值，应将自变量的值代入其所属区间的对应表达式，再进行计算。

例题解析

例 3 已知函数 $f(x)=\begin{cases}x^2 & (0\leqslant x\leqslant 1)\\ x-1 & (x>1)\end{cases}$，求 $f(x)$ 的定义域及 $f(0.5)$，$f(1)$，$f(2)$。

解 $f(x)$ 的定义域为 $[0,1]\cup(1,+\infty)=[0,+\infty)$。

$f(0.5)=0.5^2=0.25$；$f(1)=1^2=1$；$f(2)=2-1=1$。

练一练

已知函数 $f(x)=\begin{cases}x^2 & (x\leqslant 2)\\ \sqrt{x-2} & (x>2)\end{cases}$，求 $f(x)$ 的定义域及 $f(-1)$，$f(2)$，$f(6)$。

在实际问题中，函数的定义域是根据所考察问题的实际意义来确定的。对于抽象函数，其定义域是使函数有意义的全体自变量的集合。常见的有：

(1) 在分式函数中，分母不能为零；

(2) 在根式函数中，负数不能开偶次方；

(3) 在对数函数中，真数要大于零；

(4) 在三角函数和反三角函数中，要符合它们的定义域；

(5) 在分段函数中，应取各部分定义域的并集；

(6) 在含有多种式子的函数中，应取各部分定义域的交集。

想一想

求函数 $y=\sqrt{x-2}+\ln(x-1)$ 的定义域时，要满足哪些条件呢？

例题解析

例 4 求下列函数的定义域：

(1) $y=\sqrt{x+2}+\dfrac{1}{4-x^2}$；　(2) $y=\lg\dfrac{x+1}{x-1}$。

解 (1) 要使函数 $y=\sqrt{x+2}+\dfrac{1}{4-x^2}$ 有意义，必须有 $\begin{cases}x+2\geqslant 0\\ 4-x^2\neq 0\end{cases}$，

解之得，$\begin{cases} x \geqslant -2 \\ x \neq \pm 2 \end{cases}$。所求定义域为$(-2,2) \cup (2,+\infty)$。

（2）要使函数$y = \lg \dfrac{x+1}{x-1}$有意义，必须有$\dfrac{x+1}{x-1} > 0$，且$x-1 \neq 0$。解之得，$x<-1$ 或$x>1$。所求定义域为$(-\infty,-1) \cup (1,+\infty)$。

二、函数的性质

1. 奇偶性

提 示

判断函数奇偶性的前提条件是函数的定义域要关于原点对称。

想一想

函数$f(x)=x^2$，$x \in (-1,3)$是偶函数吗？

定义 如果函数$y=f(x)$的定义域D关于原点对称，且对于任意的$x \in D$，都有$f(-x)=-f(x)$，那么$y=f(x)$叫做**奇函数**；如果都有$f(-x)=f(x)$，那么$y=f(x)$叫做**偶函数**；如果函数$y=f(x)$既不是奇函数也不是偶函数，则称$y=f(x)$为**非奇非偶函数**。

例如函数$f(x)=x^2$，由于$f(-x)=(-x)^2=x^2=f(x)$，所以$f(x)=x^2$是偶函数；又如函数$f(x)=x^3$，由于$f(-x)=(-x)^3=-x^3=-f(x)$，所以$f(x)=x^3$是奇函数。如图 1-3。

想一想

从图形上看，偶函数的图形关于_____对称，奇函数的图形关于_____对称。

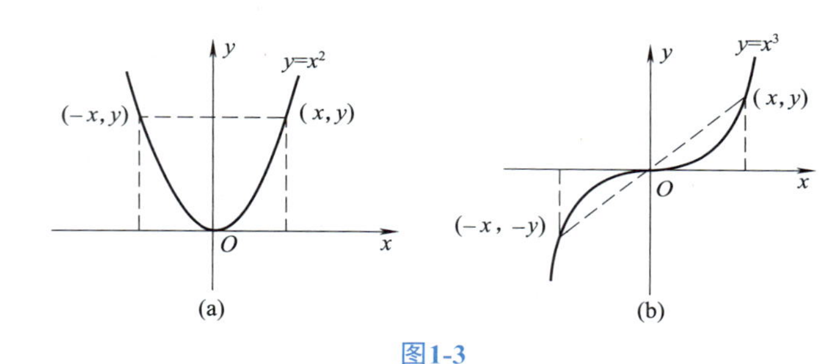

图1-3

2. 单调性

提 示

讨论函数的单调性时必须指明与之相对应的单调区间。

定义 如果函数$f(x)$在区间I上有定义（即I是函数$f(x)$的定义域或定义域的一部分）。如果对于区间I上任意两点x_1与x_2，当$x_1<x_2$时，均有$f(x_1)<f(x_2)$（或$f(x_1)>f(x_2)$），那么称函数$f(x)$在区间I上**单调增加**（或**单调减少**），区间I叫做函数$f(x)$的单调增加（或单调减少）区间。

想一想

函数$f(x)=x^3$的单调区间是________，函数$f(x)=x^2$的单调区间是________。

显然，单调增加函数的图像沿x轴正向是逐渐上升的（如图 1-4）；单调减少函数的图像沿x轴正向是逐渐下降的（如图 1-5）。

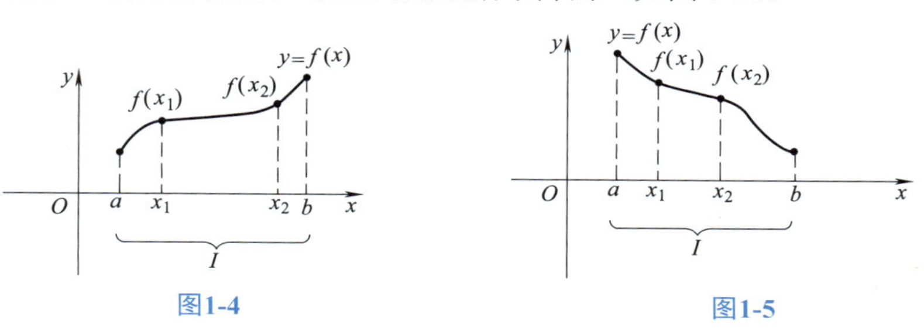

图1-4　　图1-5

3. 周期性

定义 对于函数 $f(x)$，如果存在一个非零常数 T，使得对于其定义域内的每一个 x，都有 $f(x+T)=f(x)$ 成立，则称 $f(x)$ 是**周期函数**，T 称为其**周期**。

显然，如果 T 是 $f(x)$ 的周期，则 nT（n 是整数）均为其周期。一般提到的周期均指最小正周期。

我们常见的三角函数，$y=\sin x$，$y=\cos x$ 都是以 2π 为周期，$y=\tan x$，$y=\cot x$ 都是以 π 为周期。

想一想

$y=\cos 3x$ 的周期 $T=$_____。

4. 有界性

定义 设函数 $f(x)$ 在区间 I 内有定义，如果存在一个正数 M，使得对于区间 I 内任意的 x，恒有 $|f(x)|\leqslant M$ 成立，则称 $f(x)$ 在区间 I 内有界；如果不存在这样的数 M，则称 $f(x)$ 在 I 内无界。如图 1-6。

想一想

常数函数 $f(x)=C$ 是有界还是无界？

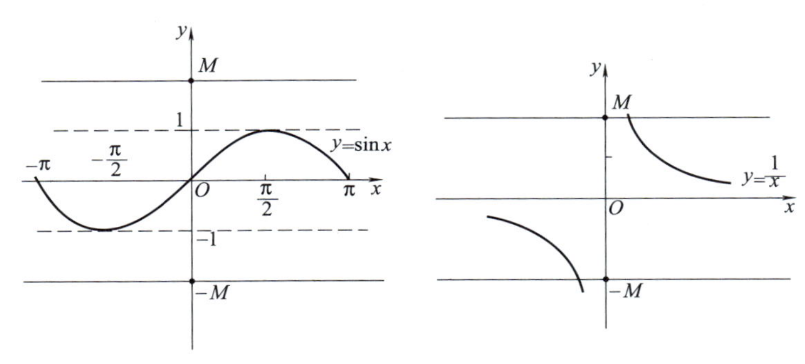

图1-6

例如函数 $f(x)=\sin x$ 在 $(-\infty,+\infty)$ 上是有界的，因为 $|\sin x|\leqslant 1$；而函数 $f(x)=\dfrac{1}{x}$ 在 $(0,1)$ 内无上界，在 $(1,2)$ 内有界。

三、初等函数与反函数

1. 基本初等函数

在初等数学中我们已经接触过下面各类函数。

常数函数：$y=C$（C 为常数）

幂函数：$y=x^{\alpha}\ (\alpha\neq 0)$

指数函数：$y=a^{x}\ (a>0\text{且}a\neq 1)$

对数函数：$y=\log_{a}x\ \ (a>0\text{且}a\neq 1)$

三角函数：$y=\sin x$，$y=\cos x$，$y=\tan x$，$y=\cot x$，$y=\sec x$，$y=\csc x$

反三角函数：$y=\arcsin x$，$y=\arccos x$，$y=\arctan x$，$y=\operatorname{arccot} x$

以上这六种函数统称为**基本初等函数**。

为了读者学习的方便，我们将这六种基本初等函数的表达式、定义域、值域、图形、性质等列表表示如下。

提 示

三角函数中，正割函数 $y=\sec x=\dfrac{1}{\cos x}$；余割函数 $y=\csc x=\dfrac{1}{\sin x}$。

函数	图形	定义域与值域	性质
常数函数 $y=C$（C 为常数）	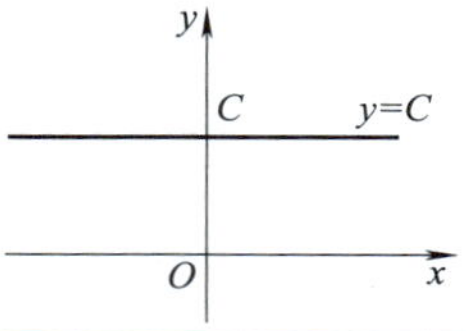 y C $y=C$ O x	$x\in(-\infty,+\infty)$ $y\in\{C\}$	偶函数，有界函数
幂函数 $y=x^n$（n 为常数）	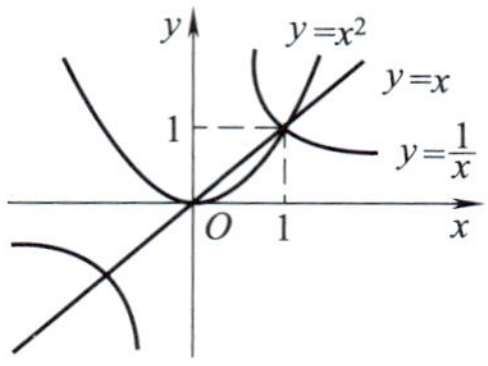 y $y=x^2$ $y=x$ 1 $y=\frac{1}{x}$ O 1 x	在 $(0,+\infty)$ 都有定义与取值；在其他范围是否有定义与取值，由常数 n 决定	经过 $(1,1)$ 点。在第一象限内，当 $n>0$ 时，函数单调增加；当 $n<0$ 时，函数单调减少
指数函数 $y=a^x$（$a>0$，$a\neq1$，a 为常数）	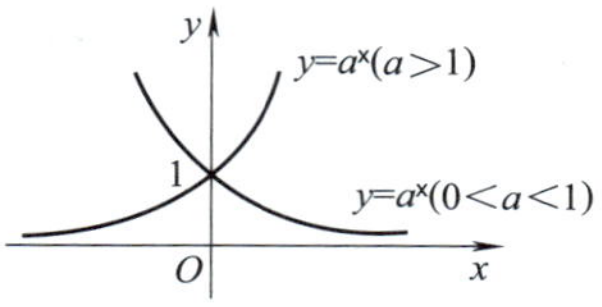 y $y=a^x(a>1)$ 1 $y=a^x(0<a<1)$ O x	$x\in(-\infty,+\infty)$ $y\in(0,+\infty)$	经过 $(0,1)$ 点。函数值 $y>0$。当 $0<a<1$ 时，函数单调减少；当 $a>1$ 时，函数单调增加
对数函数 $y=\log_a x$（$a>0$，$a\neq1$，a 为常数）	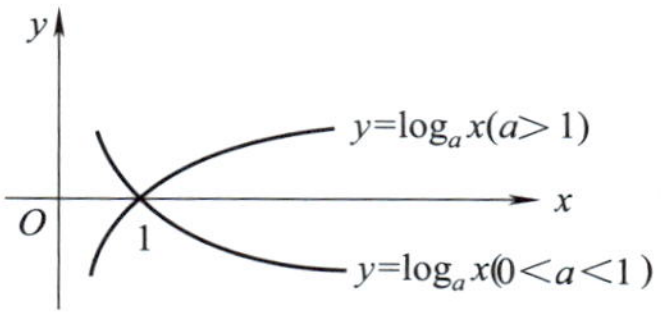 y $y=\log_a x(a>1)$ O 1 x $y=\log_a x(0<a<1)$	$x\in(0,+\infty)$ $y\in(-\infty,+\infty)$	经过 $(1,0)$ 点。函数图像在 y 轴右边。当 $0<a<1$ 时，函数单调减少；当 $a>1$ 时，函数单调增加
正弦函数 $y=\sin x$	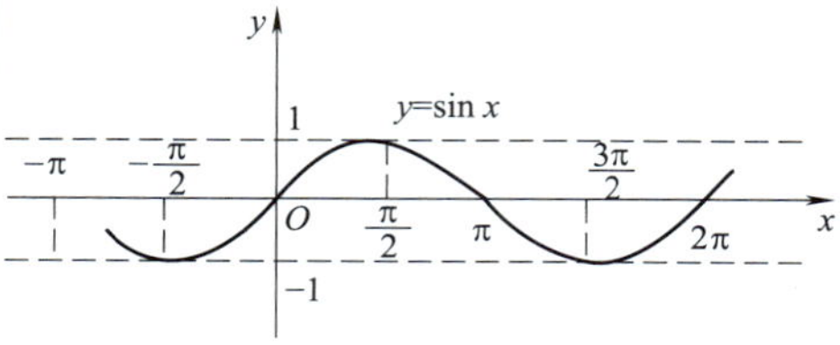 y 1 $y=\sin x$ $-\pi$ $-\frac{\pi}{2}$ $\frac{3\pi}{2}$ O $\frac{\pi}{2}$ π 2π x -1	$x\in(-\infty,+\infty)$ $y\in[-1,1]$	经过原点 $(0,0)$。奇函数。有界函数。周期函数，且最小正周期为 2π。在 $\left[2k\pi-\frac{\pi}{2},2k\pi+\frac{\pi}{2}\right]$、$k\in Z$ 内，函数单调增加；在 $\left[2k\pi+\frac{\pi}{2},2k\pi+\frac{3\pi}{2}\right]$、$k\in Z$ 内，函数单调减少
余弦函数 $y=\cos x$	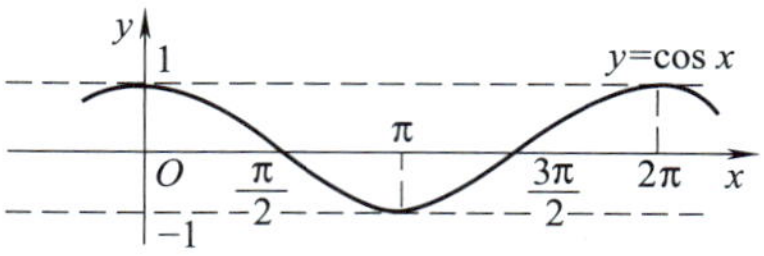 y 1 $y=\cos x$ π O $\frac{\pi}{2}$ $\frac{3\pi}{2}$ 2π x -1	$x\in(-\infty,+\infty)$ $y\in[-1,1]$	经过 $(0,1)$ 点。偶函数。有界函数。周期函数，且最小正周期为 2π。在 $[2k\pi-\pi,2k\pi]$、$k\in Z$ 内，函数单调增加；在 $[2k\pi,2k\pi+\pi]$、$k\in Z$ 内，函数单调减少
正切函数 $y=\tan x$	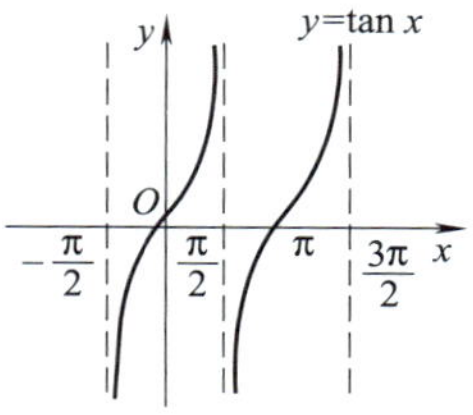 y $y=\tan x$ O $-\frac{\pi}{2}$ $\frac{\pi}{2}$ π $\frac{3\pi}{2}$ x	$x\in R$ 且 $x\neq k\pi+\frac{\pi}{2}$（$k\in Z$） $y\in(-\infty,+\infty)$	经过原点 $(0,0)$。奇函数。周期函数，且最小正周期为 π。在 $\left(k\pi-\frac{\pi}{2},k\pi+\frac{\pi}{2}\right)$、$k\in Z$ 内，函数单调增加

续表

函数	图形	定义域与值域	性质
余切函数 $y=\cot x$		$x\in R$ 且 $x\neq k\pi$（$k\in Z$）$y\in(-\infty,+\infty)$	奇函数。周期函数，且最小正周期为 π。在 $(k\pi,k\pi+\pi)$、$k\in Z$ 内，函数单调减少
反正弦函数 $y=\arcsin x$		$x\in[-1,1]$ $y\in\left[-\frac{\pi}{2},\frac{\pi}{2}\right]$	经过原点 $(0,0)$。奇函数。有界函数。函数单调增加
反余弦函数 $y=\arccos x$		$x\in[-1,1]$ $y\in[0,\pi]$	有界函数。函数单调减少
反正切函数 $y=\arctan x$		$x\in(-\infty,+\infty)$ $y\in\left(-\frac{\pi}{2},\frac{\pi}{2}\right)$	经过原点 $(0,0)$。奇函数。有界函数。函数单调增加
反余切函数 $y=\text{arccot}\, x$		$x\in(-\infty,+\infty)$ $y\in(0,\pi)$	有界函数。函数单调减少

2. 复合函数

定义　设 $y=f(u)$ 是 u 的函数，$u=\varphi(x)$ 是 x 的函数，如果函数 $u=\varphi(x)$ 的值域与 $y=f(u)$ 的定义域的交集非空，则 $y=f(u)$ 通过中间变量 u 成为 x 的函数，我们称 y 为 x 的**复合函数**。记作 $y=f[\varphi(x)]$。其中 u 称为**中间变量**。

提示

不是任何两个函数都可以复合成一个复合函数的。只有当内层函数的值域与外层函数的定义域的交集非空时，才可复合。

练一练

求由函数$y=\sqrt{u}$与$u=1-x$构成的复合函数。

练一练

写出$y=\ln(1-x)$的复合过程。

例题解析

例 5 求由函数$y=e^u$，$u=\sin v$，$v=x+1$构成的复合函数。

解 将函数逐个代入得$y=e^u=e^{\sin v}=e^{\sin(x+1)}$，即复合函数为$y=e^{\sin(x+1)}$，$x\in(-\infty,+\infty)$。

例 6 指出下列复合函数的复合过程。

（1）$y=\log_a(1+x^2)$；（2）$y=\sin^2(2x+1)$。

解 （1）$y=\log_a(1+x^2)$由$y=\log_a u$和$u=1+x^2$复合而成。

（2）$y=\sin^2(2x+1)$由$y=u^2$，$u=\sin v$，$v=2x+1$复合而成。

3. 初等函数

定义 由基本初等函数经过有限次的四则运算或有限次的复合构成的，并且能用一个解析式表示的函数称为**初等函数**。

例如，$y=e^{\sin x}$，$y=\sin(2x+1)$，$y=\sqrt{\cot\frac{x}{2}}$等都是初等函数。

提 示

求反函数的方法及步骤：反求、改写、标注反函数的定义域。

4. 反函数

定义 设给定y是x的函数$y=f(x)$。如果把y当自变量，x当函数，则由$y=f(x)$所得到的新函数$x=\varphi(y)$叫做函数$y=f(x)$的反函数，记作$x=f^{-1}(y)$。习惯上总用x表示自变量，y表示因变量，因此把反函数$x=f^{-1}(y)$改写为$y=f^{-1}(x)$，称$y=f^{-1}(x)$是$y=f(x)$的**反函数**，而称原来的函数$y=f(x)$为**直接函数**。$y=f^{-1}(x)$与$y=f(x)$互为反函数。

注 意

（1）反函数与直接函数的图形关于直线$y=x$对称。

（2）反函数的定义域就是直接函数的值域。

例题解析

例 7 求函数$y=\sqrt{x}$的反函数。

解 由$y=\sqrt{x}$求解出x，得$x=y^2$。改写后得反函数为$y=x^2$。注意到函数$y=\sqrt{x}$的值域是$[0,+\infty)$，从而其反函数的定义域为$[0,+\infty)$。

练一练

求函数$y=3x-2$的反函数。

习题1-1

1. 若$f(x+1)=x^2+3x+2$，则$f(x)=$（　　）。

A. $f(x)=x^2+3x$；　　B. $f(x)=x^2+x$；

C. $f(x)=x^2+2x$；　　D. $f(x)=x^2-x$。

2. 下列各对函数是相同函数的是（　　）。

A. $f(x)=\lg x^4$与$g(x)=4\lg x$；

B. $f(x)=\dfrac{2(x^2-1)}{x-1}$与$\varphi(x)=2(x+1)$；

C. $f(x)=\sqrt{(1-x)^2}$与$g(x)=1-x$；

D. $y=3x-1$与$u=3v-1$。

3. 下列函数中在定义域内为奇函数，且在区间 $(0,+\infty)$ 内为减函数的是（　　）。

A. $f(x)=-\dfrac{1}{x}$；　　B. $f(x)=-x^3$；

C. $f(x)=x^2-3$；　　D. $f(x)=\left(\dfrac{1}{2}\right)^x$。

4. 函数 $y=\pi+\sin x$ 是（　　）。

A. 无界函数；　B. 单调函数；　C. 偶函数；　D. 周期函数。

5. 函数 $f(x-2)=x^3-2x+3$，则 $f(1)=$___________。

6. 设函数 $f(x)$ 与 $g(x)$ 互为反函数，那么它们的图形关于____对称。

7. 设 $f(x)=x^2$，$\varphi(x)=\ln x$，则 $f[\varphi(x)]=$_________；$f[f(x)]=$___________；$\varphi[f(x)]=$_____________。

8. 函数 $f(x)=\begin{cases}3x+1 & (x\leqslant 0)\\ x-2 & (x>0)\end{cases}$ 的定义域是___________。

9. 已知函数 $f(x)=x^2-mx+1$，$f(1)=-1$，求 $f(5)$。

10. 求下列函数的定义域。

（1）$y=\dfrac{1}{4-x^2}+\sqrt{1+x}$；　　（2）$y=\arcsin\dfrac{x-3}{4}$。

11. 指出下列函数的奇偶性。

（1）$f(x)=2x^4-5x^2+1$；　　（2）$f(x)=\lg\dfrac{1-x}{1+x}$。

12. 指出下列函数的复合过程。

（1）$y=\ln\sin x$；　　（2）$y=\cos^3(1+2x)$。

第二节　极限的概念

一、数列的极限

本节导学

内容： 数列极限和函数极限的概念。

重点：（1）理解数列极限的定义；（2）理解当 $x\to\infty$ 和 $x\to x_0$ 时，函数的极限；（3）会利用变化趋势求极限。

难点： 理解并掌握函数极限存在的充要条件。

1. 数列

数列是定义在正整数集上的函数，是一列有序的数。如

（1）$\dfrac{1}{2}$，$\dfrac{2}{3}$，$\dfrac{3}{4}$，…，$\dfrac{n}{n+1}$，…；

（2）2，4，8，…，2^n，…；

（3）$\dfrac{1}{2}$，$\dfrac{1}{4}$，$\dfrac{1}{8}$…，$\dfrac{1}{2^n}$，…。

数列 a_1，a_2，…，a_n，…可简记为 $\{a_n\}$。数列 $\{a_n\}$ 可看成是自变量为正整数 n 的函数 $a_n=f(n)$，$n\in N^+$。数列中的每一个数叫做数列的**项**。第 n 项 a_n 叫做数列的**一般项或通项**。例如，数列 $\left\{\dfrac{(-1)^n}{n}\right\}$ 为：-1，$\dfrac{1}{2}$，$-\dfrac{1}{3}$，…，$\dfrac{(-1)^n}{n}$，…　。其通项公式为 $a_n=\dfrac{(-1)^n}{n}$。

提　示

数列 $\{a_n\}$ 的通项为 a_n。

如数列 $\left\{\dfrac{(-1)^n}{n}\right\}$ 中的通项公式为 $a_n=\dfrac{(-1)^n}{n}$。

2. 数列的极限

对于一个数列，我们主要关心当n无限增大时，数列的变化趋势。先看一个例子：古代哲学家庄周所著的《庄子 · 天下篇》引用过一句话，“一尺之棰，日取其半，万世不竭”。把每天截下部分的长度列出如下（单位为尺）：第 1 天截下$\frac{1}{2}$，第 2 天截下$\frac{1}{2}\times\frac{1}{2}=\frac{1}{2^2}$，第 3 天截下$\frac{1}{2}\times\frac{1}{2^2}=\frac{1}{2^3}$，…，第$n$天截下$\frac{1}{2}\times\frac{1}{2^{n-1}}=\frac{1}{2^n}$。依次不断进行下去，得到一个数列：$\frac{1}{2}$，$\frac{1}{2^2}$，$\frac{1}{2^3}$，…，$\frac{1}{2^n}$，…。

不难看出，数列$\left\{\frac{1}{2^n}\right\}$的通项$\frac{1}{2^n}$的变化趋势是随着$n$的无限增大而无限趋近于零。

数列的极限是无限趋近于某一个确定的常数。不能是两个或多个常数。

定义 一般地说，对于数列$\{a_n\}$，若当n无限增大时，a_n能无限地趋近于某一个确定常数A，则称此数列的**极限**为A，或称数列**收敛**于A，记作$\lim\limits_{n\to\infty}a_n=A$或$a_n\to A(n\to\infty)$。（读作：当$n$趋近于无穷大时，$a_n$的极限等于$A$或当$n$趋近于无穷大时，$a_n$趋近于$A$。）

由于n仅限于取正整数，所以，习惯上往往把数列极限的记号$n\to+\infty$写成$n\to\infty$。

数列 1，−1，1，−1，…是不是收敛的?

若数列$\{a_n\}$的极限不存在，则称$\{a_n\}$不收敛，或称$\{a_n\}$**发散**。

例题解析

例 1 观察下列数列的变化趋势，判断数列是否收敛。若收敛，请指出它们的极限，并用$\lim\limits_{n\to\infty}a_n$的形式表示出来。

（1）1，$\frac{1}{2}$，$\frac{1}{3}$，…，$\frac{1}{n}$，…；

（2）$\frac{1}{2}$，$\frac{1}{4}$，$\frac{1}{8}$，…，$\frac{1}{2^n}$，…；

（3）3，3，3，…，3，…；

（4）2，4，6，…，$2n$，…。

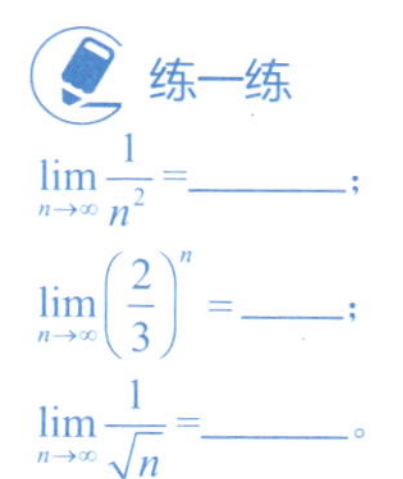

$\lim\limits_{n\to\infty}\frac{1}{n^2}=$______；

$\lim\limits_{n\to\infty}\left(\frac{2}{3}\right)^n=$______；

$\lim\limits_{n\to\infty}\frac{1}{\sqrt{n}}=$______。

提 示

可以作为公式的几个结论：

$\lim\limits_{n\to\infty}\frac{1}{n^\alpha}=0(\alpha>0)$，

$\lim\limits_{n\to\infty}q^n=0(|q|<1)$，

$\lim\limits_{n\to\infty}C=C(C为常数)$。

解 （1）因为当n无限增大时，$\frac{1}{n}$无限趋近于 0，所以数列$\left\{\frac{1}{n}\right\}$是收敛的，且$\lim\limits_{n\to\infty}\frac{1}{n}=0$；（2）因为当$n$无限增大时，$\left(\frac{1}{2}\right)^n$无限趋近于 0，所以数列$\left\{\left(\frac{1}{2}\right)^n\right\}$是收敛的，且$\lim\limits_{n\to\infty}\left(\frac{1}{2}\right)^n=0$；（3）该数列为常数列。它的每一项均为常数 3，当n无限增大时，它的变化趋势始终是指向 3，所以，数列$\{3\}$是收敛的，且$\lim\limits_{n\to\infty}3=3$；（4）因为当$n$无限增大时，$2n$也会无限增大，所以数列$\{2n\}$是发散的，其极限$\lim\limits_{n\to\infty}2n$不存在。

二、函数的极限

对于函数$y=f(x)$，自变量x的变化过程主要有以下两种情况：

（1）自变量的绝对值无限增大，即$x\to\infty$；

（2）自变量趋近于某一确定的点x_0，即$x\to x_0$。

1. $x\to\infty$时函数的极限

$|x|$无限增大，记为$x\to\infty$，读作x趋近于无穷大。它包括两种情形：

（1）当$x>0$且无限增大时，记为$x\to+\infty$，读作“x趋近于正无穷大”；

（2）当$x<0$且$|x|$无限增大，记为$x\to-\infty$，读作“x趋近于负无穷大”。

考察当$x\to\infty$时，函数$y=\dfrac{1}{x}$的变化趋势。

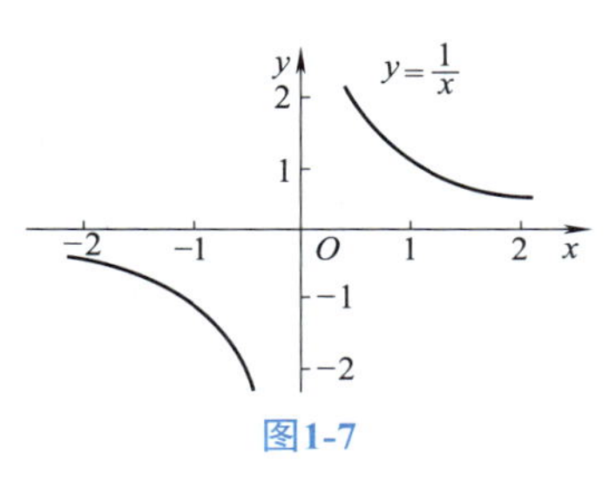

图1-7

由图1-7可以看出：当$x\to\infty$时（包括$x\to+\infty$与$x\to-\infty$两种情况），显然，函数$y=\dfrac{1}{x}$的变化趋势是无限趋近于0，即$\dfrac{1}{x}\to 0$。

> **提 示**
> 当x的绝对值无限增大时，$y=\dfrac{1}{x}$的值都无限地趋近于常数0。图像显示，当$x\to\infty$时，函数与直线$y=0$（即x轴）无限接近。

定义 如果当x的绝对值无限增大（即$x\to\infty$）时，函数$f(x)$无限趋近于一个确定的常数A，那么这个常数A就叫做函数$f(x)$当$x\to\infty$时的**极限**。记作$\lim\limits_{x\to\infty}f(x)=A$（或当$x\to\infty$时，$f(x)\to A$）。若当$x\to+\infty$（$x\to-\infty$）时，函数$f(x)$无限接近于一个确定的常数$A$，则分别记为：$\lim\limits_{x\to+\infty}f(x)=A$（或当$x\to+\infty$时，$f(x)\to A$），$\lim\limits_{x\to-\infty}f(x)=A$（或当$x\to-\infty$时，$f(x)\to A$）。

显然，由图1-7可以看出：$\lim\limits_{x\to\infty}\dfrac{1}{x}=\lim\limits_{x\to+\infty}\dfrac{1}{x}=\lim\limits_{x\to-\infty}\dfrac{1}{x}=0$。

定理 $\lim\limits_{x\to\infty}f(x)=A$的充分必要条件是

$$\lim_{x\to+\infty}f(x)=\lim_{x\to-\infty}f(x)=A。$$

例题解析

例2 求$\lim\limits_{x\to-\infty}e^x$和$\lim\limits_{x\to+\infty}e^{-x}$。

解 由图1-8，观察函数的变化趋势可知，$\lim\limits_{x\to-\infty}e^x=0$，$\lim\limits_{x\to+\infty}e^{-x}=0$。

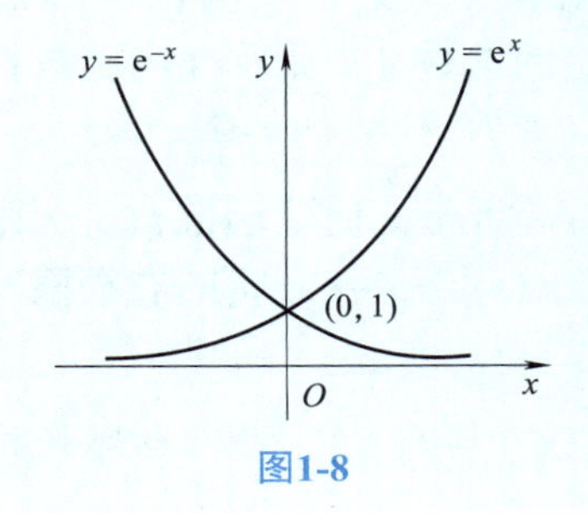

图1-8

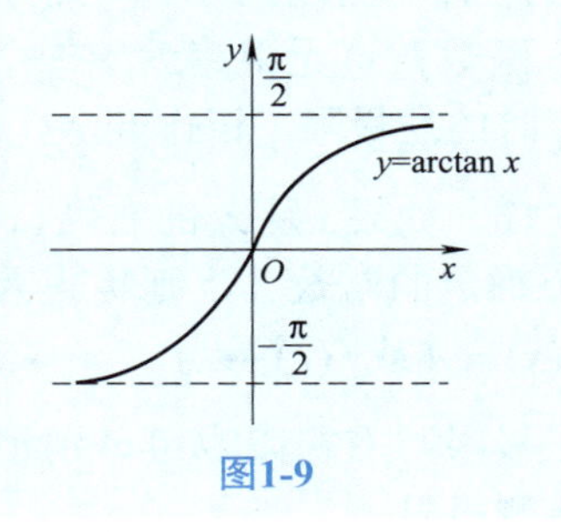

图1-9

对比 $\lim\limits_{x\to-\infty} e^x = 0$ 与 $\lim\limits_{x\to+\infty} \arctan x = \frac{\pi}{2}$、$\lim\limits_{x\to-\infty} \arctan x = -\frac{\pi}{2}$，$\lim\limits_{x\to\infty} \arctan x$ 为什么不存在？

例题解析

例 3 观察函数 $y = \arctan x$ 分别在当 $x \to +\infty$ 和 $x \to -\infty$ 时的变化趋势，再求 $\lim\limits_{x\to+\infty} \arctan x$，$\lim\limits_{x\to-\infty} \arctan x$，$\lim\limits_{x\to\infty} \arctan x$。

解 由如图 1-9，观察函数的变化趋势可知，$\lim\limits_{x\to+\infty} \arctan x = \frac{\pi}{2}$；$\lim\limits_{x\to-\infty} \arctan x = -\frac{\pi}{2}$。在这里，虽然 $\lim\limits_{x\to+\infty} \arctan x$ 与 $\lim\limits_{x\to-\infty} \arctan x$ 都存在，但它们并不相等，所以 $\lim\limits_{x\to\infty} \arctan x$ 不存在。

2. $x \to x_0$ 时函数的极限

$x \to x_0$ 表示 x 无限趋近于固定值 x_0（$x \neq x_0$），它包含三种情况：

（1）x 从大于 x_0 的右侧趋近于 x_0，记作 $x \to x_0^+$；

（2）x 从小于 x_0 的左侧趋近于 x_0，记作 $x \to x_0^-$；

（3）x 从 x_0 的左右两侧都趋近于 x_0，记作 $x \to x_0$。

定义 设 δ 是任一正数，开区间 $(x_0-\delta, x_0+\delta)$ 叫做点 x_0 的 **δ 邻域**，记作 $U(x_0,\delta)$。其中 x_0 叫做**邻域中心**，δ 叫做**邻域半径**。去掉邻域中心点的邻域叫做**去心邻域**，可记作 $\mathring{U}(x_0,\delta)$。

练一练

开区间 $(5-0.2, 5+0.2)$ 用邻域记为：______，而 $U(2,0.1)$ 可用开区间记作：______。

观察当 $x \to 1$ 时，函数 $y = \frac{x^2-1}{x-1}$ 的变化趋势。

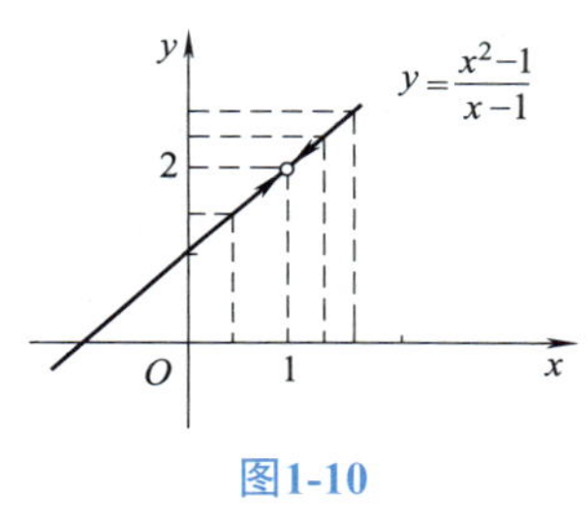

图1-10

由图 1-10 可以看出：当 $x=1$ 时，函数值不存在。但当 x 从 1 的左右两侧趋近于 1 时（而不是 $x=1$），此时 $\frac{x^2-1}{x-1} = x+1$ 趋近于 2。

定义 设函数 $f(x)$ 在 x_0 的某邻域内有定义（x_0 可以除外），如果当 x 无限趋近于定点 x_0（x 可以不等于 x_0）时，函数值无限趋近于一个确定的常数 A，则称 A 是函数 $f(x)$ 当 $x \to x_0$ 时的**极限**。记作 $\lim\limits_{x\to x_0} f(x) = A$ 或 $f(x) \to A\ (x \to x_0)$。

从数轴上来看 $x \to x_0$ 表示 x 从 x_0 的左、右两侧无限趋近于 x_0。但不能达到 x_0，即 $x \neq x_0$。

由此可知，函数 $f(x)$ 在 x_0 处的极限是否存在与该函数在 x_0 处是否有定义无关，故有 $\lim\limits_{x\to1} \frac{x^2-1}{x-1} = 2$。

想一想

函数在点 x_0 处的极限与函数在该点有定义是否有关系呢？

$x \to x_0$ 表示 x 从 x_0 的左右两侧趋向于 x_0。但有些问题中，仅需考虑 x 从 x_0 的一侧趋向于 x_0 的情形。如果 x 从 x_0 的左侧 $(x<x_0)$ 趋近于 x_0 时，函数 $f(x)$ 无限趋近于一个确定的常数 A，则称 A 为函数 $f(x)$ 当 $x \to x_0$ 时的**左极限**，记作 $\lim\limits_{x\to x_0^-} f(x) = A$ 或 $f(x) \to A\ (x \to x_0^-)$。

同样，如果 x 从 x_0 的右侧 $(x>x_0)$ 趋近于 x_0 时，函数 $f(x)$ 无限趋近于一个确定的常数 A，则称 A 为函数 $f(x)$ 当 $x \to x_0$ 时的**右极限**，记作 $\lim\limits_{x\to x_0^+} f(x) = A$ 或 $f(x) \to A$（$x \to x_0^+$）。

左极限与右极限也可分别记为 $f(x_0^-)$ 与 $f(x_0^+)$。左右极限统称为函数的**单侧极限**。

定理 $\lim\limits_{x \to x_0} f(x) = A$ 的充分必要条件是

$$\lim_{x \to x_0^-} f(x) = \lim_{x \to x_0^+} f(x) = A \text{。}$$

例题解析

例 4 设函数 $f(x)=\begin{cases} x-1 & (x<0) \\ 0 & (x=0) \\ x+1 & (x>0) \end{cases}$，求（1）$\lim\limits_{x \to 0} f(x)$，（2）$\lim\limits_{x \to 1} f(x)$。

解 （1）如图 1-11。$\lim\limits_{x \to 0^-} f(x) = \lim\limits_{x \to 0^-}(x-1) = -1$；

$\lim\limits_{x \to 0^+} f(x) = \lim\limits_{x \to 0^+}(x+1) = 1$。由于 $\lim\limits_{x \to 0^-} f(x) \neq \lim\limits_{x \to 0^+} f(x)$，所以 $\lim\limits_{x \to 0} f(x)$ 不存在。（2）$\lim\limits_{x \to 1} f(x) = \lim\limits_{x \to 1}(x+1) = 2$。

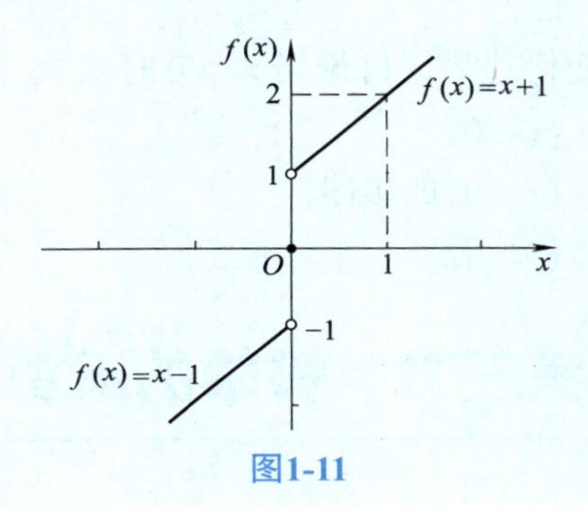

图1-11

注 意

极限存在的三点要求：（1）左极限存在；（2）右极限存在；（3）左极限等于右极限。

想一想

求函数在某一点的极限时，什么情况下要分左右极限考虑？什么情况下可以不分左右极限考虑？

练一练

设函数 $f(x)=\begin{cases} 0, & x \leqslant 0 \\ 1-x, & x>0 \end{cases}$，求 $\lim\limits_{x \to 0} f(x)$ 和 $\lim\limits_{x \to 2} f(x)$。

习题1-2

1. 下列数列的极限不存在的是（　　）。

A. 3，3，3，3，…；

B. 0，1，0，1，0，1，…；

C. $\frac{1}{\sqrt{1}}$，$\frac{1}{\sqrt{2}}$，$\frac{1}{\sqrt{3}}$，$\frac{1}{\sqrt{4}}$，…；

D. $1, -\frac{1}{2}$，$\frac{1}{3}$，$-\frac{1}{4}$，$\frac{1}{5}$，$-\frac{1}{6}$，…。

2. 若极限 $\lim\limits_{x \to x_0} f(x)$ 存在，则函数 $f(x)$ 在 x_0 处（　　）。

A. 一定有定义；　　　　B. 可以有定义，也可无定义；

C. 一定无定义；　　　　D. 有定义，且 $\lim\limits_{x \to x_0} f(x) = f(x_0)$。

3. 下列函数当 x 趋近于指定点时，极限不存在的是（　　）。

A. $y=\begin{cases} x+1 & (x \neq 2) \\ 0 & (x=2) \end{cases}$（当 $x \to 2$）；

B. $y=\begin{cases} \sin x & (x<0) \\ \frac{x}{3} & (x \geqslant 0) \end{cases}$（当 $x \to 0$）；

C. $y=\cos x$ （当 $x\to 0$）；

D. $y=\begin{cases} x & (x\leqslant 0) \\ x+1 & (x>0) \end{cases}$ （当 $x\to 0$）。

4. 填空。

（1） $\lim\limits_{n\to\infty}\left(\dfrac{3}{4}\right)^n=$______；（2） $\lim\limits_{x\to-\infty}2^x=$______；

（3） $\lim\limits_{x\to 0}e^x=$______。

5. 先观察下列数列的变化趋势，然后判断它们是否收敛。如果是收敛的，写出数列的极限。

（1） 1， 2， 3， …， n， …；

（2） 0， $\dfrac{1}{3}$， $\dfrac{2}{4}$， $\dfrac{3}{5}$， …， $\dfrac{n-1}{n+1}$， …；

（3） $\left\{1-\dfrac{1}{10^n}\right\}$。

6. 观察函数的变化趋势，讨论当 $x\to 0$ 时函数

$f(x)=\begin{cases} x^2-1 & (x<0) \\ 0 & (x=0) \\ x^2+1 & (x>0) \end{cases}$ 的极限。

第三节　极限的运算

内容：（1）极限的四则运算法则；（2）两个重要极限；（3）无穷小与无穷大。

重点：（1）极限的四则运算法则的应用；（2）会使用两个重要极限求解极限问题；（3）会利用等价无穷小的替换定理求解极限。

难点：熟练掌握极限的各种求解方法。

提　示

例1告诉我们：求多项式函数在某一点的极限，可转化为求多项式在该点的函数值，我们称这种求极限的方法为代入求值法。

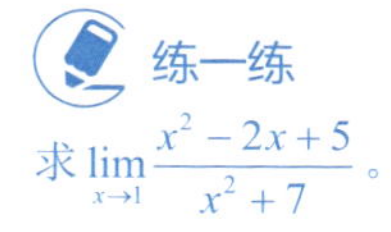

求 $\lim\limits_{x\to 1}\dfrac{x^2-2x+5}{x^2+7}$。

一、极限的四则运算法则

设自变量在同一变化过程中， $\lim f(x)=A$， $\lim g(x)=B$。则

（1） $\lim[f(x)\pm g(x)]=\lim f(x)\pm\lim g(x)=A\pm B$；

（2） $\lim[f(x)g(x)]=\lim f(x)\lim g(x)=AB$；

推论 1　$\lim Cf(x)=C\lim f(x)=CA$　（C 为常数）；

推论 2　$\lim[f(x)]^n=[\lim f(x)]^n=A^n$　（n 为正整数）；

（3） $\lim\dfrac{f(x)}{g(x)}=\dfrac{\lim f(x)}{\lim g(x)}=\dfrac{A}{B}$　（$B\neq 0$）。

说明：以上法则中，为了讨论方便，记号“lim”下面省去了自变量的变化过程，对于 $x\to x_0$， $x\to\infty$ 等情形，法则均成立；另外，法则（1）和（2）均可以推广到有限多个函数的情形。

例题解析

例 1　求 $\lim\limits_{x\to 1}\dfrac{2x+1}{x^2-2x+3}$。

解　原式 $=\dfrac{\lim\limits_{x\to 1}2\times\lim\limits_{x\to 1}x+\lim\limits_{x\to 1}1}{(\lim\limits_{x\to 1}x)^2-\lim\limits_{x\to 1}2\times\lim\limits_{x\to 1}x+\lim\limits_{x\to 1}3}=\dfrac{2\times 1+1}{1^2-2\times 1+3}=\dfrac{3}{2}$。

一般地，极限 $\lim\limits_{x\to x_0}\dfrac{a_nx^n+a_{n-1}x^{n-1}+\cdots+a_1x+a_0}{b_mx^m+b_{m-1}x^{m-1}+\cdots+b_1x+b_0}$ 中，只要分母的极限值不为零，就有在 x_0 处的极限值等于在 x_0 处的函数值。由此可见 $\lim\limits_{x\to 1}\dfrac{2x+1}{x^2-2x+3}=\dfrac{2\times 1+1}{1^2-2\times 1+3}=\dfrac{3}{2}$。

例题解析

例 2 求下列极限。

（1）$\lim\limits_{x\to 0}\dfrac{(1+x)^2-1}{x}$；（2）$\lim\limits_{x\to 0}\dfrac{\sqrt{1+x}-1}{x}$。

解（1）原式 $=\lim\limits_{x\to 0}\dfrac{1+x^2+2x-1}{x}=\lim\limits_{x\to 0}\dfrac{x^2+2x}{x}=\lim\limits_{x\to 0}(x+2)=2$；

（2）原式 $=\lim\limits_{x\to 0}\dfrac{(\sqrt{1+x}-1)(\sqrt{1+x}+1)}{x(\sqrt{1+x}+1)}=\lim\limits_{x\to 0}\dfrac{(1+x)-1}{x(\sqrt{1+x}+1)}$

$=\lim\limits_{x\to 0}\dfrac{1}{\sqrt{1+x}+1}=\dfrac{1}{2}$。

例 3 求下列极限。

（1）$\lim\limits_{x\to\infty}\dfrac{x^2-3x+5}{2x^2+5x+1}$；（2）$\lim\limits_{n\to\infty}\dfrac{2n^2+n-1}{n^3+2n+3}$。

解（1）原式 $=\lim\limits_{x\to\infty}\dfrac{1-\dfrac{3}{x}+\dfrac{5}{x^2}}{2+\dfrac{5}{x}+\dfrac{1}{x^2}}=\dfrac{\lim\limits_{x\to\infty}1-3\lim\limits_{x\to\infty}\dfrac{1}{x}+5\lim\limits_{x\to\infty}\dfrac{1}{x^2}}{\lim\limits_{x\to\infty}2+5\lim\limits_{x\to\infty}\dfrac{1}{x}+\lim\limits_{x\to\infty}\dfrac{1}{x^2}}$

$=\dfrac{1-3\times 0+5\times 0}{2+5\times 0+0}=\dfrac{1}{2}$；

（2）原式 $=\lim\limits_{n\to\infty}\dfrac{\dfrac{2}{n}+\dfrac{1}{n^2}-\dfrac{1}{n^3}}{1+\dfrac{2}{n^2}+\dfrac{3}{n^3}}=\dfrac{0+0-0}{1+0+0}=0$。

一般地，当 m、n 为正整数时，有

$$\lim_{x\to\infty}\frac{a_nx^n+a_{n-1}x^{n-1}+\cdots+a_1x+a_0}{b_mx^m+b_{m-1}x^{m-1}+\cdots+b_1x+b_0}=\begin{cases}0 & (n<m)\\ \dfrac{a_n}{b_m} & (n=m)\\ \infty & (n>m)\end{cases}。$$

例题解析

例 4 求极限 $\lim\limits_{x\to -1}\left(\dfrac{1}{x+1}-\dfrac{3}{x^3+1}\right)$。

解 原式 $=\lim\limits_{x\to -1}\dfrac{(x^2-x+1)-3}{x^3+1}=\lim\limits_{x\to -1}\dfrac{(x+1)(x-2)}{(x+1)(x^2-x+1)}$

$=\lim\limits_{x\to -1}\dfrac{x-2}{x^2-x+1}=-1$。

提 示

由例2可知，求极限时，经常遇到分子分母的极限均为零的情形，我们把它记作 $\dfrac{0}{0}$ 型。对于这种类型的极限，通常要通过因式分解、有理化因式等恒等变形的手段，通过约分消去公共的“零因子”。

想一想

通过约分手段来消去 $\dfrac{0}{0}$ 型中的“零因子”是真正的零吗？

练一练

求 $\lim\limits_{x\to 3}\dfrac{x^2-9}{x-3}$；

求 $\lim\limits_{x\to 0}\dfrac{x}{\sqrt{4+x}-2}$。

提 示

例3中，分式的分子与分母极限都是无穷大，我们把它记作 $\dfrac{\infty}{\infty}$ 型。它是不能直接使用法则的，但我们把分子与分母同除以变量n的最高次幂，变形为一些基本极限后，就可以使用极限的四则运算法则。

练一练

求 $\lim\limits_{x\to\infty}\dfrac{2x^2+x+1}{6x^2-3x+2}$。

想一想

怎样求

$\lim\limits_{n\to\infty}\dfrac{2^n+3^n}{2^{n+1}+3^{n+1}}$ 呢？

提 示

有三种情况不可以直接使用四则运算法则：（1）分母的极限为零；（2）不能保证每一项都有极限；（3）四则运算的次数不是有限次。

例 5　求极限 $\lim\limits_{n\to\infty}(\frac{1}{n^2}+\frac{2}{n^2}+\frac{3}{n^2}+\cdots+\frac{n}{n^2})$。

解　原式 $=\lim\limits_{n\to\infty}\frac{1+2+3+\cdots+n}{n^2}=\lim\limits_{n\to\infty}\frac{(1+n)n}{2n^2}=\lim\limits_{n\to\infty}\frac{\frac{1}{n}+1}{2}=\frac{1}{2}$。

二、两个重要极限

想一想

（1）极限形式是 $\frac{0}{0}$ 型；
（2）含有三角函数，具有这两个特点的极限，可考虑使用第一个重要极限。

1. 第一个重要极限 $\lim\limits_{x\to0}\frac{\sin x}{x}=1$

该重要极限具有以下特点：

（1）极限形式是 $\frac{0}{0}$ 型；

（2）含有三角函数；

（3）该极限可推广为 $\lim\limits_{\square\to0}\frac{\sin\square}{\square}=1$，其中作为整体的变量□要相同。

想一想

使用 $\lim\limits_{\square\to0}\frac{\sin\square}{\square}=1$ 时，其中三个地方的作为整体的变量□要相同，如不相同，则要变为相同。参看例7与例8。

例题解析

例 6　求 $\lim\limits_{x\to0}\frac{\tan x}{x}$。

解　原式 $=\lim\limits_{x\to0}(\frac{\sin x}{x}\times\frac{1}{\cos x})=\lim\limits_{x\to0}\frac{\sin x}{x}\lim\limits_{x\to0}\frac{1}{\cos x}=1\times1=1$。

例 7　求 $\lim\limits_{x\to0}\frac{\sin 3x}{x}$。

解　原式 $=\lim\limits_{x\to0}(\frac{\sin 3x}{3x}\times3)=3\lim\limits_{3x\to0}\frac{\sin 3x}{3x}=3\times1=3$。

提　示

重要结论：$\lim\limits_{x\to0}\frac{\sin kx}{x}=k$（$k$ 为常数）。

例 8　求 $\lim\limits_{x\to\pi}\frac{\sin x}{x-\pi}$。

解　原式 $=\lim\limits_{x-\pi\to0}\frac{-\sin(x-\pi)}{x-\pi}=-\lim\limits_{x-\pi\to0}\frac{\sin(x-\pi)}{x-\pi}=-1$。

例 9　求 $\lim\limits_{x\to0}\frac{1-\cos x}{x^2}$。

解　原式 $=\lim\limits_{x\to0}\left[\frac{(1-\cos x)(1+\cos x)}{x^2}\times\frac{1}{1+\cos x}\right]$

$=\lim\limits_{x\to0}\frac{1-\cos^2 x}{x^2}\lim\limits_{x\to0}\frac{1}{1+\cos x}=\frac{1}{2}\lim\limits_{x\to0}\frac{\sin^2 x}{x^2}=\frac{1}{2}\left(\lim\limits_{x\to0}\frac{\sin x}{x}\right)^2$

$=\frac{1}{2}\times1^2=\frac{1}{2}$。

练一练

求 $\lim\limits_{x\to0}\frac{\sin 3x}{2x}$。

提　示

使用第二个重要极限求解时，为便于理解与记忆，常常用“倒倒抄”来构造成第二个重要极限进行计算。

2. 第二个重要极限 $\lim\limits_{x\to\infty}\left(1+\frac{1}{x}\right)^x=\mathrm{e}$ 或 $\lim\limits_{x\to0}(1+x)^{\frac{1}{x}}=\mathrm{e}$

其中 e 是一个无理数，叫**自然常数**。$\mathrm{e}=2.71828\cdots\cdots$

该重要极限公式具有以下特点：

（1）极限形式是 1^∞ 型；

（2）该极限可推广为 $\lim\limits_{\square\to\infty}\left(1+\frac{1}{\square}\right)^{\square}=\mathrm{e}$ 或 $\lim\limits_{\square\to0}(1+\square)^{\frac{1}{\square}}=\mathrm{e}$，其中作为整体的变量 $\square$ 要相同。

例题解析

例 10 求 $\lim\limits_{x\to\infty}\left(1-\frac{1}{x}\right)^{x}$。

解 原式 $=\lim\limits_{x\to\infty}\left\{\left[\left(1+\frac{1}{-x}\right)^{-x}\right]^{\frac{1}{-x}}\right\}^{x}=\lim\limits_{x\to\infty}\left[\left(1+\frac{1}{-x}\right)^{-x}\right]^{-1}=\mathrm{e}^{-1}=\frac{1}{\mathrm{e}}$。

例 11 求 $\lim\limits_{x\to\infty}\left(1+\frac{2}{x}\right)^{x}$。

解 原式 $=\lim\limits_{x\to\infty}\left[\left(1+\frac{2}{x}\right)^{\frac{x}{2}}\right]^{\frac{2}{x}x}=\left[\lim\limits_{x\to\infty}\left(1+\frac{2}{x}\right)^{\frac{x}{2}}\right]^{2}=\mathrm{e}^{2}$。

例 12 求 $\lim\limits_{x\to0}(1-2x)^{\frac{1}{x}}$。

解 原式 $=\left\{\lim\limits_{x\to0}[1+(-2x)]^{\frac{1}{-2x}}\right\}^{(-2x)\frac{1}{x}}=\mathrm{e}^{-2}$。

例 13 求 $\lim\limits_{x\to1}\left(\frac{2}{x+1}\right)^{\frac{1}{1-x}}$。

解 原式 $=\lim\limits_{x\to1}\left[1+\left(\frac{2}{x+1}-1\right)\right]^{\frac{1}{1-x}}=\lim\limits_{x\to1}\left(1+\frac{1-x}{x+1}\right)^{\frac{1}{1-x}}$

$$=\left[\lim_{x\to1}\left(1+\frac{1-x}{x+1}\right)^{\frac{x+1}{1-x}}\right]^{\lim\limits_{x\to1}\left(\frac{1-x}{x+1}\times\frac{1}{1-x}\right)}=\mathrm{e}^{\frac{1}{2}}。$$

例 14 求 $\lim\limits_{x\to\infty}\left(\frac{x+1}{x-1}\right)^{x+2}$。

解 原式 $=\lim\limits_{x\to\infty}\left(\frac{x+1}{x-1}\right)^{x}\lim\limits_{x\to\infty}\left(\frac{x+1}{x-1}\right)^{2}=\lim\limits_{x\to\infty}\left(\frac{1+\frac{1}{x}}{1-\frac{1}{x}}\right)^{x}\times1$

$$=\frac{\lim\limits_{x\to\infty}\left(1+\frac{1}{x}\right)^{x}}{\lim\limits_{x\to\infty}\left(1-\frac{1}{x}\right)^{x}}=\frac{\mathrm{e}}{\mathrm{e}^{-1}}=\mathrm{e}^{2}。$$

三、无穷小量与无穷大量

1. 无穷小量

定义 如果在自变量 x 的某种变化趋势下，函数 $f(x)$ 的极限为零，则称 $f(x)$ 为该趋势下的**无穷小量**，简称**无穷小**。例如，因为 $\lim\limits_{x\to0}2x=0$，

提 示

运用第二个重要极限时，重点考虑的是极限形式为 1^{∞} 型，而不是看条件为 $x\to\infty$、$x\to0$ 或 $x\to x_0$。

提 示

利用“第二个重要极限”求极限，首先将底数构造出“1+（ ）”。然后再用倒倒抄。

注 意

例10、例11、例12均应用了“倒倒抄”来解题。注意第一个“倒”、第二个“倒”以及最后一个“抄”字各在什么位置。例13中要求出指数部分的极限。

提 示

重要结论有：

$\lim\limits_{x\to\infty}\left(1+\frac{k}{x}\right)^{x}=\mathrm{e}^{k}$ 与 $\lim\limits_{x\to0}(1+kx)^{\frac{1}{x}}=\mathrm{e}^{k}$。

想一想

例14中，如何用“倒倒抄”来解答呢？

练一练

求 $\lim\limits_{x\to\infty}\left(1-\frac{1}{x}\right)^{3x+1}$；

若 $\lim\limits_{x\to\infty}\left(1+\frac{5}{x}\right)^{kx}=\mathrm{e}^{-10}$ 则 $k=$ ____。

下列函数在自变量x怎样的变化趋势下才是无穷小？

（1）$y=2x-4$；

（2）$y=2^x$。

所以$2x$是当$x\to 0$时的无穷小。

说明：（1）无穷小是用极限来定义的，因此我们说某个函数是无穷小时，必须同时指明相应的条件，即自变量的变化趋势。例如，当$x\to\infty$时，函数$f(x)=\dfrac{1}{x}$是无穷小。而条件变为当$x\to 1$时，同样的函数$f(x)=\dfrac{1}{x}$，此时就不是无穷小。

（2）无穷小是极限为零的函数（变量），不要与很小很小的数混为一谈。

（3）以常数形式出现的无穷小只有唯一的数字0，这是因为$\lim\limits_{\substack{x\to x_0\\(x\to\infty)}} 0=0$，其他任何常数都不是无穷小。

无穷小量的性质：

（1）有限个无穷小的和是无穷小；

（2）有限个无穷小的乘积是无穷小；

（3）有界函数与无穷小的乘积是无穷小。

求$\lim\limits_{x\to+\infty}\dfrac{\cos x}{e^x}$。

例题解析

例 15 求$\lim\limits_{x\to\infty}\dfrac{\sin x}{x}$。

解 当$x\to\infty$时，$\dfrac{1}{x}$是无穷小；而$|\sin x|\leqslant 1$，即$\sin x$是有界函数。所以当$x\to\infty$时，$\dfrac{1}{x}\sin x$为无穷小与有界函数的乘积，结果仍是无穷小。所以$\lim\limits_{x\to\infty}\dfrac{\sin x}{x}=\lim\limits_{x\to\infty}\left(\dfrac{1}{x}\sin x\right)=0$。

2. 无穷大量

“∞”只是一个记号，不能表示一个确定的常数。

定义 如果在自变量x的某种变化趋势下，函数$f(x)$的绝对值无限增大，则称$f(x)$为该趋势下的**无穷大量**，简称**无穷大**。记作$\lim\limits_{x\to x_0}f(x)=\infty$或$\lim\limits_{x\to\infty}f(x)=\infty$。

例如，因为$\lim\limits_{x\to 0}\dfrac{1}{x}=\infty$，所以函数$\dfrac{1}{x}$是当$x\to 0$时的无穷大。

$e^{\frac{1}{x}}$（$x\to 0^-$）是无穷大还是无穷小？

$e^{\frac{1}{x}}$（$x\to 0^+$）是无穷大还是无穷小？

说明：（1）无穷大是绝对值无限增大的变量，不是一个很大很大的常数；（2）无穷大与自变量的变化趋势有关，讨论无穷大必须指明自变量x的变化趋势；（3）我们借用极限符号表示无穷大，即$\lim\limits_{\substack{x\to x_0\\(x\to\infty)}} f(x)=\infty$，并不表示函数$f(x)$的极限存在。

3. 无穷大与无穷小之间的关系

定理 在自变量的同一变化过程中，如果$f(x)$是无穷大，那么$\dfrac{1}{f(x)}$一定是无穷小；如果$f(x)$是无穷小，且$f(x)\neq 0$，那么$\dfrac{1}{f(x)}$一定是无穷大。

例题解析

例 16 求 $\lim\limits_{x \to 1} \dfrac{3+2x}{x^2-1}$。

解 因为 $\lim\limits_{x \to 1} \dfrac{x^2-1}{3+2x} = \dfrac{1^2-1}{3+2\times 1} = 0$，

即当 $x \to 1$ 时，$\dfrac{1}{f(x)} = \dfrac{x^2-1}{3+2x}$ 是无穷小，那么 $f(x) = \dfrac{3+2x}{x^2-1}$ 是 $x \to 1$ 时的无穷大，因此 $\lim\limits_{x \to 1} \dfrac{3+2x}{x^2-1} = \infty$。

例 17 求 $\lim\limits_{x \to \infty} \dfrac{x^3-2x-3}{2x^2-4x+1}$。

解 因为 $\lim\limits_{x \to \infty} \dfrac{2x^2-4x+1}{x^3-2x-3} = \lim\limits_{x \to \infty} \dfrac{\dfrac{2}{x}-\dfrac{4}{x^2}+\dfrac{1}{x^3}}{1-\dfrac{2}{x^2}-\dfrac{3}{x^3}} = \dfrac{0-0+0}{1-0-0} = 0$。

由无穷小与无穷大的关系，有 $\lim\limits_{x \to \infty} \dfrac{x^3-2x-3}{2x^2-4x+1} = \infty$。

练一练

求下面极限。

（1）$\lim\limits_{x \to 0} \dfrac{1}{\sin x}$；

（2）$\lim\limits_{x \to 3} \dfrac{x+3}{x^2-9}$。

4. 等价无穷小

定义 设在自变量的同一变化趋势中，$\alpha(x)$ 和 $\beta(x)$ 为无穷小，且 $\alpha(x) \neq 0$。若 $\lim \dfrac{\beta(x)}{\alpha(x)} = 1$，则称 $\beta(x)$ 与 $\alpha(x)$ 互为等价无穷小。记为 $\beta(x) \sim \alpha(x)$ [或 $\alpha(x) \sim \beta(x)$]。

常见的等价无穷小有：当 $x \to 0$ 时，有

（1）$x \sim \sin x \sim \tan x \sim e^x - 1 \sim \ln(1+x)$；

（2）$x^2 \sim 2(1-\cos x) \sim \dfrac{1}{2}(1-\cos 2x)$。

等价无穷小的替换定理　设 α、β 是自变量在同一变化趋势中的无穷小，$\alpha \sim \alpha'$，$\beta \sim \beta'$，且 $\lim \dfrac{\beta'}{\alpha'}$ 存在，则 $\lim \dfrac{\beta}{\alpha} = \lim \dfrac{\beta'}{\alpha'}$。

想一想

等价无穷小的先决条件有几个？有同学认为，只要 $\lim \dfrac{\beta(x)}{\alpha(x)} = 1$，就可认定 $\beta(x)$ 与 $\alpha(x)$ 互为等价无穷小。这样对吗？

提　示

寻求等价无穷小时，有时可以将某一整体看成是无穷小。比如，当 $x \to 1$ 时，$\sin(x^2-1) \sim x^2-1$，我们将其中的 x^2-1 看成是一个整体。

例题解析

例 18 求 $\lim\limits_{x \to 0} \dfrac{\tan 2x}{\sin 3x}$。

解 当 $x \to 0$ 时，$\tan 2x \sim 2x$，$\sin 3x \sim 3x$，则 $\lim\limits_{x \to 0} \dfrac{\tan 2x}{\sin 3x} = \lim\limits_{x \to 0} \dfrac{2x}{3x} = \dfrac{2}{3}$。

例 19 求 $\lim\limits_{x \to 0} \dfrac{1-\cos x}{x \sin x}$。

解 当 $x \to 0$ 时，$1-\cos x \sim \dfrac{1}{2}x^2$，$\sin x \sim x$，则 $\lim\limits_{x \to 0} \dfrac{1-\cos x}{x \sin x} = \lim\limits_{x \to 0} \dfrac{\dfrac{1}{2}x^2}{x \cdot x} = \dfrac{1}{2}$。

注　意

等价无穷小的替换只能适用于乘积（或商式）中。对于两个无穷小相加（或相减）时，不能用等价无穷小替换，譬如例20。

例20中，当 $x \to 0$ 时，$\sin x \sim x$，$\tan x \sim x$，则 $\lim\limits_{x\to 0}\dfrac{\tan x-\sin x}{x^3}=\lim\limits_{x\to 0}\dfrac{x-x}{x^3}=0$。这样求解对吗？

求下面极限。

（1）$\lim\limits_{x\to 0}\dfrac{\sin 5x}{\tan 7x}$；

（2）$\lim\limits_{x\to 0}\dfrac{1-\cos 2x}{x(e^{2x}-1)}$。

例 20 求 $\lim\limits_{x\to 0}\dfrac{\tan x-\sin x}{x^3}$。

解 当 $x\to 0$ 时，$\tan x\sim x$，$1-\cos x\sim\dfrac{1}{2}x^2$，则 $\lim\limits_{x\to 0}\dfrac{\tan x-\sin x}{x^3}$

$$=\lim_{x\to 0}\frac{(\tan x)(1-\cos x)}{x^3}=\lim_{x\to 0}\frac{x\cdot\frac{1}{2}x^2}{x^3}=\frac{1}{2}。$$

例 21 求 $\lim\limits_{x\to 0}\dfrac{e^{-x}-1}{x}$。

解 因为当 $x\to 0$ 时，$e^{-x}-1\sim -x$。所以 $\lim\limits_{x\to 0}\dfrac{e^{-x}-1}{x}=\lim\limits_{x\to 0}\dfrac{-x}{x}=-1$。

习题1-3

1. 设 $\lim\limits_{x\to 3}\dfrac{x+a}{x^2-5}=\dfrac{1}{4}$，则常数 $a=$（　　）。

A. 3；　B. -3；　C. -2；　D. 2。

2. $\lim\limits_{n\to\infty}\dfrac{5n+2}{n}=$（　　）。

A. 0；　B. 1；　C. 2；　D. 5。

3. 下列极限正确的是（　　）。

A. $\lim\limits_{x\to 0}\dfrac{x}{\sin x}=0$；　B. $\lim\limits_{x\to 0}\dfrac{x}{\sin x}=1$；

C. $\lim\limits_{x\to \infty}\dfrac{x}{\sin x}=1$；　D. $\lim\limits_{x\to \infty}\dfrac{\sin x}{x}=1$。

4. 下列等式成立的是（　　）。

A. $\lim\limits_{x\to\infty}\left(1+\dfrac{1}{x}\right)^{2x}=e$；　B. $\lim\limits_{x\to\infty}\left(1+\dfrac{2}{x}\right)^{x}=e$；

C. $\lim\limits_{x\to\infty}\left(1+\dfrac{1}{x}\right)^{x+2}=e$；　D. $\lim\limits_{x\to\infty}\left(1+\dfrac{1}{2x}\right)^{x}=e$。

5. 下列变量在给定变化过程中为无穷小的是（　　）。

A. $\dfrac{1}{x+1}$（当 $x\to 0$）；　B. $e^{\frac{1}{x}}$（当 $x\to 0^-$）；

C. $\ln x$（当 $x\to 0^+$）；　D. $\dfrac{1}{x-1}$（当 $x\to 1$）。

6. 当 $x\to 0^+$ 时，与 x 等价无穷小的是（　　）。

A. $\dfrac{\sin x}{\sqrt{x}}$；　B. $\tan x$；　C. $\sqrt{1+x}-1$；　D. $x^2(x+1)$。

7. 填空题。

（1）$\lim\limits_{n\to\infty}\left(\dfrac{1}{n^2}+\dfrac{2}{n^2}+\dfrac{3}{n^2}+\cdots+\dfrac{100}{n^2}\right)=$________；

（2）计算 $\lim\limits_{x\to\infty}\dfrac{x^2-3x+5}{2x^2+5x+1}$ 时，需要将分子分母同时都除以_____；

（3）$\lim\limits_{x\to 0}\dfrac{\sin kx}{x}=$_______；

（4）有界函数与无穷小的乘积是______；

（5）若 $\lim\limits_{n\to\infty}\dfrac{3n^k+10n}{5n^3-n+9}=\dfrac{3}{5}$，则 $k=$______；

（6）若 $\lim\limits_{x\to0}(1-ax)^{\frac{1}{x}}=e^2$，则 $a=$ ________。

8. 求下列极限。

（1）$\lim\limits_{x\to1}(2x+3)$；（2）$\lim\limits_{x\to4}\dfrac{x^2-16}{x-4}$；

（3）$\lim\limits_{x\to0}\dfrac{x}{\sqrt{1+x}-1}$；（4）$\lim\limits_{x\to0}\dfrac{\sqrt{1+x}-\sqrt{1-x}}{x}$；

（5）$\lim\limits_{x\to\infty}\dfrac{2x^2+x-5}{x^2-4x+2}$；（6）$\lim\limits_{x\to\infty}\dfrac{x^2+x+1}{x^3+2x^2+3x+1}$；

（7）$\lim\limits_{x\to\infty}\dfrac{(2x+1)^{10}(3x-2)^{20}}{(6x+1)^{30}}$；（8）$\lim\limits_{n\to\infty}\dfrac{1+3+5+\cdots+(2n-1)}{2n^2}$；

（9）$\lim\limits_{n\to\infty}\sqrt{n}(\sqrt{n+1}-\sqrt{n})$。

9. 求下列极限。

（1）$\lim\limits_{x\to0}\dfrac{\sin 6x}{2x}$；（2）$\lim\limits_{x\to0}\dfrac{\sin ax}{\sin bx}$；

（3）$\lim\limits_{x\to0}\dfrac{\tan 3x}{x}$；（4）$\lim\limits_{x\to0}\dfrac{x-\sin x}{x+\sin x}$。

10. 求下列极限。

（1）$\lim\limits_{x\to\infty}\left(1-\dfrac{2}{x}\right)^x$；（2）$\lim\limits_{x\to0}(1-3x)^{\frac{2}{x}}$；

（3）$\lim\limits_{x\to\infty}\left(1+\dfrac{1}{x}\right)^{x+3}$；（4）$\lim\limits_{x\to\infty}\left(\dfrac{x+2}{x-1}\right)^x$。

11. 求下列极限。

（1）$\lim\limits_{x\to0}\dfrac{1-\cos x}{\tan^2 x}$；（2）$\lim\limits_{x\to0}\dfrac{\ln(1+2x)}{e^{2x}-1}$；

（3）$\lim\limits_{x\to1}\dfrac{1-x^2}{\sin(x-1)}$；（4）$\lim\limits_{x\to\infty}x^2\sin\dfrac{3}{x^2}$。

第四节　函数的连续性

本节导学

内容：（1）函数连续的概念；（2）函数的间断点；（3）闭区间上连续函数的性质。

重点：（1）能判断函数在某一点处连续；（2）能寻找间断点及判断间断点的类型。

难点：（1）会区别极限存在与函数在某点连续；（2）会通过图形来理解函数连续、间断点以及函数连续的性质。

一、函数的连续性概念

1. 函数的增量

设函数 $y=f(x)$ 在点 x_0 的某邻域内有定义，当自变量从 x_0（称为初值）变到 x（称为终值）时，终值与初值的差称为自变量的增量（或改变量），记为 Δx，即 $\Delta x=x-x_0$。

相应地，函数的终值 $f(x)$ 与初值 $f(x_0)$ 之差称为函数的增量，记为 Δy，即 $\Delta y=f(x)-f(x_0)=f(x_0+\Delta x)-f(x_0)$。如图 1-12 与图 1-13。

增量可以是正值，可以是负值，也可以是零。

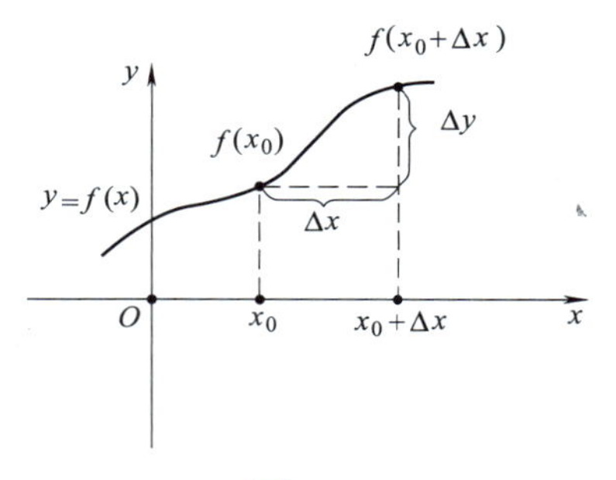

图1-12

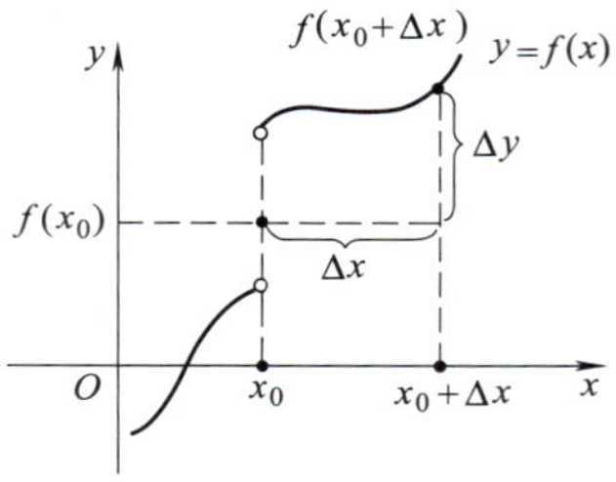

图1-13

2. 函数在某一点处的连续性

定义 设函数 $y=f(x)$ 在 x_0 的某邻域内有定义，如果 $\lim\limits_{\Delta x\to 0}\Delta y=\lim\limits_{\Delta x\to 0}[f(x_0+\Delta x)-f(x_0)]=0$，则称函数 $y=f(x)$ 在点 x_0 处**连续**，并称点 x_0 为函数 $y=f(x)$ 的连续点。

若令 $x=x_0+\Delta x$，则 $\lim\limits_{\Delta x\to 0}\Delta y=\lim\limits_{\Delta x\to 0}[f(x)-f(x_0)]=0$ 等价于 $\lim\limits_{x\to x_0}f(x)=f(x_0)$。于是函数 $y=f(x)$ 在点 x_0 处连续可描述成下面的定义。

定义 设函数 $y=f(x)$ 在 x_0 的某邻域内有定义，如果 $\lim\limits_{x\to x_0}f(x)=f(x_0)$，则称函数 $y=f(x)$ 在点 x_0 处**连续**。

在实际应用中，常常需要考虑单侧连续，如果 $\lim\limits_{x\to x_0^-}f(x)=f(x_0)$，则称函数 $f(x)$ 在点 x_0 处**左连续**；如果 $\lim\limits_{x\to x_0^+}f(x)=f(x_0)$，则称函数在点 x_0 处**右连续**。

也就是说，函数 $f(x)$ 在点 x_0 处连续的充分必要条件是函数 $f(x)$ 在点 x_0 处既有左连续又有右连续，即

函数 $f(x)$ 在点 x_0 处连续 $\Leftrightarrow \lim\limits_{x\to x_0^-}f(x)=\lim\limits_{x\to x_0^+}f(x)=f(x_0)$。

提 示

函数在某点处连续，可从以下两方面考虑：（1）存在性，即函数值与极限值是否存在；（2）相等性，即左极限、右极限、函数值这三者是否相等。

想一想

判断函数在某点处连续的方法是什么？

想一想

函数在某点处的极限存在与函数在该点处连续有什么区别？

例题解析

例 1 设函数 $f(x)=\begin{cases}x-1 & (x<0)\\ 0 & (x=0)\\ x+1 & (x>0)\end{cases}$，讨论 $f(x)$ 在点 $x=0$ 处的连续性。

解 $\lim\limits_{x\to 0^-}f(x)=\lim\limits_{x\to 0^-}(x-1)=-1$，$\lim\limits_{x\to 0^+}f(x)=\lim\limits_{x\to 0^+}(x+1)=1$。

显然 $\lim\limits_{x\to 0^-}f(x)\neq\lim\limits_{x\to 0^+}f(x)$，故 $f(x)$ 在点 x_0 处不连续。

例 2 设函数 $f(x)=\begin{cases}a+x & (x\leqslant 0)\\ \dfrac{\sin 2x}{x} & (x>0)\end{cases}$，求 a 的值，使得 $f(x)$ 在 $x=0$ 处连续。

练一练

讨论函数 $f(x)=\begin{cases}\dfrac{\sin x}{x} & (x\neq 0)\\ 1 & (x=0)\end{cases}$ 在点 $x=0$ 处的连续性。

解 $\lim\limits_{x\to 0^-} f(x)=\lim\limits_{x\to 0^-}(a+x)=a$，$\lim\limits_{x\to 0^+} f(x)=\lim\limits_{x\to 0^+}\dfrac{\sin 2x}{x}=2$，

又$f(0)=a$。由于函数$f(x)$在点$x=0$处连续，则可得到$\lim\limits_{x\to 0^-} f(x)=\lim\limits_{x\to 0^+} f(x)=f(0)$，所以$a=2$。

3. 函数$f(x)$在区间的连续性

若函数$f(x)$在区间(a,b)内的任一点处都连续，则称函数$f(x)$在区间(a,b)内连续。若函数$f(x)$在闭区间$[a,b]$上有定义，在区间(a,b)内连续，且在区间左端点a处右连续，在右端点b处左连续，则称函数$f(x)$在闭区间$[a,b]$上连续。

（1）左端点处只有右极限、右连续；
（2）右端点处只有左极限、左连续。

定理 一切初等函数在其定义区间内都是连续的。

也就是说，初等函数的定义区间就是它的连续区间。由此可知：求初等函数的连续区间就是求其定义区间；求初等函数在其定义区间内某点x_0处的极限，只需求出该点处的函数值$f(x_0)$即可。

例题解析

例3 求函数$f(x)=\dfrac{x-1}{x^2+x-2}$的连续区间。

例4中求极限时，为什么可以用函数值来代替？

解 由$x^2+x-2\neq 0$，即$x\neq 1$且$x\neq -2$，函数的定义域为$(-\infty,-2)\cup(-2,1)\cup(1,+\infty)$。所以，函数的连续区间有三段，分别为$(-\infty,-2)$、$(-2,1)$和$(1,+\infty)$。

例4 求极限$\lim\limits_{x\to 1}\sqrt{3-x^2}$。

解 因为函数$f(x)=\sqrt{3-x^2}$的定义区间是$[-\sqrt{3},\sqrt{3}]$，而点$x=1$正好在该区间内，所以在点$x=1$处的极限值就是该点的函数值。$\lim\limits_{x\to 1}\sqrt{3-x^2}=\sqrt{3-1^2}=\sqrt{2}$。

二、函数的间断点

由连续的定义可知，如果函数$f(x)$有下列三种情形之一：

（1）$f(x)$在点x_0处没有定义；

（2）虽然$f(x)$在点x_0处有定义，$\lim\limits_{x\to x_0} f(x)$不存在；

（3）虽然$f(x)$在点x_0处有定义，$\lim\limits_{x\to x_0} f(x)$也存在，但$\lim\limits_{x\to x_0} f(x)\neq f(x_0)$。

则称$f(x)$在x_0处**不连续**或**间断**，点x_0称为$f(x)$的**不连续点**或**间断点**。

注 意

间断点类型的划分标准是间断点x_0处的左右极限是否都存在。

间断点的分类：

间断点可分为**第一类间断点**与**第二类间断点**两类。若$f(x)$在x_0处的左右极限都存在，则称x_0为第一类间断点；如不是第一类间断点，则称x_0为第二类间断点。

$$
\begin{cases} 第一类间断点(左右极限都存在)\begin{cases}可去间断点(左右极限相等)\\ 跳跃间断点(左右极限不相等)\end{cases} \\ 第二类间断点(左右极限至少有一个不存在)\begin{cases}无穷间断点\\ 振荡间断点\\ \cdots\cdots\end{cases}\end{cases}
$$

观察下列图像，指出间断点及其类型。

注　意

学会运用图形来思考、理解几类间断点及其命名。

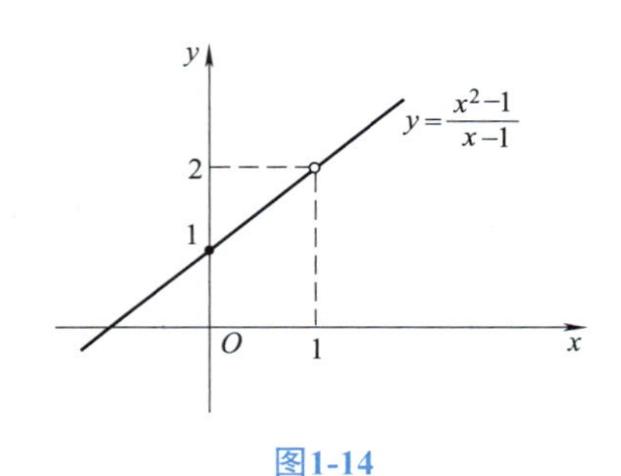

图1-14

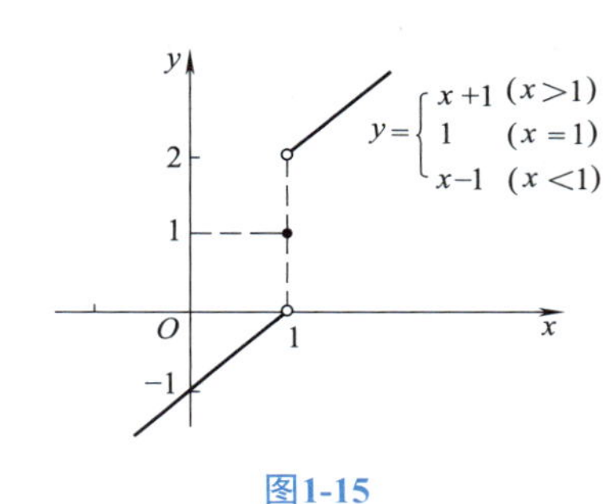

图1-15

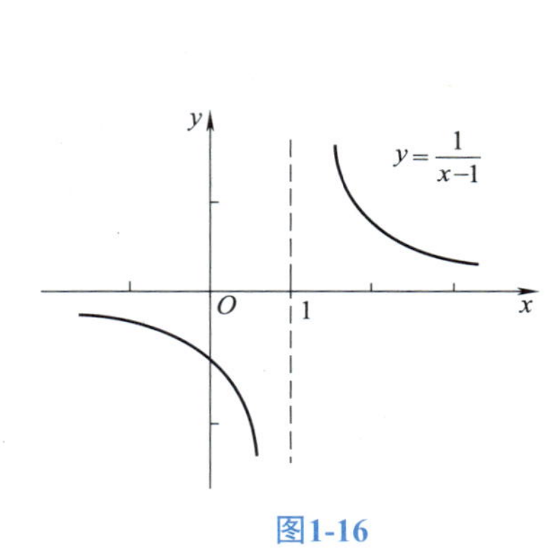

图1-16

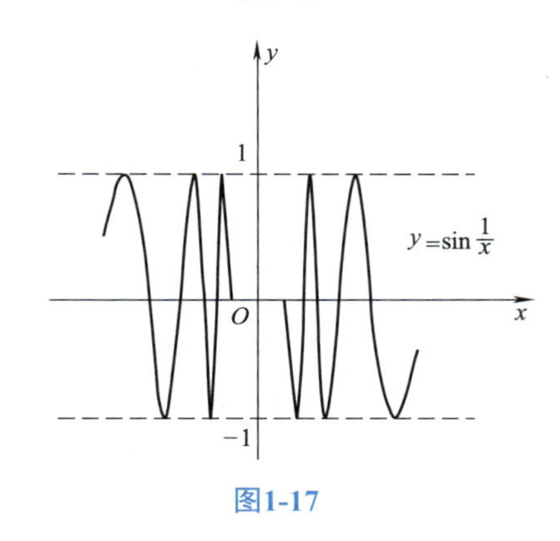

图1-17

图 1-14 中 $x=1$ 点是可去间断点；图 1-15 中 $x=1$ 是跳跃间断点；图 1-16 中 $x=1$ 是无穷间断点；图 1-17 中 $x=0$ 是振荡间断点。

练一练

下列函数在指定点处是否间断？如果间断，指出间断点类型。

（1）$f(x)=\frac{1-x^2}{1+x}$，$x=-1$；

（2）$f(x)=\begin{cases}x-1 & (x\leqslant 1)\\ x & (x>1)\end{cases}$，$x=1$；

（3）$f(x)=\begin{cases}\frac{1}{x} & (x\neq 0)\\ 1 & (x=0)\end{cases}$，$x=0$。

例题解析

例 5　下列函数在指定点处是否间断？如果是间断点，请指出间断点类型。

（1）$f(x)=\frac{1}{x-2}$，$x=2$；

（2）$f(x)=\begin{cases}2x-1 & (x<0)\\ 0 & (x=0)\\ 2x+1 & (x>0)\end{cases}$，$x=0$；

（3）$f(x)=\begin{cases}x^2 & (x\neq 0)\\ 1 & (x=0)\end{cases}$，$x=0$。

解 （1）函数$f(x)=\dfrac{1}{x-2}$在$x=2$处无定义，所以函数在$x=2$处间断。又因为极限$\lim\limits_{x\to2}f(x)=\lim\limits_{x\to2}\dfrac{1}{x-2}=\infty$，所以$x=2$是无穷间断点，属于第二类间断点。

（2）由于$\lim\limits_{x\to0^-}f(x)=\lim\limits_{x\to0^-}(2x-1)=-1$，$\lim\limits_{x\to0^+}f(x)=\lim\limits_{x\to0^+}(2x+1)=1$。显然$\lim\limits_{x\to0^-}f(x)\neq\lim\limits_{x\to0^+}f(x)$。所以函数在$x=0$处间断，点$x=0$是跳跃间断点，属于第一类间断点。

（3）函数在$x=0$处虽有定义，极限$\lim\limits_{x\to0}f(x)$也存在，但$f(0)=1$，而$\lim\limits_{x\to0}f(x)=0$，两者不相等。所以函数在$x=0$处间断，点$x=0$是可去间断点，属于第一类间断点。

练一练

求$y=\dfrac{x^2-1}{x^2-3x+2}$的连续区间和间断点。

注 意

求初等函数的连续区间时，只需求出其定义区间即可。而求分段函数的连续区间时，则还需要讨论分段点处的连续性。

例 6 已知函数$f(x)=\dfrac{x-1}{x^2-5x+6}$，找出函数$f(x)$的间断点。

解 令$x^2-5x+6=0$，解得两点为$x=2$与$x=3$。由于这两点不属于函数$f(x)$的定义域，所以$x=2$与$x=3$这两点是间断点。

想一想

求函数的间断点的思路应该有两个方向：（1）分母等于零的点；（2）分段函数中的分界点也有可能是间断点。

例 7 已知分段函数$f(x)=\begin{cases}2x & (1<|x|<2)\\ x-1 & (|x|\leqslant1)\end{cases}$，找出函数$f(x)$的间断点。

解 分段函数在每一段区间上都是初等函数，因而是连续的。所以分段函数的间断点只可能出现在分段函数的分界点处。

当$x=-1$时，有$\lim\limits_{x\to-1^-}f(x)=\lim\limits_{x\to-1^-}2x=-2$，$\lim\limits_{x\to-1^+}f(x)=\lim\limits_{x\to-1^+}(x-1)=-2$，$f(-1)=-2$。即$\lim\limits_{x\to-1^-}f(x)=\lim\limits_{x\to-1^+}f(x)=f(-1)$。所以，函数$f(x)$在点$x=-1$处连续。

当$x=1$时，有$\lim\limits_{x\to1^-}f(x)=\lim\limits_{x\to1^-}(x-1)=0$，$\lim\limits_{x\to1^+}f(x)=\lim\limits_{x\to1^+}2x=2$。由于$\lim\limits_{x\to1^-}f(x)\neq\lim\limits_{x\to1^+}f(x)$，所以点$x=1$是间断点。

三、闭区间上连续函数的性质

1. 最值定理

定理 如果函数$y=f(x)$在闭区间$[a,b]$上连续，则函数$f(x)$在$[a,b]$上必有最大值和最小值。如图 1-18 所示。

提 示

最大值和最小值统称为最值。

2. 零点定理

定理 如果函数$y=f(x)$在闭区间$[a,b]$上连续，且函数在两端点的函数值$f(a)$与$f(b)$异号，即$f(a)f(b)<0$，那么至少存在一点$\xi\in(a,b)$，使得$f(\xi)=0$。

由图 1-19 可以看出，曲线$y=f(x)$连续地从负值$f(a)$变到正值$f(b)$，必定要与x轴相交(至少相交一次)，交点的横坐标ξ_1，ξ_2，ξ_3，就是性质中的ξ。

想一想

最值定理中的“闭区间”改为“开区间”结论还成立吗？“连续”改为“间断”结论还成立吗？$f(x)=x^2$在闭区间$[-1,2]$上有最大值和最小值吗？在开区间$(-1,2)$内呢？

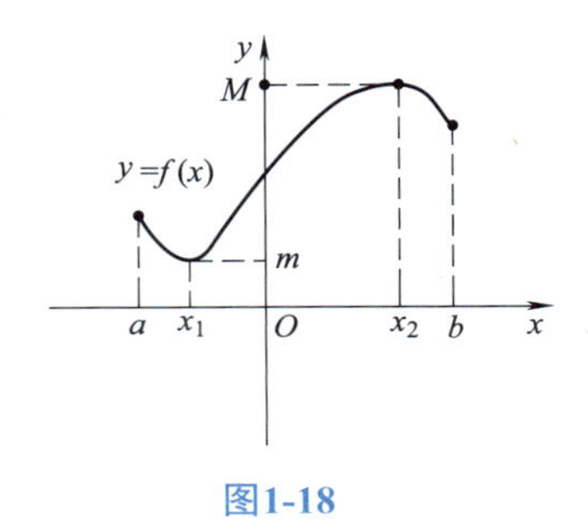

图1-18

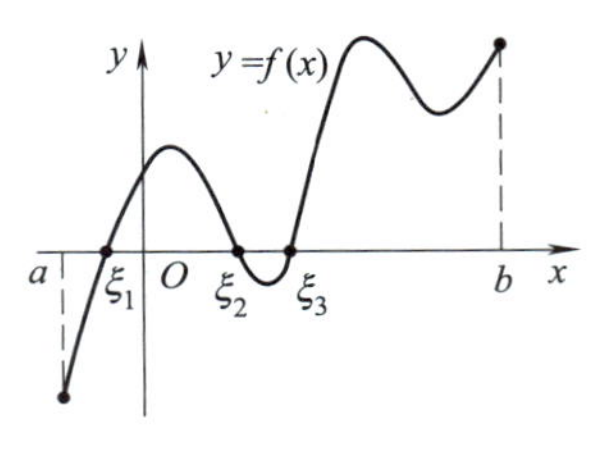

图1-19

练一练

试证方程 $x \times 2^x = 1$ 至少有一个小于1的正根。

例题解析

例 8 证明方程 $x^3 - 3x - 1 = 0$ 在开区间 $(1,2)$ 内至少有一个实根。

证明 设 $f(x) = x^3 - 3x - 1$，显然 $f(x)$ 在 $[1,2]$ 上是连续的，又由于 $f(1) = -3 < 0$，$f(2) = 1 > 0$。由零点定理可知，在开区间 $(1,2)$ 内至少有一点 ξ，使得 $f(\xi) = \xi^3 - 3\xi - 1 = 0$。

即方程 $x^3 - 3x - 1 = 0$ 在开区间 $(1,2)$ 内至少有一个实根 $x = \xi$。

习题1-4

1. 函数 $f(x)$ 在点 x_0 有定义是 $f(x)$ 在点 x_0 处连续的（　　）。

A. 必要条件；B. 充分条件；C. 充分必要条件；D. 无关条件。

2. 设函数 $f(x) = \begin{cases} \dfrac{\ln(1+x)}{x} & (x \neq 0) \\ k & (x = 0) \end{cases}$ 连续，则 $k =$（　　）。

A. 0；　　B. e；　　C. −1；　　D.1。

3. 函数 $f(x) = x^2$ 在区间 $(-1,1)$ 内的最大值是（　　）。

A. 0；　　B. 1；　　C. −1；　　D. 不存在。

4. 设函数 $f(x) = 3x - 1$，当自变量 x 从 $x_0 = 1$ 变到 $x_1 = 1.1$ 时，则增量 $\Delta x =$________，增量 $\Delta y =$________。

5. 函数 $f(x) = \dfrac{1}{x^2 - 2x - 3}$ 的连续区间是________。

6. 函数 $f(x) = \dfrac{x^2 - 9}{x(x-3)}$ 的间断点是________。

7. 求下列极限。

（1）$\lim\limits_{x \to 2}(\ln x + e^x)$；　　（2）$\lim\limits_{x \to 1}\sqrt{1 - x + x^2}$。

8. 设函数 $f(x) = \begin{cases} a + x & (x < 1) \\ 3 & (x = 1) \\ b - x & (x > 1) \end{cases}$，求 a、b 的值，使得 $f(x)$ 在 $x = 1$ 点处连续。

9. 求下列函数间断点，并指出该间断点的类型。

（1）$f(x)=\dfrac{3}{x+2}$；　　（2）$f(x)=\begin{cases}\dfrac{x^2-1}{x-1} & (x\neq 1)\\ 3 & (x=1)\end{cases}$；

（3）$f(x)=\begin{cases}x+1 & (x\geqslant 0)\\ x-1 & (x<0)\end{cases}$。

10. 试证方程 $x^5-3x-1=0$ 在 $(1,2)$ 内至少有一个实根。

复习题一

一、选择题

1. 下面说法正确的是（　　）。

A. 函数 $y=\ln x$ 的定义域为 $\{x|x\geqslant 0\}$；

B. 函数 $y=\ln x^2$ 与 $y=2\ln x$ 是同一函数；

C. 函数 $y=\sqrt{x^2}$ 与 $y=|x|$ 是同一函数；

D. 任意两个函数都可复合成一个函数。

2. 下列函数中，图像关于 y 轴对称且在 $(-\infty,0)$ 内单调减少的是（　　）。

A. $y=-x^2$；　B. $y=-x^3$；　C. $y=|x|$；　D. $y=2^x$。

3. 设 $f(x)=\begin{cases}x-2 & (x\geqslant 0)\\ x & (x<0)\end{cases}$，则 $f[f(1)]=$（　　）。

A. -1；　B. -2；　C. -3；　D. -4。

4. 设 $f(x)=\dfrac{|x-4|}{x-4}$，则 $\lim\limits_{x\to 4}f(x)=$（　　）。

A. 0；　B. -1；　C. 1；　D. 不存在。

5. $\lim\limits_{n\to\infty}\dfrac{1^2+2^2+\cdots+n^2}{n^3}=$（　　）。

A. 0；　B. $\dfrac{1}{2}$；　C. $\dfrac{1}{3}$；　D. $\dfrac{1}{6}$。

6. 当 $x\to 0$ 时，下列变量中为无穷小的是（　　）。

A. $\dfrac{x+1}{x-1}$；　B. e^{2x}；　C. $\sin^2 x$；　D. $\cos\dfrac{1}{x}$。

7. 函数 $f(x)=\dfrac{(x-1)(x-2)}{x-3}$ 的间断点为（　　）。

A. $x=1$；　B. $x=2$；　C. $x=1$ 与 $x=2$；　D. $x=3$。

二、填空题

8. 函数 $f(x+1)=x^3-x-1$，则 $f[f(1)]=$______。

9. 已知 a、b 为常数，$\lim\limits_{x\to\infty}\dfrac{ax^2+bx-1}{2x+1}=2$，则 $a=$______，$b=$______。

10. $\lim\limits_{x\to 0}\dfrac{1}{x-2}=$______；$\lim\limits_{x\to 2}\dfrac{1}{x-2}=$______；$\lim\limits_{x\to\infty}\dfrac{1}{x-2}=$______。

11. $\lim\limits_{x\to 0}\dfrac{\sin 3x}{2x}=$______；$\lim\limits_{x\to\infty}\left(\dfrac{x+1}{x}\right)^{-x}=$______。

12. 已知$x \to 0$时，$\ln(1+ax)$与$\sin 2x$是等价无穷小，则$a=$__________。

13. 函数$f(x)=\dfrac{x-3}{x^2-9}$的间断点是__________。

三、解答题

14. 求下列函数的定义域。

（1）$f(x)=\dfrac{\ln x}{x-1}$；　（2）$f(x)=\begin{cases}1-2x & (-1\leqslant x\leqslant 0)\\ \sqrt{x^2+1} & (x>0)\end{cases}$。

15. 判断下列函数的奇偶性。

（1）$f(x)=x^3-\sin x$；　（2）$f(x)=\mathrm{e}^x+\mathrm{e}^{-x}$。

16. 求下列极限。

（1）$\lim\limits_{x\to 1}\dfrac{x^2-1}{x+2}$；　（2）$\lim\limits_{x\to 1}\dfrac{x^2-1}{x^3-1}$；

（3）$\lim\limits_{x\to 1}\dfrac{\sin(x-1)}{x-1}$；　（4）$\lim\limits_{x\to\infty}\left(1+\dfrac{2}{x+1}\right)^{x+1}$。

17. 设函数$f(x)=\begin{cases}x^2-1 & (x<0)\\ x & (0\leqslant x\leqslant 1)\\ 2-x & (x>1)\end{cases}$，讨论函数在点$x=0$和$x=1$处的连续性。若有间断点，指出其类型。

18. 求证方程$4x^4+3x^3+2x^2+x-1=0$在$(0,1)$之间必有实根。

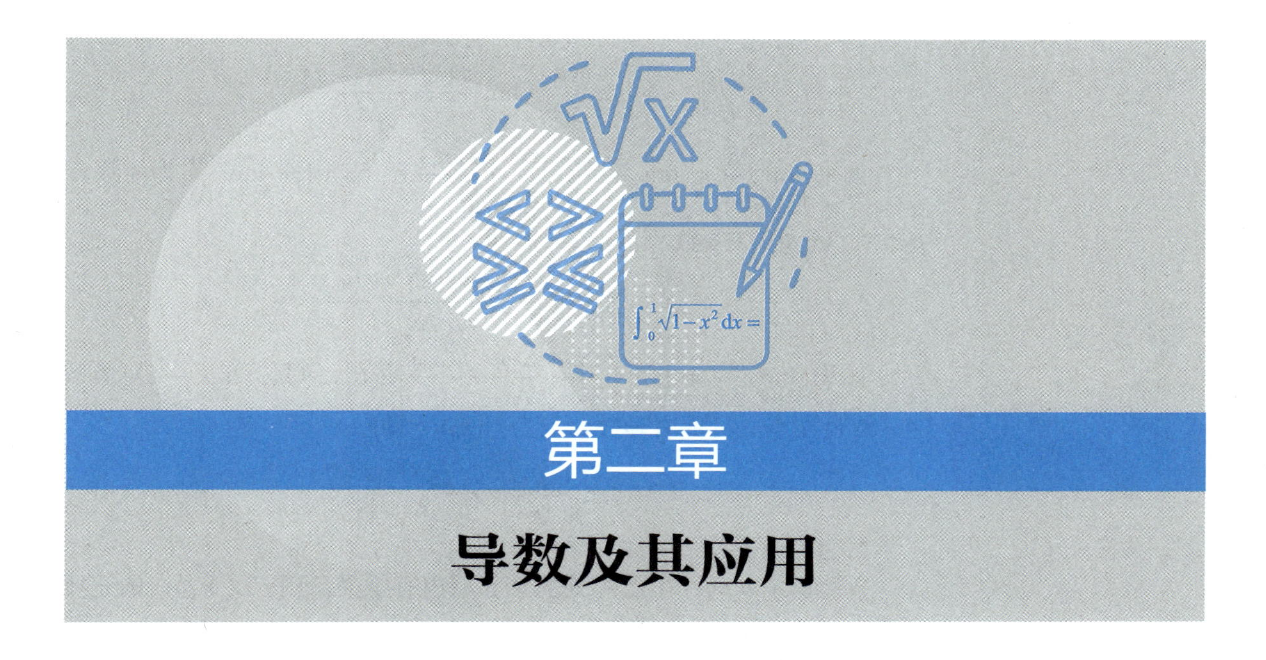

第二章 导数及其应用

导数与微分以及它们的应用统称为微分学。导数与微分是微分学中两个重要的基本概念，它们之间有着密切的联系，其中导数反映出函数相对于自变量的变化快慢的程度，而微分则指明当自变量有微小变化时，函数大体上变化多少。本章讨论导数与微分的概念以及它们的计算方法，并在此基础上应用导数来研究函数以及曲线的某些性态，并利用这些知识解决一些实际问题。

第一节　导数的概念

一、导数的定义

内容：（1）导数的概念和几何意义；（2）可导和连续的关系。
重点：熟练掌握导数的概念和导数公式。
难点：理解函数连续与可导的关系。

设函数 $y=f(x)$ 在开区间 (a,b) 内的任一个点 x 的某一邻域内有定义，我们称 $\frac{\Delta y}{\Delta x}$ 为**变化率**。其中 Δx 为自变量 x 的增量，$\Delta y=f(x+\Delta x)-f(x)$ 为函数变量 y 的增量。

我们称 $\lim\limits_{\Delta x\to 0}\frac{\Delta y}{\Delta x}$ 为函数 $y=f(x)$ 的**导数**。记作 $f'(x)$、y'、$\frac{\mathrm{d}y}{\mathrm{d}x}$ 或 $\frac{\mathrm{d}f(x)}{\mathrm{d}x}$。即 $y'=\lim\limits_{\Delta x\to 0}\frac{\Delta y}{\Delta x}=\lim\limits_{\Delta x\to 0}\frac{f(x+\Delta x)-f(x)}{\Delta x}$。

如果函数 $y=f(x)$ 在开区间 (a,b) 内的某一个点 x_0 的某一邻域内有定义，则称 $\lim\limits_{\Delta x\to 0}\frac{\Delta y}{\Delta x}$ 为函数 $y=f(x)$ 在点 x_0 处的**导数**。

记作$f'(x_0)$、$y'\big|_{x=x_0}$、$\dfrac{\mathrm{d}y}{\mathrm{d}x}\bigg|_{x=x_0}$或$\dfrac{\mathrm{d}f(x)}{\mathrm{d}x}\bigg|_{x=x_0}$，即

$$y'\big|_{x=x_0}=\lim_{\Delta x\to 0}\frac{\Delta y}{\Delta x}=\lim_{\Delta x\to 0}\frac{f(x_0+\Delta x)-f(x_0)}{\Delta x}$$

如果$\lim\limits_{\Delta x\to 0^-}\dfrac{\Delta y}{\Delta x}=\lim\limits_{\Delta x\to 0^-}\dfrac{f(x_0+\Delta x)-f(x_0)}{\Delta x}$存在，则称$\lim\limits_{\Delta x\to 0^-}\dfrac{\Delta y}{\Delta x}$为函数$y=f(x)$在点$x_0$处的**左导数**，记为$f'_-(x_0)$，即

$$f'_-(x_0)=\lim_{x\to 0^-}\frac{f(x_0+\Delta x)-f(x_0)}{\Delta x}$$

注 意

左导数、右导数、导数这三者的记录方式是不同的，应予以区别。

如果$\lim\limits_{\Delta x\to 0^+}\dfrac{\Delta y}{\Delta x}=\lim\limits_{\Delta x\to 0^+}\dfrac{f(x_0+\Delta x)-f(x_0)}{\Delta x}$存在，则称$\lim\limits_{\Delta x\to 0^+}\dfrac{\Delta y}{\Delta x}$为函数$y=f(x)$在点$x_0$处的**右导数**，记为$f'_+(x_0)$，即

$$f'_+(x_0)=\lim_{\Delta x\to 0^+}\frac{f(x_0+\Delta x)-f(x_0)}{\Delta x}$$

导数存在定理：

若函数$y=f(x)$在点x_0处的某邻域内有定义，则$f'(x_0)$存在的充要条件是$f'_-(x_0)$与$f'_+(x_0)$都存在，且$f'_-(x_0)=f'_+(x_0)$。

由导数的定义，将求导数的步骤归纳如下：

（1）计算函数的增量$\Delta y=f(x+\Delta x)-f(x)$；

（2）计算变化率$\dfrac{\Delta y}{\Delta x}=\dfrac{f(x+\Delta x)-f(x)}{\Delta x}$；

（3）计算导数$y'=\lim\limits_{\Delta x\to 0}\dfrac{\Delta y}{\Delta x}=\lim\limits_{\Delta x\to 0}\dfrac{f(x+\Delta x)-f(x)}{\Delta x}$。

例题解析

例1 求$y=C$（C为常数）的导数y'。

解 $\Delta y=C-C=0$，$\dfrac{\Delta y}{\Delta x}=\dfrac{0}{\Delta x}=0$，

$y'=\lim\limits_{\Delta x\to 0}\dfrac{\Delta y}{\Delta x}=\lim\limits_{\Delta x\to 0}0=0$，即$(C)'=0$。

练一练

求函数$y=2x$的导数y'。

例2 求函数$y=x^2$的导数y'。

解 $\Delta y=(x+\Delta x)^2-x^2=2x\Delta x+\Delta x^2$，

$\dfrac{\Delta y}{\Delta x}=\dfrac{2x\Delta x+\Delta x^2}{\Delta x}=2x+\Delta x$，

所以，$y'=\lim\limits_{\Delta x\to 0}\dfrac{\Delta y}{\Delta x}=\lim\limits_{\Delta x\to 0}(2x+\Delta x)=2x$。

例3 求正弦函数$y=\sin x$的导数。

解 $\Delta y=\sin(x+\Delta x)-\sin x=2\cos\left(x+\dfrac{\Delta x}{2}\right)\sin\dfrac{\Delta x}{2}$，

$$\frac{\Delta y}{\Delta x}=\frac{2\cos\left(x+\frac{\Delta x}{2}\right)\sin\frac{\Delta x}{2}}{\Delta x}=\cos\left(x+\frac{\Delta x}{2}\right)\frac{\sin\frac{\Delta x}{2}}{\frac{\Delta x}{2}},$$

$$\therefore\ y' = \lim_{\Delta x \to 0}\frac{\Delta y}{\Delta x} = \lim_{\Delta x \to 0}\cos\left(x+\frac{\Delta x}{2}\right)\frac{\sin\frac{\Delta x}{2}}{\frac{\Delta x}{2}} = \cos x\ 。$$

即 $(\sin x)' = \cos x$ 。

二、导数公式

导数公式如下：

（1）$(C)' = 0$　（C 为常量）；

（2）$(x^n)' = nx^{n-1}$　（$n \in R$）；

（3）$(a^x)' = a^x \ln a$　（$a > 0$ 且 $a \neq 1$）；

（4）$(\mathrm{e}^x)' = \mathrm{e}^x$；

（5）$(\log_a x)' = \dfrac{1}{x \ln a}$　（$a > 0$ 且 $a \neq 1$）；

（6）$(\ln x)' = \dfrac{1}{x}$；

（7）$(\sin x)' = \cos x$；

（8）$(\cos x)' = -\sin x$；

（9）$(\tan x)' = \sec^2 x$；

（10）$(\cot x)' = -\csc^2 x$；

（11）$(\sec x)' = \sec x \tan x$；

（12）$(\csc x)' = -\csc x \cot x$；

（13）$(\arcsin x)' = \dfrac{1}{\sqrt{1-x^2}}$；

（14）$(\arccos x)' = -\dfrac{1}{\sqrt{1-x^2}}$；

（15）$(\arctan x)' = \dfrac{1}{1+x^2}$；

（16）$(\mathrm{arccot} x)' = -\dfrac{1}{1+x^2}$ 。

求导数的方法如下。

1. 求流动点的导数的方法

利用导数公式求得导数。

2. 求固定点的导数的方法

（1）先求出流动点的导数；

（2）再将流动点的导数中的自变量换成对应的数，算出具体的结果，就是所求的固定点的导数。

想一想

求流动点的导数有几种方法？

求固定点的导数有几种方法？

三、导数的几何意义

显然，函数 $y = f(x)$ 在 x_0 处的导数 $f'(x_0)$ ，就是曲线 $y = f(x)$ 在点

$(x_0, f(x_0))$ 处**切线的斜率**。

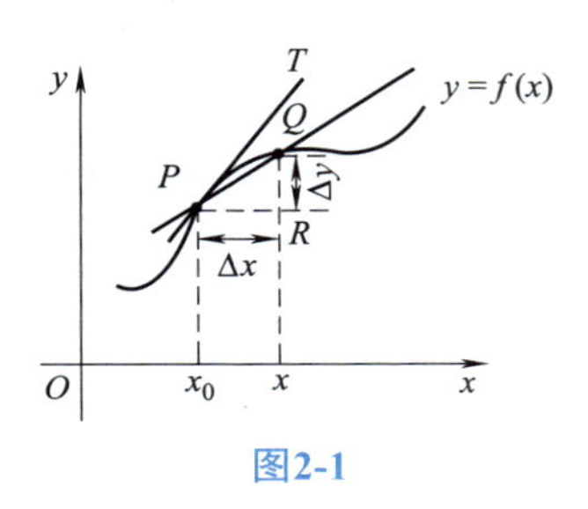

图2-1

因此曲线 $y = f(x)$ 在点 $(x_0, f(x_0))$ 处的切线方程为

$$y - f(x_0) = f'(x_0)(x - x_0)$$

法线方程为

$$y - f(x_0) = -\frac{1}{f'(x_0)}(x - x_0)$$

例题解析

例 4 求立方抛物线 $y = x^3$ 在点 $(2,8)$ 处的切线方程和法线方程。

解 $y' = 3x^2$，$y'|_{x=2} = 3x^2|_{x=2} = 12$。

所求切线方程为 $y - 8 = 12(x - 2)$，即 $12x - y - 16 = 0$；

所求法线方程为 $y - 8 = -\frac{1}{12}(x - 2)$，即 $x + 12y - 98 = 0$。

四、函数的可导与连续的关系

函数 $y = f(x)$ 在点 x_0 处的导数值存在，则称函数 $y = f(x)$ 在 x_0 处**可导**，否则称函数 $y = f(x)$ 在点 x_0 处不可导。

提 示

可导必连续，连续不一定可导。
连续是可导的必要条件，而不是充分条件。

定理 如果函数 $y = f(x)$ 在点 x_0 处可导，则函数 $y = f(x)$ 在点 x_0 处必连续。

说明： 上面定理的逆定理是不成立的，即函数 $y = f(x)$ 在点 x_0 处连续，但在该点不一定可导。

如图 2-2，函数 $y = f(x)$ 在 x_0 处连续，但左导数和右导数不相等。

提 示

图2-2中，固定点左边的曲线的切线的斜率就是左导数；固定点右边的曲线的切线的斜率就是右导数。

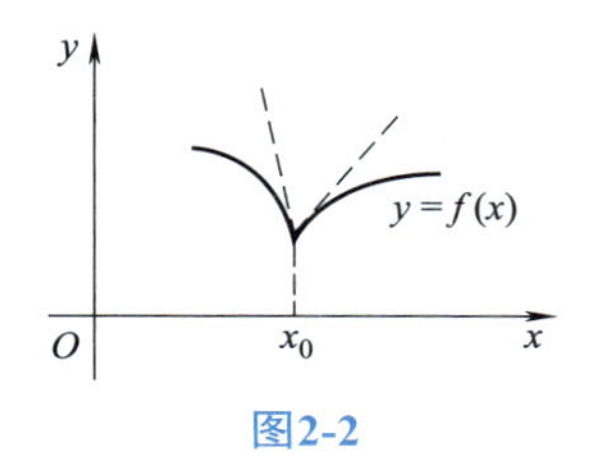

图2-2

重要结论

连续不一定可导，但可导一定连续。

例题解析

例 5 判断函数 $y=|x|=\begin{cases}x & (x\geqslant 0)\\ -x & (x<0)\end{cases}$ 在 $x=0$ 处的连续性与可导性。

解 如图 2-3 所示。

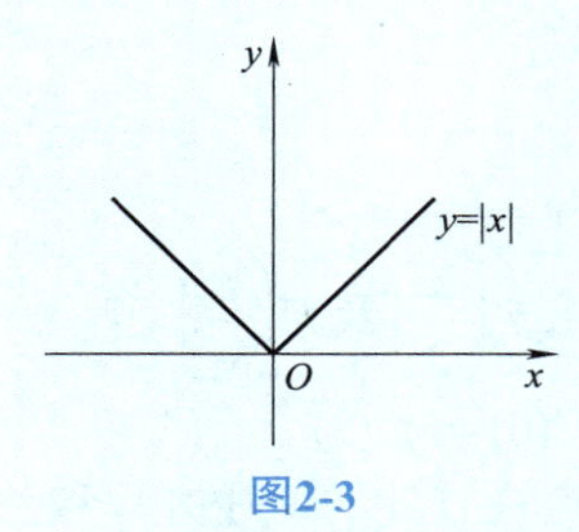

图2-3

显而易见，函数在点 $x=0$ 处连续，因为 $\lim\limits_{\Delta x\to 0}\Delta y=\lim\limits_{\Delta x\to 0}(|0+\Delta x|-|0|)=\lim\limits_{\Delta x\to 0}|\Delta x|=0$。

又 $f'_+(0)=\lim\limits_{\Delta x\to 0^+}\dfrac{\Delta y}{\Delta x}=\lim\limits_{\Delta x\to 0^+}\dfrac{|\Delta x|}{\Delta x}=\lim\limits_{\Delta x\to 0^+}\dfrac{\Delta x}{\Delta x}=1$，$f'_-(0)=\lim\limits_{\Delta x\to 0^-}\dfrac{\Delta y}{\Delta x}=\lim\limits_{\Delta x\to 0^-}\dfrac{|\Delta x|}{\Delta x}=\lim\limits_{\Delta x\to 0^-}\dfrac{-\Delta x}{\Delta x}=-1$。

$f'_+(0)\neq f'_-(0)$。函数 $y=|x|$ 在 $x=0$ 点处不可导。

例 6 设函数 $f(x)=\begin{cases}x^2 & (x\leqslant 1)\\ ax+b & (x>1)\end{cases}$ 在 $x=1$ 处连续且可导，求 a，b 的值。

解 $f(1)=1$，$\lim\limits_{x\to 1^+}f(x)=\lim\limits_{x\to 1^+}(ax+b)=a+b$，$\lim\limits_{x\to 1^-}f(x)=\lim\limits_{x\to 1^-}x^2=1$，由于 $f(x)$ 在 $x=1$ 处连续，所以 $a+b=1$；

又 $f'_+(1)=\lim\limits_{x\to 1^+}\dfrac{f(x)-f(1)}{x-1}=\lim\limits_{x\to 1^+}\dfrac{ax+b-1}{x-1}=\lim\limits_{x\to 1^+}\dfrac{a(x-1)+(a+b-1)}{x-1}=a$，$f'_-(1)=\lim\limits_{x\to 1^-}\dfrac{f(x)-f(1)}{x-1}=\lim\limits_{x\to 1^-}\dfrac{x^2-1}{x-1}=2$。

由于可导，所以 $f'_+(1)=f'_-(1)$，于是 $a=2$；再由 $a+b=1$，有 $b=-1$。当 $a=2$，$b=-1$ 时，$f(x)$ 在 $x=1$ 处连续且可导。

习题2-1

1. 设函数 $y=f(x)$ 在点 x_0 处可导，则 $\lim\limits_{\Delta x\to 0}\dfrac{f(x_0-2\Delta x)-f(x_0)}{\Delta x}=$（　　）。

A. $f'(x_0)$； B. $-f'(x_0)$； C. $2f'(x_0)$； D. $-2f'(x_0)$。

2. 曲线 $y=x^4$ 上点 M 处的切线斜率为4，则点 M 的坐标是（　　）。

A. $(1,1)$； B. $(-1,1)$； C. $(-1,-1)$； D. $(1,-1)$。

3. 函数 $f(x)=\begin{cases}2x & (x>1)\\ x^2 & (x\leqslant 1)\end{cases}$ 在点 $x=1$ 处（　　）。

A. 不可导； B. 连续；

C. 可导且 $f'(1)=2$； D. 无法判断是否可导。

4. $f'(x_0)$ 存在的充要条件是 $f'_-(x_0)$ 与 $f'_+(x_0)$ 都存在，且________。

5. 求下列函数的导数。

（1）$y=\sqrt[3]{x^2}$；（2）$y=x^{1.6}$；（3）$y=x^2\sqrt{x}$；

（4）$y=5^x$；（5）$y=\log_3 x$。

6. 设 $f(x)=\cos x$，求 $f'\left(\dfrac{\pi}{3}\right)$ 及 $f'\left(\dfrac{\pi}{6}\right)$。

7. 设 $f(x)=x^3$，求 $f'(0)$ 与 $f'(3)$。

8. 求函数 $y=\sqrt{x}$ 在点 $(1,1)$ 处的切线方程和法线方程。

9. 求曲线 $y=x^3$ 上与直线 $3x-y+1=0$ 平行的切线方程。

10. 已知物体的运动规律为 $s=t^4$（m），求该物体在 t=4（s）时的瞬时速度。

11. 设函数 $f(x)=\begin{cases}\dfrac{2}{x^2+1} & (x\leqslant 1)\\ ax+b & (x>1)\end{cases}$ 在点 $x=1$ 处可导，求 a,b 的值。

第二节　函数的求导方法

本节导学

内容：（1）函数的四则运算求导；（2）复合函数求导；（3）隐函数求导；（4）参数方程求导。

重点：（1）熟练掌握函数的四则运算和复合函数求导；（2）会利用导数公式及求导法则求解函数的导数。

难点：理解复合函数中的每一层都要求导。

一、函数的四则运算求导

定理　设函数 $u=u(x)$ 和 $v=v(x)$ 在点 x 处都可导，则有

（1）$(u\pm v)'=u'\pm v'$；（2）$(uv)'=u'v+uv'$；

（3）$(Cu)'=Cu'$（C 为常数）；（4）$\left(\dfrac{u}{v}\right)'=\dfrac{u'v-uv'}{v^2}$。

说明：法则（1）和（2）可推广到任意有限个可导函数的情形，即 $(u_1\pm u_2\pm\cdots\pm u_n)'=u_1'\pm u_2'\pm\cdots\pm u_n'$；

$(u_1u_2\cdots u_n)'=u_1'u_2\cdots u_n+u_1u_2'\cdots u_n+\cdots+u_1u_2\cdots u_n'$。

例题解析

例1　设 $y=\tan x$，求 y'。

解 $y'=(\tan x)'=\left(\dfrac{\sin x}{\cos x}\right)'=\dfrac{(\sin x)'\cos x-\sin x(\cos x)'}{\cos^2 x}$

$=\dfrac{\cos x\cos x-\sin x(-\sin x)}{\cos^2 x}=\dfrac{\cos^2 x+\sin^2 x}{\cos^2 x}=\dfrac{1}{\cos^2 x}=\sec^2 x$。

练一练

求函数 $y=\cot x$ 的导数 y'。

即 $(\tan x)' = \sec^2 x$。

例 2 设 $y = \sec x$，求 y'。

解 $y' = (\sec x)' = \left(\dfrac{1}{\cos x}\right)' = \dfrac{-(\cos x)'}{\cos^2 x} = \dfrac{-(-\sin x)}{\cos^2 x}$

$= \dfrac{1}{\cos x} \times \dfrac{\sin x}{\cos x} = \sec x \tan x$。

即 $(\sec x)' = \sec x \tan x$。

例 3 设 $y = e^x \sin x + 5x^2 + \cos x - \sin\dfrac{\pi}{2}$，求 y'。

$\left(\sin\dfrac{\pi}{2}\right)' = 0$，因为 $\sin\dfrac{\pi}{2}$ 是常量。

解 $y' = (e^x)'\sin x + e^x(\sin x)' + (5x^2)' + (\cos x)' - \left(\sin\dfrac{\pi}{2}\right)'$

$= e^x \sin x + e^x \cos x + 10x - \sin x - 0$

$= e^x \sin x + e^x \cos x + 10x - \sin x$。

例 4 设 $y = x^3 - 3x^2 + 2x + 1$，求 $y'(0)$。

解 $y' = 3x^2 - 6x + 2$，$y'(0) = y'|_{x=0} = 3\times 0^2 - 6\times 0 + 2 = 2$。

想一想

将例 5 的求解换成求 $y'(-1)$，又该怎么求解?

例 5 已知 $y = x(x+1)(x+2)\cdots(x+8)$，求 $y'(0)$。

解 $y = x(x+1)(x+2)\cdots(x+8) = x[(x+1)(x+2)\cdots(x+8)]$，

$y' = [(x+1)(x+2)\cdots(x+8)] + x[(x+1)(x+2)\cdots(x+8)]'$，

$y'(0) = 8!$。

二、复合函数求导

定理 设复合函数 $f[u(x)]$ 在点 x 附近有定义，函数 $u = u(x)$ 在点 x 处可导，函数 $y = f(x)$ 在 $u = u(x)$ 处可导，则复合函数 $y = f[u(x)]$ 在点 x 处可导，且有 $\dfrac{dy}{dx} = \dfrac{dy}{du}\cdot\dfrac{du}{dx}$。

复合函数的导数可以理解为：从外到内，逐层求导，取乘积。

注 意

复合函数求导：一是抓层数；二是每一层函数都要求导，不能遗漏；三是最后要取乘积。

例题解析

例 6 设 $y = \sin^2 x$，求 y'。

解 $y' = 2\sin x(\sin x)' = 2\sin x\cos x = \sin 2x$。

例 7 设 $y = (x^2+1)^2$，求 y'。

解 $y' = 2(x^2+1)\times 2x = 4x(x^2+1)$。

想一想

对比例7，由于 $y = (x^2+1)^2 = x^4 + 2x^2 + 1$，那么再去求 y'。

例 8 设 $y = \ln\cos e^x$，求 y'。

解 $y' = \dfrac{1}{\cos e^x}(-\sin e^x)e^x = -e^x \tan e^x$。

例 9 设 $y = \ln(x + \sqrt{1+x^2})$，求 y'。

解 $y' = [\ln(x+\sqrt{1+x^2})]' = \dfrac{1}{x+\sqrt{1+x^2}}(x+\sqrt{1+x^2})'$

$= \dfrac{1}{x+\sqrt{1+x^2}}\left(1 + \dfrac{1}{2\sqrt{1+x^2}}\times 2x\right) = \dfrac{1}{x+\sqrt{1+x^2}} \times \dfrac{\sqrt{1+x^2}+x}{\sqrt{1+x^2}}$

$= \dfrac{1}{\sqrt{1+x^2}}$。

三、隐函数求导

1. 隐函数的定义

形如 $y=f(x)$ 的函数叫**显函数**。如 $y=x^2+2x-3$、$y=\mathrm{e}^x-\sin x$、$y=x^2-\ln x$ 等都是显函数。

形如 $F(x,y)=0$ 或 $F_1(x,y)=F_2(x,y)$ 的方程来确定 y 是 x 的函数称为**隐函数**。

如 $x-y-1=0$、$x^2+y^2=1$、$xy-\sin xy=x\mathrm{e}^y-1$ 都是隐函数。

有些隐函数可以转化为显函数，那么这个转化的过程叫做**显化**。如隐函数 $x-y-1=0$ 可转化为显函数 $y=x-1$。但不是所有的隐函数都可显化，如隐函数 $xy-\sin xy=x\mathrm{e}^y-1$ 就不能显化。

2. 隐函数的求导步骤

（1）在方程的两边同时对自变量求导；

（2）再解出以所求导数为未知数的解即可。

提 示

例10中，函数 y^2 对 x 求导时，应看成是复合函数求导，分为两层：首先 y^2 对 y 求导，然后 y 对 x 求导。即 $\frac{\mathrm{d}y^2}{\mathrm{d}x}=\frac{\mathrm{d}y^2}{\mathrm{d}y}\cdot\frac{\mathrm{d}y}{\mathrm{d}x}=2y\frac{\mathrm{d}y}{\mathrm{d}x}$。

注 意

一般情况下，隐函数的导数仍然是既含有自变量同时又含有函数变量的代数式。

提 示

对数求导法：隐函数中，若等式两边都是连续乘积类型时，可先取对数，后再求导。

例题解析

例 10 设 $x^2+y^2=1$，求 $\frac{\mathrm{d}y}{\mathrm{d}x}$。

解 在方程的两边都对 x 求导，得 $2x+2y\frac{\mathrm{d}y}{\mathrm{d}x}=0$，从而解得 $\frac{\mathrm{d}y}{\mathrm{d}x}=-\frac{x}{y}$。

例 11 求由方程 $xy=\sin(x+y)$ 所确定的隐函数的导数 y'。

解 在方程的两边对 x 求导，得

$y+xy'=\cos(x+y)(1+y')$，解得 $y'=\frac{\cos(x+y)-y}{x-\cos(x+y)}$。

例 12 求由方程 $xy=\mathrm{e}^y(x+1)(x+2)$ 所确定的隐函数的导数 y'。

解 两边取对数得 $\ln x+\ln y=y+\ln(x+1)+\ln(x+2)$，

两边同时对 x 求导得 $\frac{1}{x}+\frac{1}{y}y'=y'+\frac{1}{x+1}+\frac{1}{x+2}$，

$(\frac{1}{y}-1)y'=\frac{1}{x+1}+\frac{1}{x+2}-\frac{1}{x}$，解得 $y'=\frac{y}{1-y}(\frac{1}{x+1}+\frac{1}{x+2}-\frac{1}{x})$。

例 13 求 $y=x^{\sin x}(x>0)$ 的导数 y'。

解 两边取对数得 $\ln y=\sin x\ln x$，两边同时对 x 求导，并注意到 y 是 x 的函数，得 $\frac{1}{y}y'=\cos x\ln x+\frac{1}{x}\sin x$，解得

$y'=y(\cos x\ln x+\frac{1}{x}\sin x)=x^{\sin x}(\cos x\ln x+\frac{1}{x}\sin x)$。

四、参数方程求导

1. 参数方程

形如 $\begin{cases}x=\varphi(t)\\y=\psi(t)\end{cases}$（$t$ 为参数），从而确定 y 与 x 之间的函数关系。这

种函数表达式，称为**参数方程**。

2. 参数方程求导方法

参数方程的求导方法为

$$\frac{\mathrm{d}y}{\mathrm{d}x}=\frac{\frac{\mathrm{d}y}{\mathrm{d}t}}{\frac{\mathrm{d}x}{\mathrm{d}t}}=\frac{\psi'(t)}{\varphi'(t)}。$$

抓住“谁对谁求导”。请分别叙述$\frac{\mathrm{d}y}{\mathrm{d}t}$、$\frac{\mathrm{d}x}{\mathrm{d}t}$、$\frac{\mathrm{d}y}{\mathrm{d}x}$中是“谁对谁求导”。它们之间有何关系。

例题解析

例 14 已知椭圆的参数方程为$\begin{cases}x=a\cos t\\ y=b\sin t\end{cases}$，求椭圆在$t=\frac{\pi}{4}$相应点处的导数$\left.\frac{\mathrm{d}y}{\mathrm{d}x}\right|_{t=\frac{\pi}{4}}$。

解 $\frac{\mathrm{d}y}{\mathrm{d}t}=b\cos t$，$\frac{\mathrm{d}x}{\mathrm{d}t}=-a\sin t$；

$$\frac{\mathrm{d}y}{\mathrm{d}x}=\frac{\frac{\mathrm{d}y}{\mathrm{d}t}}{\frac{\mathrm{d}x}{\mathrm{d}t}}=\frac{b\cos t}{-a\sin t}=-\frac{b}{a}\cot t\ ;\quad \left.\frac{\mathrm{d}y}{\mathrm{d}x}\right|_{t=\frac{\pi}{4}}=-\frac{b}{a}\cot\frac{\pi}{4}=-\frac{b}{a}。$$

例 15 求曲线$\begin{cases}x=1+2t-t^2\\ y=2t^2\end{cases}$在点（1,8）处的切线方程。

解 $\frac{\mathrm{d}y}{\mathrm{d}x}=\frac{(2t^2)'}{(1+2t-t^2)'}=\frac{4t}{2-2t}$，在点（1,8）处时，$t=2$。

$\left.\frac{\mathrm{d}y}{\mathrm{d}x}\right|_{t=2}=\frac{4\times 2}{2-2\times 2}=-4$。所求切线为$y-8=-4(x-1)$，

即$4x+y-12=0$。

习题2-2

1. 设$y=u(x)v(x)w(x)$，则$y'=$（　　）。

A. $u'(x)v'(x)w'(x)$；

B. $u'(x)v(x)w(x)+u(x)v'(x)w(x)+u(x)v(x)w'(x)$；

C. $[u'(x)+v'(x)]w'(x)$；

D. $u'(x)+v'(x)+w'(x)$。

2. 设$\frac{\mathrm{d}y}{\mathrm{d}(\cos x)}=\sin x$，则$\frac{\mathrm{d}y}{\mathrm{d}x}=$（　　）。

A. $-\sin^2 x$；　B. $\sin x$；　C. $\cos^2 x$；　D. $\cos x$。

3. 已知参数方程$\begin{cases}x=\varphi(t)\\ y=\psi(t)\end{cases}$，则$\frac{\mathrm{d}y}{\mathrm{d}x}=$（　　）。

A. $\varphi'(t)$；　B. $\psi'(t)$；　C. $\dfrac{\varphi'(t)}{\psi'(t)}$；　D. $\dfrac{\psi'(t)}{\varphi'(t)}$。

4. 填空：

（1） $y = x^3 + 3^x + 3^3$，则 $y' =$ ________________；

（2） $y = \mathrm{e}^x + \sin x - \cos\dfrac{\pi}{2}$，则 $y' =$ ________________；

（3） $y = 3^{\sin x}$，则 $y' =$ ________________。

5. 求下列函数的导数。

（1） $y = x\ln x + 1$；　（2） $y = \mathrm{e}^x + \sin 1$；

（3） $y = x^3 - 2x^2 + 4x + 1$；　（4） $y = x\sin x + 1$；

（5） $y = 3^x + \dfrac{1}{x} - 3$；　（6） $y = \log_2 x + 5^x - \dfrac{3}{x^2} + 2$；

（7） $y = \sin(2x+1)$；　（8） $y = \mathrm{e}^{2x}$；

（9） $y = \sin^2(2x+3)$；　（10） $s = (t^2+2)^3$；

（11） $s = \ln(t^2 + \sqrt{t})$；　（12） $y = \sqrt{x + \sqrt{x+1}}$。

6. 求下列隐函数的导数 $\dfrac{\mathrm{d}y}{\mathrm{d}x}$。

（1）$xy + \mathrm{e}^{xy} - 2 = 0$；　（2）$3x^2 + 4y^2 - 1 = 0$；

（3）$y = x\mathrm{e}^y + 1$；　（4）$xy = \mathrm{e}^{x+y}$。

7. 用对数求导法求下列函数的导数。

（1） $y = x^x$；　（2） $\mathrm{e}^y = xy(x+1)(x+2)$。

8. 求下列由参数方程所确定的函数 y 对 x 的导数。

（1） $\begin{cases} x = 1 - t^2 \\ y = t - t^2 \end{cases}$；　（2） $\begin{cases} x = \sin t + 2 \\ y = 1 - t \end{cases}$；

（3） $\begin{cases} x = a(t^2 - \sin t) \\ y = a(t - \cos t) \end{cases}$（$a$ 为常数）。

9. 求下列函数在指定点处的导数。

（1） $f(x) = \ln x + 3\cos x - 2x$，求 $f'\left(\dfrac{\pi}{2}\right)$，$f'(\pi)$；

（2） $f(x) = x^2\sin x$，求 $f'(0)$，$f'\left(\dfrac{\pi}{2}\right)$；

（3） $f(x) = x(x+1)(x+2)\cdots(x+8)$，求 $f'(-1)$；

（4） $f(x) = \sqrt[3]{4-3x}$，求 $f'(1)$；

（5） $\mathrm{e}^{xy} + y^3 - 5x = 0$，求 $\dfrac{\mathrm{d}y}{\mathrm{d}x}\Big|_{x=0}$；

（6） $\begin{cases} x = \cos^4 t \\ y = \sin^4 t \end{cases}$，求 $\dfrac{\mathrm{d}y}{\mathrm{d}x}\Big|_{t=0}$。

10. 求曲线 $y = (x^2-1)(x+1)$ 在 $x = 0$ 时的切线斜率。

11. 求曲线 $x^3 + 2y^2 - 3xy = 0$ 在点 $(1,1)$ 处的切线方程。

12. 求曲线 $\begin{cases} x = 1 + t^2 \\ y = t^3 \end{cases}$ 在 $t = 2$ 处的切线方程。

第三节　高阶导数

本节导学

内容：（1）高阶导数的概念；（2）高阶导数的求法。

重点：会求函数的高阶导数。

难点：把握逐阶求导时的规律特点，求得高阶导数。

一、高阶导数的概念

函数 $y=f(x)$ 的导数 $y'=f'(x)$ 仍然是 x 的函数，把 $y'=f'(x)$ 的导数叫做函数 $y=f(x)$ 的**二阶导数**，记为 y''、$f''(x)$ 或 $\frac{d^2y}{dx^2}$。

类似地，可得**三阶导数、四阶导数、…、n 阶导数**。三阶导数可记为 y'''、$f'''(x)$ 或 $\frac{d^3y}{dx^3}$，四阶导数可记为 $y^{(4)}$、$f^{(4)}(x)$ 或 $\frac{d^4y}{dx^4}$，…，n 阶导数可记为 $y^{(n)}$、$f^{(n)}(x)$ 或 $\frac{d^ny}{dx^n}$。

我们把二阶及二阶以上的导数统称为**高阶导数**，而把导数 $y'=f'(x)$ 叫做 $y=f(x)$ 的**一阶导数**。

注　意

找准二阶导数的表达式 $\frac{d^2y}{dx^2}$ 中数字2的书写位置。

其他高阶导数的表达式也要注意数字阶的位置。

4阶及以上的高阶导数应将阶数括起来，以区别于幂的运算。

二、高阶导数的求法

应用前面学过的求导方法来计算高阶导数。具体方法是：通过多次逐阶求导得到。

例题解析

例1　设 $f(x)=x^3+2x^2-5x+1$，求 $f''(x)$。

解　$f'(x)=3x^2+4x-5$，$f''(x)=6x+4$。

例2　已知 $y=xe^x$，求 y''。

解　$y'=e^x+xe^x=e^x(1+x)$，

$y''=e^x(1+x)+e^x\times 1=e^x(2+x)$。

例3　已知 $y=e^x$，求 $y^{(n)}$。

解　$y'=e^x$；$y''=e^x$；$y'''=e^x$；…；$y^{(n)}=e^x$。

例4　已知 $y=\sin x$，求 $y^{(n)}$。

解　$y'=(\sin x)'=\cos x=\sin(x+\frac{\pi}{2})$；

$$y''=\cos\left(x+\frac{\pi}{2}\right)=\sin\left[\left(x+\frac{\pi}{2}\right)+\frac{\pi}{2}\right]=\sin\left(x+2\times\frac{\pi}{2}\right);$$

$$y'''=\cos\left(x+2\times\frac{\pi}{2}\right)=\sin\left[\left(x+2\times\frac{\pi}{2}\right)+\frac{\pi}{2}\right]=\sin\left(x+3\times\frac{\pi}{2}\right);\cdots;$$

$$y^{(n)}=\sin\left(x+n\times\frac{\pi}{2}\right)。$$

练一练

例1中，$f'''(x)=?$ $f^{(4)}(x)$ 与 $f^{(5)}(x)$ 呢？

想一想

例3、例4中逐阶求导时的规律特点是什么？

例2中有类似的规律吗？

提　示

求n阶导数时，通过先求出的几个各阶导数找出规律，然后得到n阶导数。

*三、隐函数、参数方程所确定的函数的二阶导数

例题解析

提 示

1. 隐函数中函数变量的代数式对自变量求导时，要看成是复合函数求导；
2. 隐函数的二阶求导时，出现的一阶导数要用前面的结论替换出来。

例 5 求方程 $x-y+\frac{1}{2}\sin y=0$ 所确定的隐函数的二阶导数 y''。

解 在方程的两边都对 x 求导得 $1-y'+\frac{1}{2}(\cos y)y'=0$，解得 $y'=\frac{2}{2-\cos y}$；再在两边对 x 求导得 $y''=\frac{-2(2-\cos y)'}{(2-\cos y)^2}=\frac{-2(\sin y)y'}{(2-\cos y)^2}=\frac{-4\sin y}{(2-\cos y)^3}$。

例 6 求由参数方程 $\begin{cases}x=3\mathrm{e}^{-t}\\y=2\mathrm{e}^{t}\end{cases}$ 所确定的函数的二阶导数 $\frac{\mathrm{d}^2y}{\mathrm{d}x^2}$。

解 $\frac{\mathrm{d}y}{\mathrm{d}x}=\frac{\frac{\mathrm{d}y}{\mathrm{d}t}}{\frac{\mathrm{d}x}{\mathrm{d}t}}=\frac{2\mathrm{e}^t}{-3\mathrm{e}^{-t}}=-\frac{2}{3}\mathrm{e}^{2t}$；

$$\frac{\mathrm{d}^2y}{\mathrm{d}x^2}=\frac{\frac{\mathrm{d}\left(\frac{\mathrm{d}y}{\mathrm{d}x}\right)}{\mathrm{d}t}}{\frac{\mathrm{d}x}{\mathrm{d}t}}=\frac{-\frac{2}{3}\mathrm{e}^{2t}\times 2}{-3\mathrm{e}^{-t}}=\frac{4}{9}\mathrm{e}^{3t}。$$

四、二阶导数的物理意义与几何意义

物理意义：设物体作变速直线运动，其运动方程为 $s=s(t)$，则其一阶导数 $v=s'(t)=\frac{\mathrm{d}s}{\mathrm{d}t}$ 表示的是物体的运动速度，而二阶导数 $a=v'=\frac{\mathrm{d}^2s}{\mathrm{d}t^2}$ 表示的是物体运动的加速度。

几何意义：如果函数 $y=f(x)$ 表达的是曲线的方程，则其一阶导数 $y'=f'(x)$ 表示的是曲线的切线斜率，而二阶导数 $y''=f''(x)$ 则表示曲线的凹凸性（详见本章第八节）。

例题解析

例 7 设作直线运动的某物体的运动方程为 $s=\mathrm{e}^{-t}\cos t$，求物体运动的加速度。

解 物体运动的速度为 $v=s'=(\mathrm{e}^{-t})'\cos t+\mathrm{e}^{-t}(\cos t)'$
$=-\mathrm{e}^{-t}(\sin t+\cos t)$，物体运动的加速度为
$a=s''=\mathrm{e}^{-t}(\sin t+\cos t)-\mathrm{e}^{-t}(\cos t-\sin t)=2\mathrm{e}^{-t}\sin t$。

习题2-3

1. 设$y=\frac{1}{x}$，则$y^{(n)}=$（　　）。

A. $\frac{1}{x^n}$；　B. $\frac{(-1)^n}{x^n}$；　C. $\frac{n!}{x^{n+1}}$；　D. $\frac{(-1)^n n!}{x^{n+1}}$。

2. 设$y=x^4+2x^3-x-2$，则$y^{(5)}=$（　　）。

A. 0；　B. 24；　C. $24x$；　D. $12x^2+12x$。

3. 设$y=\cos x$，则$y^{(n)}=$（　　）。

A. $\cos\left(x-\frac{n\pi}{2}\right)$；　B. $\cos\left(x+\frac{n\pi}{2}\right)$；

C. $\sin\left(x-\frac{n\pi}{2}\right)$；　D. $\sin\left(x+\frac{n\pi}{2}\right)$。

4. 填空题。

（1）$(e^x)^{(n)}=$________；　（2）$(\sin x)^{(n)}=$________；

（3）$(x^n)^{(n)}=$________；　（4）$(a^x)^{(n)}=$________。

5. 求下列函数的二阶导数。

（1）$y=x^3+x^2+x+1$；　（2）$y=(x+1)^4$；

（3）$y=5^x$；　（4）$y=e^x+\ln x$。

6. 求函数$y=(x^3+1)^2$的二阶导数y''。

7. 已知函数$y=\ln(1+x)$，求$y^{(n)}$。

8. 求由方程$xy+\ln x+\ln y=0$所确定的隐函数的二阶导数$\frac{d^2y}{dx^2}$。

9. 求由参数方程$\begin{cases}x=a\cos^3 t\\ y=a\sin^3 t\end{cases}$所确定的函数的二阶导数$\frac{d^2y}{dx^2}$。

10. 设质点作变速直线运动，其运动规律为$s(t)=4\cos\frac{t\pi}{3}$。求该质点在$t=1$时的加速度。

第四节　微分及其近似计算

一、微分

定义　函数$y=f(x)$在x处的增量$\Delta y=f(x+\Delta x)-f(x)$的主要部分$f'(x)\Delta x$，称为在$x$处的**函数的微分**，记为$dy$或$df(x)$，即$dy=f'(x)\Delta x$或$df(x)=f'(x)\Delta x$。

通常把自变量x的增量Δx称为**自变量的微分**，记为dx，即$dx=\Delta x$。

如果函数$y=f(x)$在x处有微分dy时，我们称$y=f(x)$在x处可微。

本节导学

内容：（1）微分的概念；（2）微分的几何意义；（3）微分的近似计算。

重点：理解微分并会求解微分。

难点：利用微分进行近似计算。

提 示

利用求微分的方法可以得到微分公式与微分的四则运算法则，总体上可以理解成是：
函数的微分等于导数乘以自变量的微分。

求微分的方法

函数 $y=f(x)$ 的微分可以为 $\mathrm{d}y=f'(x)\mathrm{d}x$ 。

由于可以由 $\mathrm{d}y=f'(x)\mathrm{d}x$ 变形得到 $\dfrac{\mathrm{d}y}{\mathrm{d}x}=f'(x)$，所以可把导数看成函数的微分 $\mathrm{d}y$ 与自变量的微分 $\mathrm{d}x$ 之商，因此导数也叫**微商**。

可导与可微的关系

函数可导则一定可微，函数可微则一定可导。

例题解析

例 1 计算函数 $y=x^2$ 在点 x 的微分 $\mathrm{d}y$ 。

解 $y'=2x$， 则 $\mathrm{d}y=2x\mathrm{d}x$ 。

例 2 计算函数 $y=x^3$ 在 $x=1$， $\Delta x=0.01$ 处的微分。

解 $y'=3x^2$，$\mathrm{d}y=3x^2\mathrm{d}x$ 。

$$\mathrm{d}y\Big|_{\substack{x=1\\ \Delta x=0.01}}=3x^2\mathrm{d}x\Big|_{\substack{x=1\\ \Delta x=0.01}}=3\times1^2\times0.01=0.03$$ 。

二、微分的几何意义

如图 2-4 所示。

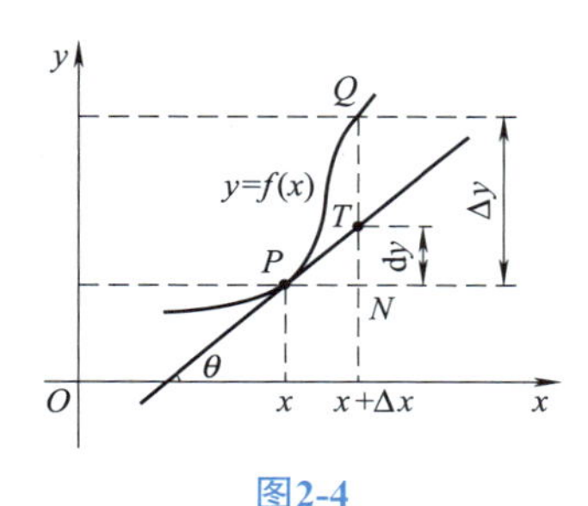

图2-4

在函数 $y=f(x)$ 上取横坐标为 x 的一点 P，过 P 点作曲线的切线 PT。设它的倾斜角为 θ，给 x 以增量 Δx，那么对应于横坐标 $x+\Delta x$，曲线与切线上分别有点 Q 与 T，显而易见 $\Delta y=QN$， $\mathrm{d}y=TN$，所以函数 $y=f(x)$ 在点 x 处的微分 $\mathrm{d}y$ 可表示为：

曲线在P点处当x有增量 Δx 时，切线纵坐标的增量。

由图 2-4 可看出，当 $|\Delta x|$ 很小时，函数的微分 $\mathrm{d}y$ 可以近似替代函数的增量 Δy，即：

当 $|\Delta x|$ 很小时， $\Delta y\approx\mathrm{d}y$ 。

例题解析

例 3 边长为 x 的正方形金属薄片，受热后边长增加 Δx，其面积增加了多少？面积的微分是多少？

解 设正方形面积为 y，则有 $y=x^2$。那么受热后面积的增量为 $\Delta y=(x+\Delta x)^2-x^2=2x\Delta x+(\Delta x)^2$。受热后面积的微分为 $\mathrm{d}y=2x\Delta x$。如图 2-5。

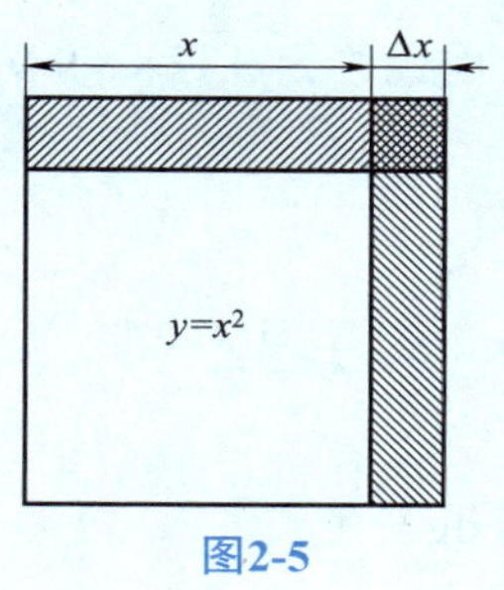

图2-5

注 意

近似计算时，要求 $|\Delta x|$ 很小，是指 $|\Delta x|$ 相比较 $|x|$ 来说很小。

三、微分的近似计算

若函数 $y=f(x)$ 在点 x_0 处可导且 $f'(x_0)\neq 0$，当 $|\Delta x|$ 很小时，有 $\Delta y=f(x_0+\Delta x)-f(x_0)\approx \mathrm{d}y=f'(x_0)\mathrm{d}x$，即

$$f(x_0+\Delta x)\approx f(x_0)+f'(x_0)\Delta x$$

特别的

$$|x|\text{很小时，有}f(x)\approx f(0)+f'(0)x$$

有几个在工程上常用的近似公式：

当 $|x|$ 很小时，（1）$\sqrt[n]{1+x}\approx 1+\dfrac{x}{n}$；（2）$\sin x\approx x$；（3）$\tan x\approx x$；（4）$\mathrm{e}^x\approx 1+x$；（5）$\ln(1+x)\approx x$。

提 示

三角函数中的 x 用弧度制表示。

例题解析

例 4 计算 $\sqrt[3]{997}$ 的近似值。

解 设 $y=\sqrt[3]{x}$，这里 $x=1000$，$\Delta x=-3$。$y'=\dfrac{1}{3\sqrt[3]{x^2}}$，$\mathrm{d}y=\dfrac{1}{3\sqrt[3]{x^2}}\mathrm{d}x$。

$$\mathrm{d}y\Big|_{\substack{x=1000\\ \mathrm{d}x=-3}}=\frac{-3}{3\sqrt[3]{1000^2}}=-0.01\text{。}$$

$$\sqrt[3]{997}\approx\sqrt[3]{1000}+\mathrm{d}y\Big|_{\substack{x=1000\\ \mathrm{d}x=-3}}=10+(-0.01)=9.99\text{。}$$

例 5 有一批半径为 1cm 的球，为了提高球表面的光洁度，要镀上

练一练

求下列式子的近似值：

$\sqrt[5]{1.01}=?$ $\sin 89^\circ=?$

$\mathrm{e}^{1.01}=?$

想一想

为什么不直接计算 $\mathrm{e}^{1.01}$，而是要近似计算？

一层铜，厚度为0.01cm，估计每只球需用铜多少？（铜的密度为8.9g/cm³，π取3.14）

解 球体体积为 $V=\frac{4}{3}\pi R^3$，这里 $R=1\text{cm}$，$\Delta R=0.01\text{cm}$。

$\Delta V\approx \mathrm{d}V=4\pi R^2\mathrm{d}R$，$\Delta V\Big|_{\substack{R=1\\ \Delta R=0.01}}\approx \mathrm{d}V\Big|_{\substack{R=1\\ \Delta R=0.01}}=4\pi\times 1^2\times 0.01$

$\approx 0.13\text{cm}^3$。故需要用铜约为 $0.13\times 8.9\approx 1.16$（g）。

习题2-4

1. 设 $y=\arctan\frac{1}{x}$，则 $\mathrm{d}y=$（　　）。

A. $-\frac{\mathrm{d}x}{1+x^2}$；　B. $\frac{\mathrm{d}x}{1+x^2}$；　C. $\frac{x^2}{1+x^2}\mathrm{d}x$；　D. $-\frac{1}{1+x^2}$。

2. 设 $y=\frac{\ln x}{x}$，则 $\mathrm{d}y=$（　　）。

A. $\frac{1-\ln x}{x^2}$；　B. $\frac{1-\ln x}{x^2}\mathrm{d}x$；　C. $\frac{\ln x-1}{x^2}$；　D. $\frac{\ln x-1}{x^2}\mathrm{d}x$。

3. 设 $s=\sin 3t$，则 $\mathrm{d}s=$（　　）。

A. $\sin 3t$；　B. $\cos 3t$；　C. $3\cos 3t$；　D. $3\cos(3t)\mathrm{d}t$。

4. 填空题。

（1）$\mathrm{d}(\mathrm{e}^x+x^2-\sin x)=$____________ $\mathrm{d}x$；

（2）$\mathrm{d}(5^x+\ln x-2x^3+C)=$_______________ $\mathrm{d}x$；

（3）d____________________ $=\frac{1}{x^2+1}\mathrm{d}x$；

（4）d____________________ $=\sec^2 x\mathrm{d}x$；

（5）d____________________ $=x\mathrm{d}x$；

（6）d____________________ $=(\cos x-\sin x)\mathrm{d}x$。

5. 求函数 $y=3x^2+2x-5$ 的微分 $\mathrm{d}y$。

6. 求函数 $y=\mathrm{e}^{(1-3x)}\cos x$ 的微分 $\mathrm{d}y$。

7. 求函数 $y=\frac{1}{x}+2\sqrt{x}$ 的微分 $\mathrm{d}y$。

8. 已知 $x^2+\sin y=1$，$y=f(x)$，求 $\mathrm{d}y$。

9. 计算函数 $y=x^2+1$ 在点 $x=1$，$\Delta x=-0.01$ 处的微分

$\mathrm{d}y\Big|_{\substack{x=1\\ \Delta x=-0.01}}$ 与函数的增量 $\Delta y\Big|_{\substack{x=1\\ \Delta x=-0.01}}$。

10. 一个外直径20cm的空心圆球，球壳厚度为0.1cm，试运用微分求解球壳体积的近似值。

第五节　洛必达法则

一、洛必达法则

如果函数$f(x)$与$g(x)$满足下列条件：

（1）$\lim\limits_{\substack{x\to x_0\\(x\to\infty)}} f(x)=0$，$\lim\limits_{\substack{x\to x_0\\(x\to\infty)}} g(x)=0$ 或 $\lim\limits_{\substack{x\to x_0\\(x\to\infty)}} f(x)=\infty$，$\lim\limits_{\substack{x\to x_0\\(x\to\infty)}} g(x)=\infty$；

（2）在点x_0的某一邻域（x_0点可除外）内，$f'(x)$与$g'(x)$都存在，且$g'(x)\neq 0$；

（3）$\lim\limits_{\substack{x\to x_0\\(x\to\infty)}} \dfrac{f'(x)}{g'(x)}=A$（或$\infty$）

则 $\lim\limits_{\substack{x\to x_0\\(x\to\infty)}} \dfrac{f(x)}{g(x)}=\lim\limits_{\substack{x\to x_0\\(x\to\infty)}} \dfrac{f'(x)}{g'(x)}=A$（或$\infty$）。

本节导学

内容：（1）洛必达法则；（2）其他未定式的求法。

重点：熟练掌握洛必达法则来求解未定式$\dfrac{0}{0}$型或$\dfrac{\infty}{\infty}$型的极限。

难点：熟练运用洛必达法则求解各种未定式型的极限。

例题解析

例 1　求$\lim\limits_{x\to 1}\dfrac{x+x^2+x^3-3}{x-1}$。

解　原式$=\lim\limits_{x\to 1}\dfrac{1+2x+3x^2}{1}=6$。

练一练

不用洛必达法则，能求解$\lim\limits_{x\to 1}\dfrac{x+x^2+x^3-3}{x-1}$吗？

例 2　求$\lim\limits_{x\to 0}\dfrac{1-\cos x}{x^2}$。

解　原式$=\lim\limits_{x\to 0}\dfrac{\sin x}{2x}=\lim\limits_{x\to 0}\dfrac{\cos x}{2}=\dfrac{1}{2}$。

注　意

可以多次使用洛必达法则，只要每次都能满足洛必达法则的条件。

例 3　求$\lim\limits_{x\to +\infty}\dfrac{\ln ax}{\ln bx}\ (a>0,b>0)$。

解　原式$=\lim\limits_{x\to +\infty}\dfrac{\frac{a}{ax}}{\frac{b}{bx}}=1$。

例 4　求$\lim\limits_{x\to +\infty}\dfrac{x^3}{e^x}$。

解　原式$=\lim\limits_{x\to +\infty}\dfrac{3x^2}{e^x}=\lim\limits_{x\to +\infty}\dfrac{6x}{e^x}=\lim\limits_{x\to +\infty}\dfrac{6}{e^x}=0$。

想一想

$\lim\limits_{x\to +\infty}\dfrac{6}{e^x}$还是未定式型吗?

以下情况不能使用洛必达法则：

（1）$\dfrac{0}{0}$型（或$\dfrac{\infty}{\infty}$型）经过多次使用洛必达法则后仍然是$\dfrac{0}{0}$型（或$\dfrac{\infty}{\infty}$型），且计算式越来越复杂，或又回到原来起点，感觉永无止境，则不能使用洛必达法则。

（2）$\dfrac{0}{0}$型（或$\dfrac{\infty}{\infty}$型）极限中有如$\sin\infty$或$\cos\infty$等有界函数时，大部分情况下不能用洛必达法则。

像这样极限为$\frac{0}{0}$型或$\frac{\infty}{\infty}$型的，我们称之为未定式型。

二、其他未定式

除了$\frac{0}{0}$型与$\frac{\infty}{\infty}$型两种未定式外，还有$0\times\infty$，$\infty-\infty$，0^0，1^∞，∞^0等五种其他未定式。它们都可转化为$\frac{0}{0}$型或$\frac{\infty}{\infty}$型。

1. $0\times\infty$型

$$0\times\infty\Rightarrow\frac{1}{\infty}\times\infty\Rightarrow\frac{\infty}{\infty}\text{ 或 }0\times\infty\Rightarrow0\times\frac{1}{0}\Rightarrow\frac{0}{0}。$$

2. $\infty-\infty$型

$$\infty-\infty\Rightarrow\frac{1}{0}-\frac{1}{0}\Rightarrow\frac{0-0}{0\times0}\Rightarrow\frac{0}{0}。$$

3. 0^0、1^∞、∞^0型未定式

$$\left.\begin{matrix}0^0\\1^\infty\\\infty^0\end{matrix}\right\}\xrightarrow{\text{取对数}}\left\{\begin{matrix}0\times\ln0\\\infty\times\ln1\\0\times\ln\infty\end{matrix}\right\}\to0\times\infty。$$

例题解析

例 5　求$\lim\limits_{x\to0^+}(x\ln x)$。

解　原式$=\lim\limits_{x\to0^+}\frac{\ln x}{\frac{1}{x}}=\lim\limits_{x\to0^+}\frac{\frac{1}{x}}{-\frac{1}{x^2}}=\lim\limits_{x\to0^+}(-x)=0$。

例 6　求$\lim\limits_{x\to0}\left(\frac{1}{x}-\frac{1}{e^x-1}\right)$。

解　原式$=\lim\limits_{x\to0}\frac{e^x-1-x}{x(e^x-1)}=\lim\limits_{x\to0}\frac{e^x-x-1}{x\cdot x}=\lim\limits_{x\to0}\frac{e^x-x-1}{x^2}$

$=\lim\limits_{x\to0}\frac{e^x-1}{2x}=\lim\limits_{x\to0}\frac{e^x}{2}=\frac{1}{2}$。

例 7　求$\lim\limits_{x\to0^+}x^x$。

解　原式$=\lim\limits_{x\to0^+}e^{\ln x^x}=\lim\limits_{x\to0^+}e^{x\ln x}=e^{\lim\limits_{x\to0^+}\frac{\ln x}{\frac{1}{x}}}=e^{\lim\limits_{x\to0^+}\frac{\frac{1}{x}}{-\frac{1}{x^2}}}$

$=e^{\lim\limits_{x\to0^+}(-x)}=e^0=1$。

例 8　求$\lim\limits_{x\to0}\left(\frac{a^x+b^x+c^x}{3}\right)^{\frac{1}{x}}$　（a、b、$c>0$）。

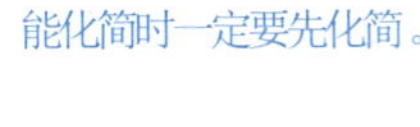

提　示

例 6 中，当$x\to0$时，$e^x-1\sim x$。
尽可能使用等价无穷小来替换化简。
能化简时一定要先化简。

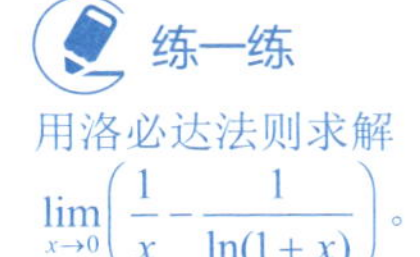

练一练

用洛必达法则求解$\lim\limits_{x\to0}\left(\frac{1}{x}-\frac{1}{\ln(1+x)}\right)$。

想一想

$\lim\limits_{x\to0^+}[x\ln(1+x)]$可以使用洛必达法则求解吗？

解 原式 $=\lim\limits_{x\to 0}\mathrm{e}^{\frac{1}{x}\ln\frac{a^x+b^x+c^x}{3}}=\mathrm{e}^{\lim\limits_{x\to 0}\frac{\ln(a^x+b^x+c^x)-\ln 3}{x}}$

$=\mathrm{e}^{\lim\limits_{x\to 0}\frac{\frac{1}{a^x+b^x+c^x}(a^x\ln a+b^x\ln b+c^x\ln c)}{1}}=\mathrm{e}^{\frac{1}{3}(\ln a+\ln b+\ln c)}$

$=\mathrm{e}^{\ln(abc)^{\frac{1}{3}}}=\sqrt[3]{abc}$。

例 9 求 $\lim\limits_{x\to+\infty}x^{\frac{1}{x}}$。

解 原式 $=\lim\limits_{x\to+\infty}\mathrm{e}^{\frac{1}{x}\ln x}=\mathrm{e}^{\lim\limits_{x\to+\infty}\frac{\ln x}{x}}=\mathrm{e}^{\lim\limits_{x\to+\infty}\frac{\frac{1}{x}}{1}}=\mathrm{e}^0=1$。

习题2-5

1. $\lim\limits_{x\to 0}\dfrac{1-\cos x}{1+x^2}=\lim\limits_{x\to 0}\dfrac{(1-\cos x)'}{(1+x^2)'}=\lim\limits_{x\to 0}\dfrac{\sin x}{2x}=\dfrac{1}{2}$，则此计算是（　　）。

A. 正确；

B. 错误，因为 $\lim\limits_{x\to 0}\dfrac{1-\cos x}{1+x^2}$ 不是未定式型；

C. 错误，因为 $\lim\limits_{x\to 0}\dfrac{(1-\cos x)'}{(1+x^2)'}$ 不存在；

D. 错误，因为 $\lim\limits_{x\to 0}\dfrac{1-\cos x}{1+x^2}$ 是 $\dfrac{\infty}{\infty}$ 型未定式。

2. 下列极限中，能使用洛必达法则的有（　　）。

A. $\lim\limits_{x\to 0}\dfrac{x^2\sin\frac{1}{x}}{\sin x}$；　　B. $\lim\limits_{x\to+\infty}x(\dfrac{\pi}{2}-\arctan x)$；

C. $\lim\limits_{x\to\infty}\dfrac{x-\sin x}{x+\sin x}$；　　D. $\lim\limits_{x\to\infty}\dfrac{x\sin x}{x^2}$。

3. 将 $0\times\infty$ 转化为 $\dfrac{0}{0}$ 型时，则有 $0\times\infty\Rightarrow$ ________ $\Rightarrow\dfrac{0}{0}$。

4. $\lim\limits_{x\to 1}\dfrac{x^2-1}{\sin(1-x)}=$ ____________。

5. 求 $\lim\limits_{x\to \mathrm{e}}\dfrac{\mathrm{e}^x-x^{\mathrm{e}}}{x-\mathrm{e}}$。

6. 求 $\lim\limits_{x\to n}\dfrac{x-n}{\sin\pi x}$（$n$ 为正整数）。

7. 求 $\lim\limits_{x\to 0^+}\dfrac{\ln\sin 3x}{\ln\sin x}$。

8. 求 $\lim\limits_{x\to 0}\dfrac{x-\sin x}{x^3}$。

9. 求 $\lim\limits_{x\to 0}\dfrac{x(\mathrm{e}^x-1)}{1-\cos x}$。

10. 求 $\lim\limits_{x\to 0^+}(\sin x\ln x)$。

11. 求 $\lim\limits_{x\to 0}\left(\dfrac{1}{\sin x}-\dfrac{1}{x}\right)$。

12. 求 $\lim\limits_{x\to 0^+}x^{\sin x}$。

13. 求 $\lim\limits_{x\to 1}x^{\frac{1}{1-x}}$。

14. 求 $\lim\limits_{x\to 0^+}\left(\dfrac{1}{x}\right)^{\sin x}$。

第六节　函数的单调性

本节导学

内容：（1）函数单调性的概念及判别方法；（2）单调性的应用。

重点：会判定函数的单调性。

难点：应用函数的单调性证明不等式。

一、函数单调性的概念

函数 $y=f(x)$ 在区间 (a,b) 内任取两点 x_1 与 x_2 $(x_1<x_2)$，如果有 $f(x_1)<f(x_2)$，则称函数 $y=f(x)$ 是**单调增加**的；如果有 $f(x_1)>f(x_2)$，则称函数 $y=f(x)$ 是**单调减少**的。判断函数是单调增加还是单调减少的特性，称为函数的**单调性**。与单调性相对应的区间叫做**单调区间**。

单调增加的函数图形是一条沿 x 轴正向呈上升趋势的曲线，而单调减少的函数图形则是一条沿 x 轴正向呈下降趋势的曲线。

二、函数单调性的判定方法

想一想

函数单调性的判定方法有哪些？各有什么优缺点？

函数的单调性，可以通过定义来判断，也可以通过图形来判断，还可以通过导数值的正负符号来判断。

定理　设函数 $y=f(x)$ 在 $[a,b]$ 上连续，在 (a,b) 内可导，则函数 $f(x)$ 在 (a,b) 内单调增加（或单调减少）的充分必要条件是在 (a,b) 内 $f'(x)>0$ ［或 $f'(x)<0$ ］。即

$$f'(x)>0 \Rightarrow 单调增加；\quad f'(x)<0 \Rightarrow 单调减少。$$

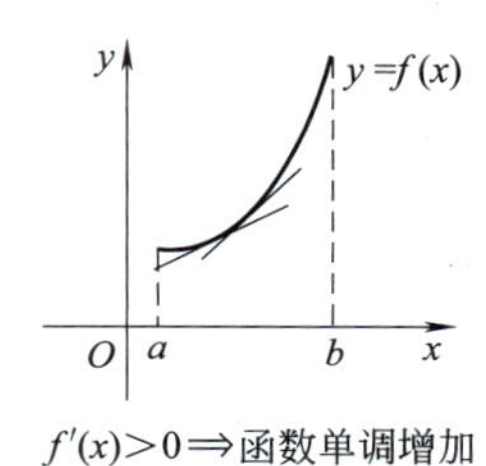

$f'(x)>0\Rightarrow$函数单调增加

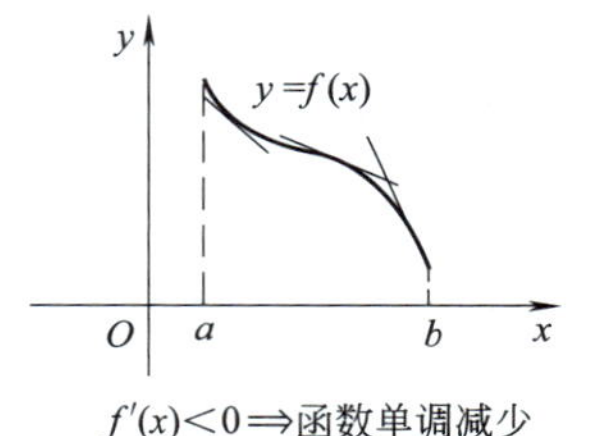

$f'(x)<0\Rightarrow$函数单调减少

图2-6

例题解析

练一练

判断函数 $y=x^2$ 的单调性。

注　意

谈到单调性时，必须指明与之对应的单调区间；同样，谈到单调区间时，也应指明与之对应的单调性。

例1　判断函数 $f(x)=\mathrm{e}^x-x-2$ 的单调性。

解　函数的定义域为 $(-\infty,+\infty)$，且 $f'(x)=\mathrm{e}^x-1$。

令 $f'(x)=0$，得 $x=0$。

在 $(-\infty,0)$ 内，由于 $f'(x)<0$，所以 $f(x)=\mathrm{e}^x-x-2$ 单调减少；

在 $(0,+\infty)$ 内，由于 $f'(x)>0$，所以 $f(x)=\mathrm{e}^x-x-2$ 单调增加。

例2　确定函数 $f(x)=\dfrac{1}{3}x^3-\dfrac{3}{2}x^2+2x+\dfrac{1}{2}$ 的单调区间。

解　函数的定义域为 $(-\infty,+\infty)$，且 $f'(x)=x^2-3x+2=(x-1)(x-2)$。令 $f'(x)=0$，得 $x=1$ 与 $x=2$。

列表：

x	$(-\infty,1)$	1	$(1, 2)$	2	$(2, +\infty)$
$f'(x)$	+	0	–	0	+
$f(x)$	↗		↘		↗

所以函数$f(x)$在$(-\infty,1)$和$(2,+\infty)$单调增加，在$(1,2)$单调减少。

提 示

这里“↗”表示函数单调增加，而“↘”表示函数单调减少。

我们称满足$f'(x)=0$的点$x=x_0$叫**驻点**，称$f'(x)$不存在的点$x=x_0$叫**不可导点**。

一般来说，函数的驻点和不可导点都有可能是函数单调区间的分界点。因此，我们得到求函数单调性的一般步骤为：

（1）确定函数的定义域；

（2）求出$f'(x)=0$的点（即驻点）和$f'(x)$不存在的点（即不可导点），并将定义域分为若干个开区间；

（3）列表确定$f'(x)$在各个开区间的符号，从而确定$f(x)$在各个对应开区间内的单调性。

三、函数单调性的应用

闭区间上，如果函数单调增加，则起点的函数值为最小值，终点的函数值为最大值；如果函数单调减少，则起点的函数值为最大值，终点的函数值为最小值。利用这一特性可以判断函数值的大小。如图 2-7 所示。

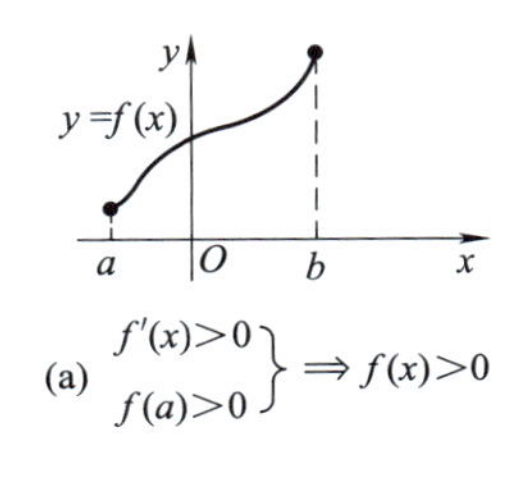

(a) $\left.\begin{array}{l}f'(x)>0\\f(a)>0\end{array}\right\}\Rightarrow f(x)>0$

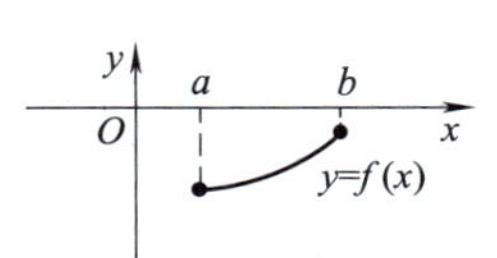

(b) $\left.\begin{array}{l}f'(x)>0\\f(b)<0\end{array}\right\}\Rightarrow f(x)<0$

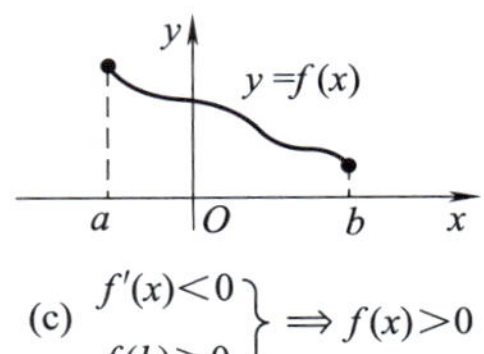

(c) $\left.\begin{array}{l}f'(x)<0\\f(b)>0\end{array}\right\}\Rightarrow f(x)>0$

(d) $\left.\begin{array}{l}f'(x)<0\\f(a)<0\end{array}\right\}\Rightarrow f(x)<0$

图2-7

提 示

在闭区间上，最小值大于零的函数一定大于零；最大值小于零的函数一定小于零。

例题解析

例 3 证明：当$x>1$时，$e^x>ex$。

证明 构造函数$f(x)=e^x-ex$，则$f'(x)=e^x-e$，令$f'(x)=0$，得$x=1$。当$x>1$时，$f'(x)>0$，函数单调增加，且$f(1)=0$。

提 示

证明题基本思路：①根据题目条件与结论的特点，构造函数 $f(x)$；②寻找条件；③得到结论；④综合分析，即可得到题目的结果。

$f(x) > f(1) = 0$，即 $e^x - ex > 0$，所以 $e^x > ex$。

例 4 证明：当 $0 < x < \frac{\pi}{2}$ 时，$\sin x + \tan x > 2x$。

证 明 设 $f(x) = \sin x + \tan x - 2x$，则 $f'(x) = \cos x + \sec^2 x - 2 = \cos x - \cos^2 x + \left(\frac{1}{\cos^2 x} - 2 + \cos^2 x\right) = \cos x(1 - \cos x) + \left(\frac{1}{\cos x} - \cos x\right)^2$。当 $0 < x < \frac{\pi}{2}$ 时，$f'(x) > 0$，函数单调增加，且 $f(0) = 0$，$f(x) > f(0) = 0$，即 $\sin x + \tan x - 2x > 0$，所以 $\sin x + \tan x > 2x$。

习题2-6

1. 函数 $y = x^2(x-2)^2$ 在区间 $(0,2)$ 内的单调性为（　　）。

A. 单调增加；　　B. 单调减少；

C. 先减后增；　　D. 先增后减。

2. 设 $f(0) = g(0)$，当 $x > 0$ 时，$f'(x) > g'(x)$，则有（　　）。

A. $f(x) > g(x)$；　　B. $f(x) \geqslant g(x)$；

C. $f(x) < g(x)$；　　D. $f(x) \leqslant g(x)$。

3. 若在区间 (a,b) 内有 $f'(x) > 0$，则函数的单调性为______。

4. 若 $f'(x_0) = 0$，则点 $x = x_0$ 叫_____点。

5. 判断函数 $f(x) = x^2 - 2x$ 的单调性。

6. 判断函数 $f(x) = x + \sqrt{1-x}$ 的单调性。

7. 判断函数 $f(x) = (x-5)x^{\frac{2}{3}}$ 的单调性。

8. 判断函数 $y = x^3 + x$ 的单调性。

9. 求函数 $y = 2x^2 - \ln x$ 的单调区间。

10. 求函数 $y = x^2 + x$ 的单调区间。

11. 证明不等式：当 $x > 0$ 时，$x > \ln(1+x)$。

12. 证明不等式：当 $x > 0$ 时，$\ln(1+x) > \frac{x}{1+x}$。

第七节　极值与最值

本节导学

内容：（1）函数的极值及求法；（2）函数的最值及求法。

重点：熟练掌握求解极值与最值。

难点：极值的求法。

一、函数的极值

定义 设函数 $y = f(x)$ 在点 x_0 的某个邻域内有定义，对该邻域内任意的点 $x\,(x \neq x_0)$，

（1）若有 $f(x) > f(x_0)$，则称 $f(x_0)$ 为 $f(x)$ 的**极小值**，x_0 为函数的**极小值点**；

（2）若有$f(x) < f(x_0)$，则称$f(x_0)$为$f(x)$的**极大值**，x_0为函数的**极大值点**。

函数的极大值和极小值统称为**极值**，极大值点和极小值点统称为**极值点**。

注 意

（1）极值只是局部概念；（2）极值只能出现在开区间内，不能出现在端点处；（3）极值可以有多个，极大值与极小值之间无大小关系。

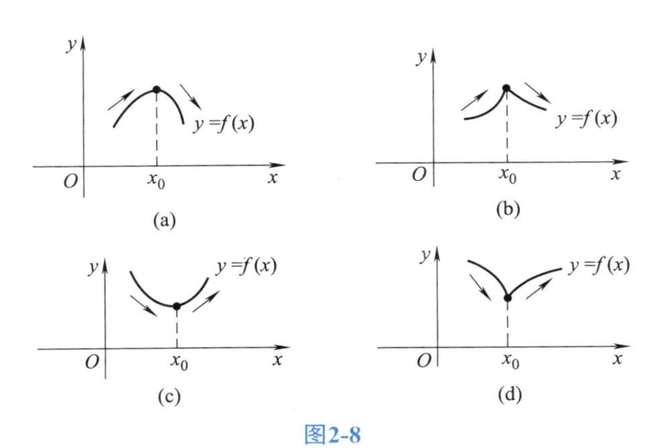

图2-8

由图 2-8 可知，单调性发生改变的分界点x_0一定就是极值点x_0。它有两种情况：（1）驻点，即$f'(x)=0$的点；（2）不可导点，即$f'(x)$不存在的点。

提 示

极值点一定是驻点或不可导点，但驻点或不可导点却不一定是极值点。

极值点的特性

极值点的左右两边的单调性一定不相同。

但如果在某点的左右两边的单调性未改变，即使这个点为驻点（或不可导点），它也不是极值点。如图 2-9 与图 2-10 所示。

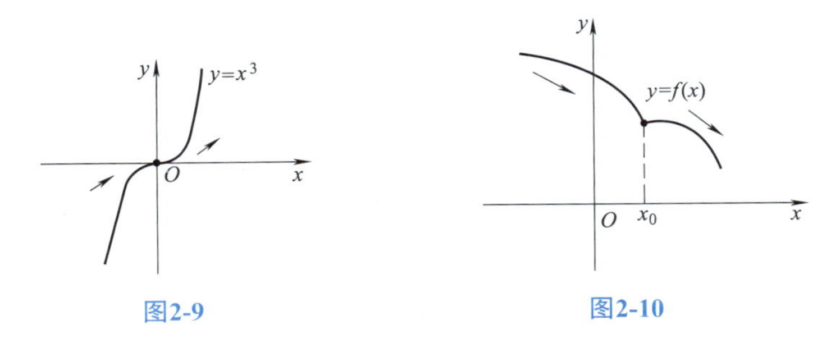

图2-9　　图2-10

图 2-9 中虽然$y'(0)=0$，即$x=0$为驻点；图 2-10 中虽然$f'(x_0)$不存在，即$x=x_0$点为不可导点，但是它们的左右两边的单调性未改变，所以图 2-9 中的驻点与图 2-10 中的不可导点都不是极值点。

定理 （极值的充分条件 Ⅰ）

设函数$y=f(x)$在点x_0处连续，在点x_0的去心邻域内可导，

（1）如果当$x < x_0$时，$f'(x) > 0$；而当$x > x_0$时，$f'(x) < 0$，则$f(x)$在x_0处取得极大值；

（2）如果当$x<x_0$时，$f'(x)<0$；而当$x>x_0$时，$f'(x)>0$，则$f(x)$在x_0处取得极小值；

（3）如果在x_0的左右两边的$f'(x)$的符号相同，则$f(x)$在x_0处无极值。

*** 定理（极值的充分条件Ⅱ）**

设函数$y=f(x)$在点x_0处具有二阶导数，且$f'(x_0)=0$，$f''(x_0)\neq 0$，那么当$f''(x_0)<0$时，$f(x_0)$是$f(x)$的极大值；当$f''(x_0)>0$时，$f(x_0)$是$f(x)$的极小值。

用充分条件Ⅰ求函数$f(x)$极值的步骤

（1）确定函数的定义域；

（2）求导数$f'(x)$；

（3）求驻点与不可导点；

（4）列表分析，应用极值的充分条件Ⅰ来判断极值点；

（5）求出各极值点处的函数值，得出极值。

例题解析

想一想

求函数的极值与求函数的单调性在解法上有何区别与联系？

例1 求函数$f(x)=\frac{1}{3}x^3-x^2-3x+3$的极值。

解 函数的定义域为$(-\infty,+\infty)$，$f'(x)=x^2-2x-3=(x-3)(x+1)$。令$f'(x)=0$，得驻点$x=-1$与$x=3$。列表为：

x	$(-\infty,-1)$	-1	$(-1,3)$	3	$(3,+\infty)$
$f'(x)$	+	0	−	0	+
$f(x)$	↗	极大值	↘	极小值	↗

所以极大值$f(-1)=\frac{14}{3}$，极小值$f(3)=-6$。

例2 求函数$f(x)=(x-1)\sqrt[3]{x^2}$的极值。

解 函数的定义域为$(-\infty,+\infty)$，$f'(x)=x^{\frac{2}{3}}+\frac{2}{3}x^{-\frac{1}{3}}(x-1)=\frac{5x-2}{3\sqrt[3]{x}}$。显然有驻点$x_1=\frac{2}{5}$和不可导点$x_2=0$。列表为：

x	$(-\infty,0)$	0	$(0,\frac{2}{5})$	$\frac{2}{5}$	$(\frac{2}{5},+\infty)$
$f'(x)$	+	不存在	−	0	+
$f(x)$	↗	极大值	↘	极小值	↗

所以极大值为$f(0)=0$，极小值为$f\left(\frac{2}{5}\right)=-\frac{3}{5}\sqrt[3]{\frac{4}{25}}$。

例3 求函数$f(x)=x^3-6x^2+9x-3$的极值。

解 $f'(x)=3x^2-12x+9=3(x-1)(x-3)$，有驻点 $x=1$ 与 $x=3$。$f''(x)=6x-12$，因为$f''(1)=-6<0$，所以有极大值$f(1)=1$；$f''(3)=6>0$，所以有极小值$f(3)=-3$。

二、函数的最值

考察图 2-11。

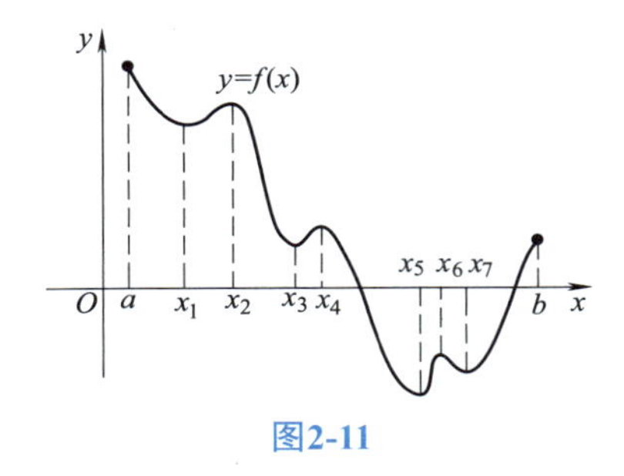

图2-11

> **注 意**
> 最值是全局概念，而极值只是局部概念。最值最多有一个，极值却可能有多个。

对于一个闭区间上的连续函数$f(x)$，它的最值就只能在极值点和端点处取得。因此，只要能求出所有的极值和端点的函数值，再比较它们的大小，就能得到最大值与最小值。

求最值的步骤

（1）求出 $[a,b]$ 上连续函数 $f(x)$ 在 (a,b) 内的驻点和不可导点；

（2）计算$f(x)$在驻点、不可导点及端点 a 与 b 处的函数值；

（3）比较这些函数值的大小，即可求出最大值与最小值。

求最值时还可能会出现的两种特殊情形：

（1）如果函数$f(x)$在$[a,b]$上单调，则在两端点处分别取得最大值与最小值。如图 2-12（a）和（b）。

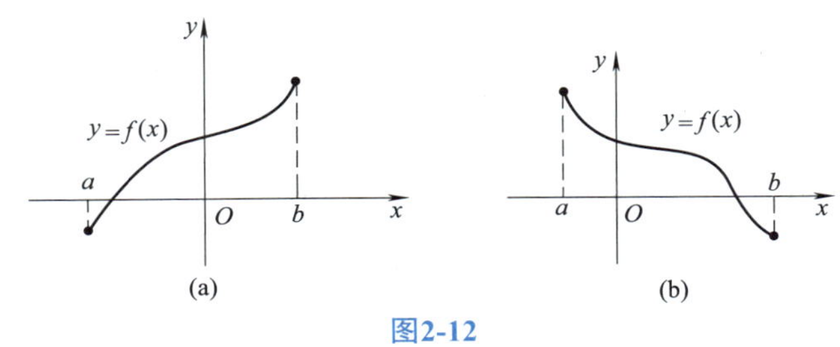

图2-12

图 2-12（a）中，函数在$[a,b]$上单调增加，则起点的函数值为最小值，终点的函数值为最大值。

图 2-12（b）中，函数在$[a,b]$上单调减少，则起点的函数值为最大值，终点的函数值为最小值。

（2）如果函数$f(x)$在确定开区间内，只有x_0是$f(x)$的唯一的驻点（或不可导点），则若x_0点是极小值点时就是$f(x)$的最小值点；x_0点是极大值点时就是$f(x)$的最大值点。

在实际问题的开区间中，这个唯一的驻点（或不可导点）也就是所求的最值点。如图 2-13。

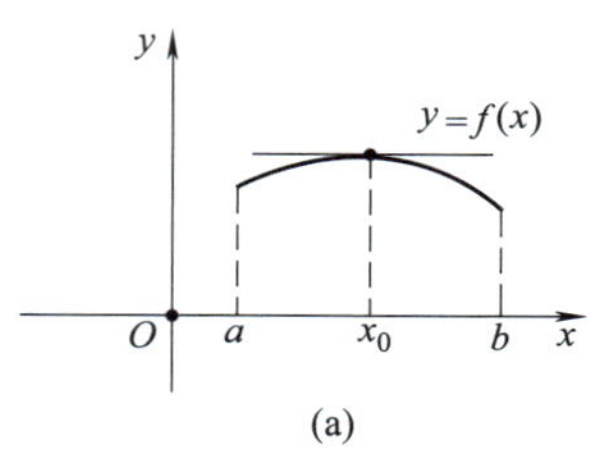

(a)

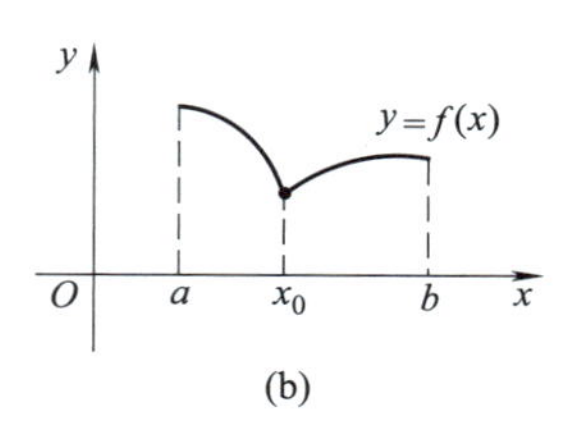

(b)

图2-13

例题解析

想一想

例4中为什么没有判断驻点$x=2$是否是极值点?

例 4 求函数$f(x)=x^3-5x^2+8x-4$在$\left[\frac{3}{2},3\right]$上的最大值与最小值。

解 $f'(x)=3x^2-10x+8=(x-2)(3x-4)$。令$f'(x)=0$，得驻点$x_1=\frac{4}{3}$（舍去，因不在$\left[\frac{3}{2},3\right]$内），$x_2=2$。由于$f\left(\frac{3}{2}\right)=\frac{1}{8}$，$f(2)=0$，$f(3)=2$。比较大小可知，函数$f(x)$在$\left[\frac{3}{2},3\right]$上的最大值为$f(3)=2$，最小值为$f(2)=0$。

练一练

对照例5，求函数$y=-x^3-x$在$[2,4]$上的最值。

例 5 求函数$f(x)=2x^3+x-3$在$[1,3]$上的最大值与最小值。

解 因为$f'(x)=6x^2+1>0$，函数单调增加，所以函数的最小值为$f(1)=0$，最大值为$f(3)=54$。

例 6 将一块边长为 60cm 的正方形铁皮的四角各剪去一个大小都相同的正方形后，折成一个无盖正方形铁盒，求铁盒的最大容积。

解 如图 2-14。

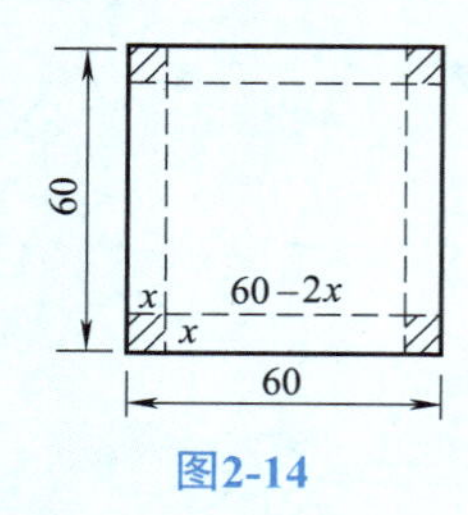

图2-14

设剪下的小正方形的边长为$x$cm $(0<x<30)$，盒子的体积为V。依题意有 $V=x(60-2x)^2=4x^3-240x^2+3600x$，

$V'=12x^2-480x+3600=12(x-30)(x-10)$。令$V'=0$，得驻点$x_1=10$，$x_2=30$（舍去，不在定义域内）。由于容器容积的最大值在

$(0,30)$ 内一定存在，且V在 $(0,30)$ 内只有唯一的驻点 $x_1=10$ ，所以，当 $x=10$ 时，容器容积有最大值，最大值 $V(10)=16000\text{cm}^3$ 。

例 7　设在只有一个开关和一个电阻的回路中，电源的电动势为E，内阻为r(E、r均为常量)，如图2-15所示。问负载电阻R多大时，输出功率最大？

解　如图2-15。

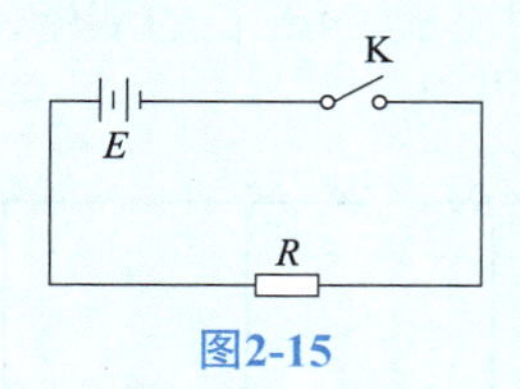

图2-15

消耗在电阻 R 上的功率为 $P=I^2R$ ，其中 I 是回路中的电流。由欧姆定律知 $I=\dfrac{E}{R+r}$ ，所以 $P=\dfrac{E^2R}{(R+r)^2}$ $(0<R<+\infty)$ 。

$\dfrac{\mathrm{d}P}{\mathrm{d}R}=\dfrac{E^2(R+r)^2-2E^2R(R+r)}{(R+r)^4}=\dfrac{E^2}{(R+r)^3}(r-R)$ 。令 $\dfrac{\mathrm{d}P}{\mathrm{d}R}=0$ 得唯一的驻点 $R=r$ 。由于实际中最大输出功率一定存在，所以当 $R=r$ 时，取得最大输出功率 $P=\dfrac{E^2}{4r}$ 。

习题2-7

1. $f'(x_0)=0$ 是函数 $y=f(x)$ 在点 $x=x_0$ 处取得极值的（　）。

A. 必要条件；　　B. 充要条件；

C. 充分条件；　　D. 无关条件。

2. 若函数$f(x)$ 在点 x_0 的某邻域内有定义，且在该邻域内 $f(x)<f(x_0)$ $(x\neq x_0)$，则称$f(x_0)$ 是$f(x)$ 的（　　）。

A. 极大值点；　　B. 极大值；

C. 极小值点；　　D. 极小值。

3. 函数 $y=x^2+1$ 在区间 $(-1,1)$ 内的最大值是（　　）。

A. 0 ；　　B. 1 ；　　C. 2 ；　　D. 不存在。

4. 若$f(x_0)$ 是连续函数$f(x)$ 在 $[a,b]$ 上的最小值，则有（　　）。

A. $f(x_0)$ 一定是$f(x)$ 的极小值；

B. $f'(x_0)=0$ ；

C. $f(x_0)$ 一定是区间端点的函数值；

D. x_0 或是极值点，或是区间端点。

5. 极值点的左右两边的单调性一定________。

6. $f(x)=x^3-3x^2+1$ 在 $[0,1]$ 上的最小值是________。

7. 求函数$f(x)=2x^3-3x^2$的极值。

8. 求函数$f(x)=\frac{2x}{1+x^2}$的极值。

9. 求函数$y=x-\frac{3}{2}\sqrt[3]{x^2}$的极值。

10. 求函数$f(x)=x^3-3x^2+3$在$[-3,3]$上的最大值与最小值。

11. 在靠着围墙边修建成一个用一堵墙隔开的两居室长方形小屋（如图 2-16），现有砖块只够砌 24m 长的墙壁，问怎样围成才能使这两居室面积最大？

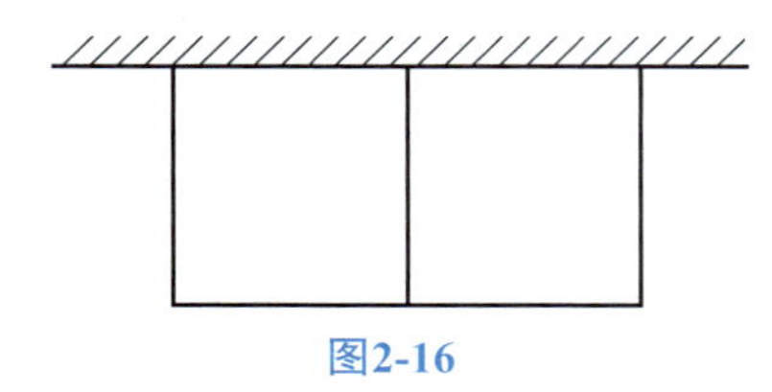

图2-16

本节导学

内容：（1）曲线的凹凸性与拐点；（2）渐近线；（3）函数图像的描绘。

重点：（1）会判别函数曲线的凹凸性与拐点；（2）会求函数曲线的渐近线。

难点：（1）理解凹凸性的判定方法；（2）理解求解函数的渐近线。

第八节　函数图像的描绘

一、曲线的凹凸性与拐点

1. 曲线的凹凸性

定义　在某区间(a,b)内，如果曲线弧始终位于其任意一点处切线的上方，则称曲线弧在(a,b)内是**凹弧**，区间(a,b)称为**凹区间**；如果曲线弧始终位于其任意一点处切线的下方，则称曲线弧在(a,b)内是**凸弧**，区间(a,b)称为**凸区间**。如图 2-17 所示。

提　示

凹弧的某一部分仍然是凹弧，如图2-18（a）所示。

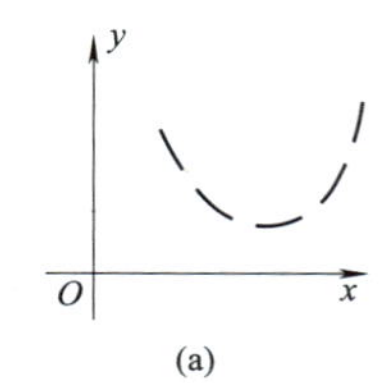

(a)

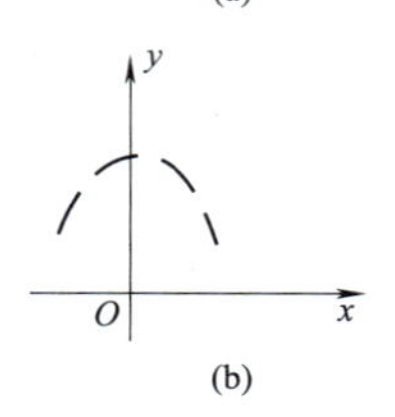

(b)

图2-18

凸弧的某一部分仍然是凸弧，如图2-18（b）所示。

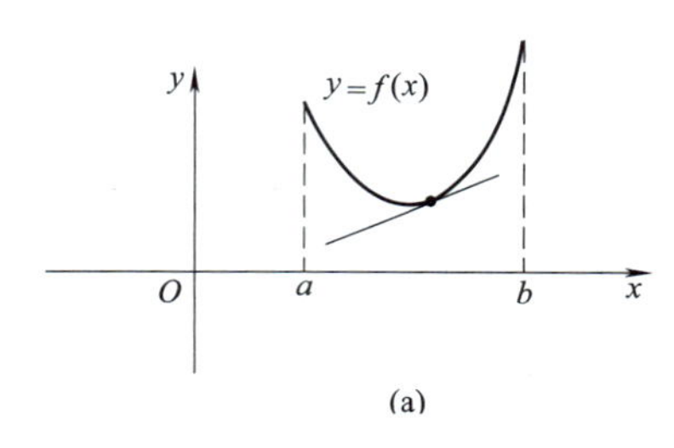

(a)

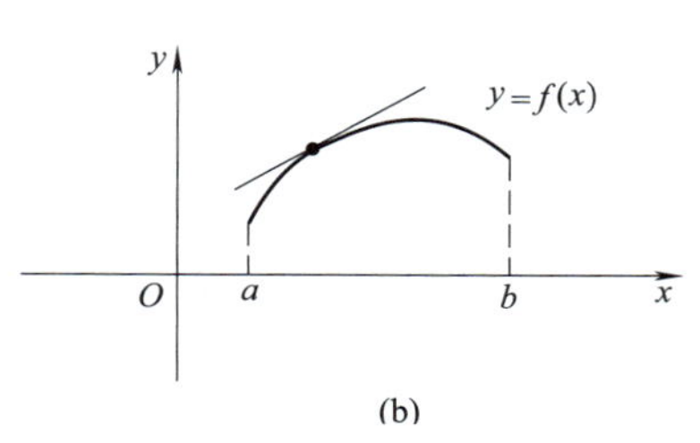

(b)

图2-17

如图 2-19，可以看到函数的切线斜率大小的变化规律。

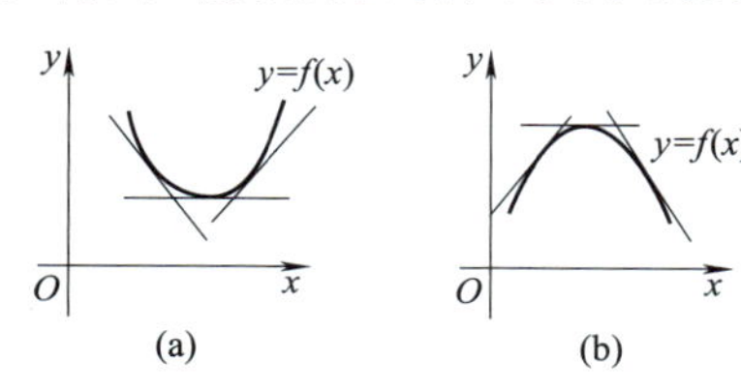

图2-19

如果曲线是凹弧，则曲线的切线斜率是随着 x 的增大而增大，即切线的斜率是单调增加的。由于切线的斜率就是函数 $y=f(x)$ 的导数 $f'(x)$，因此，如果曲线是凹弧，那么导数 $f'(x)$ 必定是单调增加的，即 $f''(x)>0$。同理可得凸弧的情况。

由此得出曲线**凹凸性的判断方法**：

$$f''(x)>0 \Rightarrow \text{凹弧；} f''(x)<0 \Rightarrow \text{凸弧。}$$

例题解析

例 1 求曲线 $y=x^3-\frac{9}{2}x^2+6x+1$ 的凹凸性。

解 $y'=3x^2-9x+6$，$y''=6x-9$。当 $y''>0$，即 $x>\frac{3}{2}$ 时，曲线是凹弧；当 $y''<0$，即 $x<\frac{3}{2}$ 时，曲线是凸弧。

2. 曲线的拐点

定义 连续曲线 $y=f(x)$ 上凹弧与凸弧的分界点称为曲线 $y=f(x)$ 的**拐点**。如图 2-20。

注 意

拐点指的是坐标点 $(x_0, f(x_0))$，而不是指自变量 x 的取值 x_0。这与前文中的驻点的表示方式有所不同。

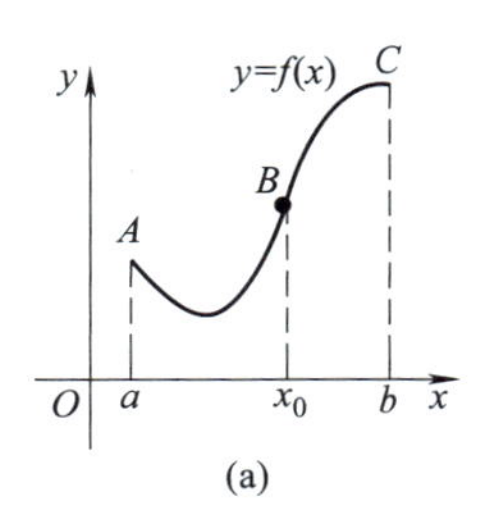

(a)

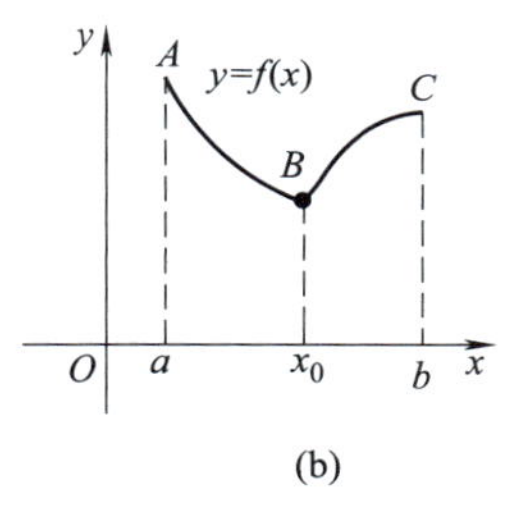

(b)

图2-20

容易知道，拐点处的二阶导数值要么等于零，要么不存在。

求拐点的一般步骤

（1）先求出 $f''(x)$；

（2）找出 $f''(x)=0$ 的点与 $f''(x)$ 不存在的点；

（3）判断这些点的左右两边的凹凸性是否不一致。若是不一致，则点 $(x_0, f(x_0))$ 是拐点；若是一致，则点 $(x_0, f(x_0))$ 不是拐点。

例题解析

例 2 求曲线 $y=x^3+3x^2-x+1$ 的拐点。

解 $y'=3x^2+6x-1$，$y''=6x+6$。令 $y''=0$ 得 $x=-1$，此时 $y(-1)=4$。在 $(-\infty,-1)$ 内 $y''<0$；在 $(-1,+\infty)$ 内，$y''>0$。

点 $(-1,4)$ 为曲线的拐点。

例 3 讨论曲线 $y=\sqrt[3]{x-1}+1$ 的凹凸性与拐点。

解 $y'=\dfrac{1}{3\sqrt[3]{(x-1)^2}}$，$y''=-\dfrac{2}{9\sqrt[3]{(x-1)^5}}$。当 $x=1$ 时，函数 $y=\sqrt[3]{x-1}+1$ 连续，但 y' 与 y'' 都不存在。此时 $y(1)=1$。在 $(-\infty,1)$ 内 $y''>0$，曲线是凹弧；在 $(1,+\infty)$ 内 $y''<0$，曲线是凸弧。所以点 $(1,1)$ 是曲线的拐点。

二、渐近线

定义 如果曲线上的动点沿着曲线无限远离坐标原点时，该点与某条直线的距离趋于零，则称直线为曲线的**渐近线**。

提 示

远离坐标原点是指 $x\to\infty$ 或 $y\to\infty$。

如图 2-21，当 $x\to+\infty$ 时，发现 $f(x)-(ax+b)\to 0$。所以称直线 $y=ax+b$ 是曲线 $y=f(x)$ 的渐近线。

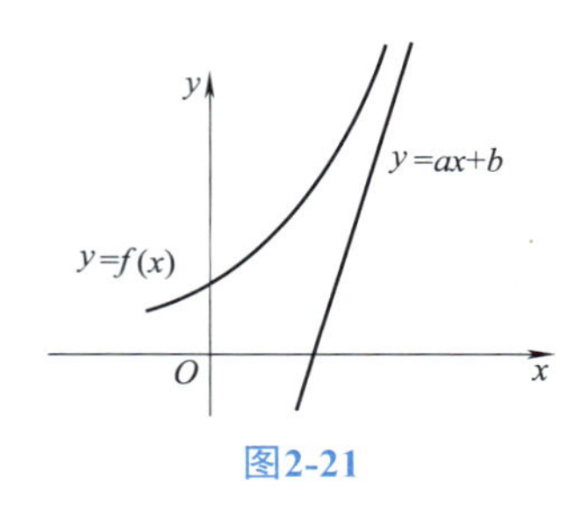

图2-21

渐近线可分为**水平渐近线**、**铅直渐近线**和**斜渐近线**三种。

定义 （1）如果 $\lim\limits_{x\to\infty}f(x)=b$，则称直线 $y=b$ 为曲线 $y=f(x)$ 的一条水平渐近线。

（2）如果 $\lim\limits_{x\to x_0}f(x)=\infty$，则称直线 $x=x_0$ 为曲线 $y=f(x)$ 的一条铅直渐近线。

（3）如果 $\lim\limits_{x\to\infty}[f(x)-(ax+b)]=0$，则称直线 $y=ax+b$ 为曲线 $y=f(x)$ 的一条斜渐近线，并由此可推得 $a=\lim\limits_{x\to\infty}\dfrac{f(x)}{x}$，$b=\lim\limits_{x\to\infty}[f(x)-ax]$。

渐近线的求法

首先考虑是否有铅直渐近线。如函数式中含有分母，则由分母等于零得到直线 $x=x_0$（此时分子不等于零），这就是所求铅直渐近线。

注 意

求铅直渐近线时，必须分母等于零的同时还要分子不等于零，此时才会有 $\lim\limits_{x\to x_0}f(x)=\infty$。

其次再考虑是否有斜渐近线与水平渐近线。通过计算 $a=\lim\limits_{x\to\infty}\dfrac{f(x)}{x}$ 与 $b=\lim\limits_{x\to\infty}[f(x)-ax]$，就能得到渐近线 $y=ax+b$。如果 $a=0$，渐近线 $y=b$ 就变为水平渐近线；如果 $a\neq 0$，渐近线 $y=ax+b$ 就为斜渐近线。

例题解析

例 4 求曲线$y=\dfrac{1}{x-1}$的渐近线。

解 $\lim\limits_{x\to1}\dfrac{1}{x-1}=\infty$，所以直线$x=1$是曲线$y=\dfrac{1}{x-1}$的铅直渐近线。又$a=\lim\limits_{x\to\infty}\dfrac{\frac{1}{x-1}}{x}=0$，$b=\lim\limits_{x\to\infty}\dfrac{1}{x-1}=0$，所以$y=0$是曲线$y=\dfrac{1}{x-1}$的水平渐近线。

求曲线$y=\dfrac{1}{x}$的铅直渐近线。

例 5 求曲线$y=\dfrac{2x^3+x-1}{x^2-5x+6}$的渐近线。

解 令$x^2-5x+6=0$，得两条铅直渐近线$x=2$与$x=3$。

又$a=\lim\limits_{x\to\infty}\dfrac{\frac{2x^3+x-1}{x^2-5x+6}}{x}=2$，$b=\lim\limits_{x\to\infty}\left(\dfrac{2x^3+x-1}{x^2-5x+6}-2x\right)=10$，所以直线$y=2x+10$是曲线$y=\dfrac{2x^3+x-1}{x^2-5x+6}$的斜渐近线。

曲线$y=\dfrac{x^2-1}{x-1}$有铅直渐近线吗？

三、函数图像的描绘

通过对函数的单调性、极值、曲线的凹凸性与拐点及渐近线的研究，我们就可以比较准确的作出函数的图形。

函数图像描绘的步骤

（1）确定函数的定义域，判断函数的奇偶性与周期性；

（2）求函数的一阶导数，确定函数的单调性与极值点；

（3）求函数的二阶导数，确定函数的凹凸性与拐点；

（4）确定函数的渐近线；

（5）补充一些特殊点；

（6）描点后再根据曲线在各区间的单调性、凹凸性，用光滑的曲线连接起来，即可得到函数的图像。

描绘函数$y=x^2-1$的图像。

例题解析

例 6 描绘函数$y=\mathrm{e}^{-x^2}$的图像。

解 函数的定义域为$(-\infty,+\infty)$。函数是偶函数，其图像关于y轴对称。$y'=-2x\mathrm{e}^{-x^2}$，令$y'=0$得到驻点$x=0$。$y''=2(2x^2-1)\mathrm{e}^{-x^2}$，令$y''=0$，得$x=\pm\dfrac{\sqrt{2}}{2}$。列表为：

x	$\left(-\infty,-\frac{\sqrt{2}}{2}\right)$	$-\frac{\sqrt{2}}{2}$	$\left(-\frac{\sqrt{2}}{2},0\right)$	0	$\left(0,\frac{\sqrt{2}}{2}\right)$	$\frac{\sqrt{2}}{2}$	$\left(\frac{\sqrt{2}}{2},+\infty\right)$
y'	+	+	+	0	−	−	−
y''	+	0	−	−	−	0	+
y	↗	拐点	↗	极大值	↘	拐点	↘

由于 $\lim\limits_{x\to\infty} e^{-x^2}=0$，所以曲线有水平渐近线 $y=0$。极大值 $y(0)=1$。拐点有 $\left(-\frac{\sqrt{2}}{2},\frac{\sqrt{e}}{e}\right)$ 与 $\left(\frac{\sqrt{2}}{2},\frac{\sqrt{e}}{e}\right)$。

综合上述分析，用光滑的曲线描绘出函数的图像，如图 2-22。

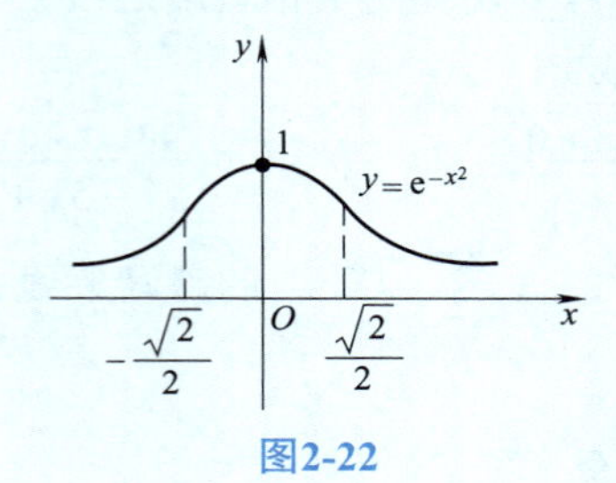

图2-22

习题2-8

1. 函数 $y=(x-1)^2$ 在 $(1,4)$ 内是（　　）。

A. 凸弧；　　B. 凹弧；

C. 既有凹弧又有凸弧；　　D. 直线段。

2. 曲线 $y=(x-1)^3-1$ 的拐点是（　　）。

A. $(2,0)$；　B. $(1,-1)$；　C. $(0,-2)$；　D. 不存在。

3. 曲线 $y=\frac{4x-1}{(x-2)^2}$（　　）。

A. 只有水平渐近线；　　B. 只有铅直渐近线；

C. 没有渐近线；　　D. 有水平渐近线也有铅直渐近线。

4. $f''(x)<0\Rightarrow$ 凸弧；$f''(x)>0\Rightarrow$______。

5. 曲线 $y=\frac{1}{x-3}$ 的铅直渐近线为__________。

6. 求函数 $y=x^3-3x^2-1$ 的凹凸性。

7. 求函数 $y=\frac{1}{20}x^5-\frac{1}{4}x^4+\frac{1}{3}x^3$ 的凹凸性与拐点。

8. 求函数 $y=x^3+x+1$ 的拐点。

9. 求曲线 $y=\frac{x^2}{x-2}$ 的渐近线。

10. 求曲线$y=\dfrac{x^2-4}{x^2+x-6}$的渐近线。

11. 求曲线$y=\dfrac{1}{x^2+1}$的渐近线。

复习题二

一、选择题

1. 设函数$y=f(x)$在点x_0处可导，则$\lim\limits_{\Delta x\to 0}\dfrac{f(x_0+2\Delta x)-f(x_0)}{\Delta x}=$（　　）。

A. $f'(x_0)$；　　B. $-f'(x_0)$；

C. $2f'(x_0)$；　　D. $-2f'(x_0)$。

2. 曲线$y=2x^2+3x-26$上点M处的切线斜率是15，则点M的坐标是（　　）。

A. $(3,15)$；　B. $(3,1)$；　C. $(-3,15)$；　D. $(-3,1)$。

3. 下列函数中，在点$x=0$处连续但不可导的函数是（　　）。

A. $y=\dfrac{1}{x}$；　B. $y=|x|$；　C. $y=x^2$；　D. $y=\ln x^2$。

4. 设$f(x)=x(x+1)(x+2)\cdots\cdots(x+100)$，则$f'(0)$的值为（　　）。

A. 0；　B. 100；　C. 100!；　D. 0!。

5. 设$\dfrac{\mathrm{d}y}{\mathrm{d}(\sin x)}=\cos x$，则$y'=($　　$)$。

A. $\cos x$；　B. $\sin x$；　C. $\cos^2 x$；　D. $\sin 2x$。

6. 设$y=\dfrac{1}{1-x}$，则$y^{(n)}=($　　$)$。

A. $\dfrac{1}{(1-x)^n}$；　B. $\dfrac{(-1)^n}{(1-x)^n}$；　C. $\dfrac{n!}{(1-x)^{n+1}}$；　D. $\dfrac{(-1)^n n!}{(1-x)^{n+1}}$。

7. 函数$y=f(x)$在$x=x_0$处取得极值，则必有（　　）。

A. $f''(x_0)<0$；　　B. $f''(x_0)>0$；

C. $f'(x_0)=0$或$f'(x_0)$不存在；　D. $f''(x_0)=0$。

8. 函数$y=x^2+1$在区间$[0,1]$上的最大值是（　　）。

A. 0；　B. 1；　C. 2；　D. 不存在。

二、填空题

9. 设$f(x)=\log_2 x$，则$\lim\limits_{h\to 0}\dfrac{f(x+h)-f(x)}{h}=$________。

10. 设$y=x^2+2^x+\ln 2$，则$y'=$________________。

11. 设函数$x^2+y^2=4$在$x=1$点处的切线方程是______与______。

12. 设函数$y=2x^3+x-2$，则有$y^{(4)}=$__________。

13. $\mathrm{d}(\sin x+x^2+C)=$__________ $\mathrm{d}x$。

14. x_0是在(a,b)内连续可导函数$y=f(x)$的一个极值点，则有$f'(x_0)=$________。

三、解答题

15. 设$y = x^3 \times 3^x + e^3$，求y'。

16. 已知$y = \arctan x + x\ln x$，求y'。

17. 求$\lim\limits_{x \to 0} \dfrac{\tan x - \sin x}{x - \sin x}$。

18. 讨论函数$f(x) = 2x^3 - 9x^2 + 12x - 3$的单调区间。

19. 求函数$f(x) = 1 - x - \dfrac{4}{(x+2)^2}$在区间$[-1, 2]$上的最大值和最小值。

20. 求曲线$f(x) = \dfrac{x^2}{x-1}$的渐近线。

第三章

不定积分

微分学的基本问题是求已知函数的导数或微分。在科学技术领域还会遇到与此相反的问题，即已知一个函数的导数或微分，求原来的函数，由此产生了积分学。积分学由不定积分和定积分两部分组成。本章研究不定积分的概念、性质以及基本积分方法。

第一节　不定积分的概念和性质

本节导学

内容：（1）不定积分的概念；（2）基本积分公式；（3）不定积分的性质；（4）不定积分的几何意义。

重点：（1）掌握不定积分与原函数的关系；（2）熟练掌握不定积分的基本公式。

难点：掌握不定积分的直接积分法。

一、不定积分

1. 原函数

定义　设函数$f(x)$在某区间I内有定义，如果存在函数$F(x)$，使得在区间I内的任一点x都有$F'(x)=f(x)$或$\mathrm{d}F(x)=f(x)\mathrm{d}x$，则称函数$F(x)$为函数$f(x)$在区间$I$内的一个**原函数**。

定理（原函数存在定理）　如果函数$f(x)$在区间I内连续，则函数$f(x)$在区间I内的原函数一定存在。

定理　如果$F(x)$是函数$f(x)$在某区间I内的一个原函数，则$F(x)+C$（C为常数）是$f(x)$在区间I内的全部原函数。

提　示

定理说明初等函数在其定义域内一定有原函数。

2. 不定积分

定义　函数$f(x)$在区间I内的全体原函数$F(x)+C$（C为常数）叫做

想一想

为什么不定积分的计算结果中一定要写上常数C?

函数$f(x)$在区间I内的**不定积分**。记为$\int f(x)\mathrm{d}x$，即$\int f(x)\mathrm{d}x = F(x)+C$。其中“$\int$”叫**积分号**，$f(x)$称为**被积函数**，$f(x)\mathrm{d}x$称为**积分表达式**，$x$称为**积分变量**，$C$为**积分常数**。

显然，不定积分既是表达一个结果，即全体原函数，同时又是表达一个运算，即求导运算的逆运算。

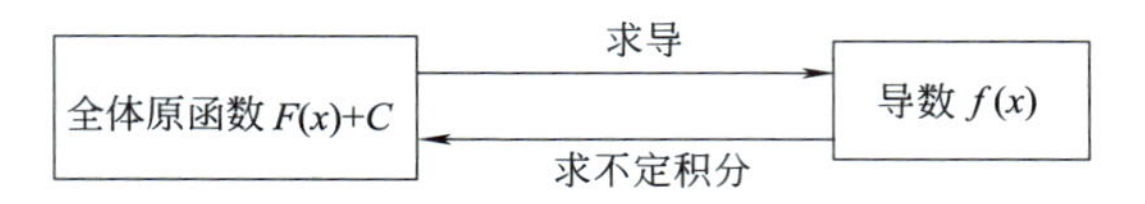

二、不定积分的基本积分公式（第一组积分公式）

想一想

导数公式与第一组积分公式之间有何关系?

（1）$\int k\mathrm{d}x = kx + C$（$k$为常数）；

（2）$\int x^n \mathrm{d}x = \dfrac{1}{n+1}x^{n+1} + C$ （$n \neq -1$）；

（3）$\int \dfrac{1}{x}\mathrm{d}x = \ln|x| + C$；

（4）$\int \mathrm{e}^x \mathrm{d}x = \mathrm{e}^x + C$；

（5）$\int a^x \mathrm{d}x = \dfrac{a^x}{\ln a} + C$ ($a>0$且$a \neq 1$)；

（6）$\int \cos x\mathrm{d}x = \sin x + C$；

（7）$\int \sin x\mathrm{d}x = -\cos x + C$；

（8）$\int \dfrac{1}{\cos^2 x}\mathrm{d}x = \int \sec^2 x\mathrm{d}x = \tan x + C$；

（9）$\int \dfrac{1}{\sin^2 x}\mathrm{d}x = \int \csc^2 x\mathrm{d}x = -\cot x + C$；

（10）$\int \sec x\tan x\mathrm{d}x = \sec x + C$；

（11）$\int \csc x\cot x\mathrm{d}x = -\csc x + C$；

（12）$\int \dfrac{1}{1+x^2}\mathrm{d}x = \arctan x + C$；

（13）$\int \dfrac{1}{\sqrt{1-x^2}}\mathrm{d}x = \arcsin x + C$。

三、不定积分的性质

1. 可逆性质

（1）$[\int f(x)\mathrm{d}x]' = f(x)$或$\mathrm{d}\int f(x)\mathrm{d}x = f(x)\mathrm{d}x$；

（2）$\int F'(x)\mathrm{d}x = F(x) + C$或$\int \mathrm{d}F(x) = F(x) + C$。

2. 线性性质

（1）$\int kf(x)\mathrm{d}x = k\int f(x)\mathrm{d}x$ ($k \neq 0$)；

（2）$\int [f_1(x) \pm f_2(x)]\mathrm{d}x = \int f_1(x)\mathrm{d}x \pm \int f_2(x)\mathrm{d}x$。

性质（2）还可以推广到有限多个函数的和（差）的不定积分中。

例题解析

例1　由导数的基本公式，计算下列不定积分。

（1）$\int \cos x\mathrm{d}x$；　（2）$\int \mathrm{e}^x\mathrm{d}x$。

解　（1）因为 $(\sin x)' = \cos x$，所以 $\sin x$ 只是 $\cos x$ 的一个原函数，而不定积分是指全体原函数。所以 $\int \cos x\mathrm{d}x = \sin x + C$；

（2）因为 $(\mathrm{e}^x)' = \mathrm{e}^x$，所以 $\int \mathrm{e}^x\mathrm{d}x = \mathrm{e}^x + C$。

例2　计算下列各式。

（1）$(\int x\mathrm{e}^x\mathrm{d}x)'$；　（2）$\mathrm{d}\int \arctan x\mathrm{d}x$；（3）$\int (3x^2+1)'\mathrm{d}x$。

解　（1）$(\int x\mathrm{e}^x\mathrm{d}x)' = x\mathrm{e}^x$；（2）$\mathrm{d}\int \arctan x\mathrm{d}x = \arctan x\mathrm{d}x$；

（3）$\int (3x^2+1)'\mathrm{d}x = 3x^2 + C$。

例3　求 $\int (3\mathrm{e}^x + 2\cos x)\mathrm{d}x$。

解　原式 $= \int 3\mathrm{e}^x\mathrm{d}x + \int 2\cos x\mathrm{d}x = 3\int \mathrm{e}^x\mathrm{d}x + 2\int \cos x\mathrm{d}x$

$= 3\mathrm{e}^x + 2\sin x + C$。

例4　求 $\int \mathrm{e}^x(1+\mathrm{e}^{-x})\mathrm{d}x$。

解　原式 $= \int (\mathrm{e}^x+1)\mathrm{d}x = \int \mathrm{e}^x\mathrm{d}x + \int \mathrm{d}x = \mathrm{e}^x + x + C$。

例5　求 $\int \frac{(x-1)^2}{x}\mathrm{d}x$。

解　原式 $= \int \frac{x^2-2x+1}{x}\mathrm{d}x = \int \left(x-2+\frac{1}{x}\right)\mathrm{d}x$

$= \frac{x^2}{2} - 2x + \ln|x| + C$。

例6　求 $\int \frac{2x^2+1}{x^2(1+x^2)}\mathrm{d}x$。

解　原式 $= \int \frac{(x^2+1)+x^2}{x^2(1+x^2)}\mathrm{d}x = \int \frac{1}{x^2}\mathrm{d}x + \int \frac{1}{1+x^2}\mathrm{d}x$

$= -\frac{1}{x} + \arctan x + C$。

例7　求 $\int \tan^2 x\mathrm{d}x$。

解　原式 $= \int (\sec^2 x - 1)\mathrm{d}x = \tan x - x + C$。

例8　求 $\int \frac{1}{\sin^2 x\cos^2 x}\mathrm{d}x$。

解　原式 $= \int \frac{\sin^2 x+\cos^2 x}{\sin^2 x\cos^2 x}\mathrm{d}x = \int \left(\frac{1}{\cos^2 x} + \frac{1}{\sin^2 x}\right)\mathrm{d}x$

$= \int (\sec^2 x + \csc^2 x)\mathrm{d}x = \tan x - \cot x + C$。

练一练

计算下面各式。

（1）$\int (\mathrm{e}^x\cos x)'\mathrm{d}x$；

（2）$\mathrm{d}\int (x+1)\mathrm{d}x$。

提　示

直接利用基本积分公式和性质来求积分的方法称为直接积分法。

注　意

由于几个任意常数的和仍然是任意常数，所以不定积分在结果中只要写一个任意常数C就行了。

想一想

比较例4、例5、例6、例7、例8，它们各自是如何变成线性形式的不定积分的？

四、不定积分的几何意义

在平面直角坐标系中，$f(x)$ 的任意一个原函数 $F(x)$ 的图形是一条

积分曲线 $y=F(x)$。而 $f(x)$ 的全体原函数 $F(x)+C$ 则是由 $y=F(x)$ 这条积分曲线通过上下平移得到的无数多条积分曲线所形成的曲线簇。

例题解析

例 9 求在任意一点 (x,y) 处切线的斜率为 x，且通过点 $(1,2)$ 的曲线方程。

解 由题意，可设曲线方程为 $y=\int x\mathrm{d}x=\frac{x^2}{2}+C$。又由于经过点 $(1,2)$，即 $2=\frac{1^2}{2}+C$，$C=\frac{3}{2}$。故所求曲线方程为 $y=\frac{x^2}{2}+\frac{3}{2}$。

习题3-1

1. 若 $f(x)$ 是 $g(x)$ 的一个原函数，则下列式子中正确的是（　　）。

A. $\int f(x)\mathrm{d}x=g(x)+C$；　　B. $\int g(x)\mathrm{d}x=f(x)+C$；

C. $\int f'(x)\mathrm{d}x=g(x)+C$；　　D. $\int g'(x)\mathrm{d}x=f(x)+C$。

2. 若 $f(x)$ 的一个原函数是 $1+\sin x$，则 $\int f'(x)\mathrm{d}x=$（　　）。

A. $\sin x+C$；　　B. $\cos x+C$；

C. $1+\sin x+C$；　　D. $1+\cos x+C$。

3. 填空题。

（1）$\mathrm{d}(\_\_\_\_\_\_\_\_)=(x+1)\mathrm{d}x$；

（2）$\int(\_\_\_\_\_\_\_\_)\,\mathrm{d}x=\cos x+C$；

（3）若 $\int f(x)\mathrm{d}x=3\mathrm{e}^{\frac{x}{3}}+C$，则 $f(x)=$________。

4. 由求导与求不定积分互为逆运算的关系，计算下列不定积分。

（1）$\int 3x^2\mathrm{d}x$；　　（2）$\int 3^x\ln 3\mathrm{d}x$。

5. 计算下列各式。

（1）$[\int(3x^2+2x+1)\mathrm{d}x]'$；　　（2）$\mathrm{d}\int\ln x\mathrm{d}x$。

6. 求下列不定积分。

（1）$\int\frac{1}{x^3}\mathrm{d}x$；　　（2）$\int x^2\sqrt{x}\mathrm{d}x$；

（3）$\int\frac{1}{x\sqrt[3]{x}}\mathrm{d}x$；　　（4）$\int x(4x^2-3x+2)\mathrm{d}x$；

（5）$\int\frac{(x-1)^3}{x^2}\mathrm{d}x$；　　（6）$\int\frac{x^2}{x^2+1}\mathrm{d}x$；

（7）$\int\sec x(\sec x+\tan x)\mathrm{d}x$；　　（8）$\int\frac{\sin 2x}{\cos x}\mathrm{d}x$。

7. 设曲线通过 $(1,2)$ 点，且任一点 (x,y) 处的切线斜率等于 $2x$，求此曲线方程。

第二节　不定积分的换元积分法

一、第一类换元积分法

定理　（第一类换元积分法）

设$\int f(u)\mathrm{d}u=F(u)+C$，且$u=\varphi(x)$可导，则有：$\int f[\varphi(x)]\varphi'(x)\mathrm{d}x=\int f[\varphi(x)]\mathrm{d}\varphi(x)\xlongequal{令\varphi(x)=u}\int f(u)\mathrm{d}u=F(u)+C\xlongequal{让u=\varphi(x)换回}F[\varphi(x)]+C$。

此方法的关键是拼凑成一个新的微分$\mathrm{d}\varphi(x)$，且能满足一个基本积分公式。所以该方法又称为**凑微分法**。

看下面计算。

例子：$\int\cos\boxed{2x}\mathrm{d}\boxed{2x}=\sin\boxed{2x}+C$

公式：$\int\cos\boxed{u}\ \mathrm{d}\boxed{u}=\sin\boxed{u}+C$

由上面对应关系又该怎样计算$\int\cos 2x\mathrm{d}x$呢？

我们可以先让$\mathrm{d}x=\frac{1}{2}\mathrm{d}2x$（凑微分），理解为让$2x$这个整体作为积分变量，同时$\cos 2x$中的$2x$也作为整体，看成是自变量。于是就会有：$\int\cos 2x\mathrm{d}x=\int\left(\cos 2x\times\frac{1}{2}\right)\mathrm{d}2x\xlongequal{令2x=u}\frac{1}{2}\int\cos u\mathrm{d}u=\frac{1}{2}\sin u+C\xlongequal{让u=2x换回}\frac{1}{2}\sin 2x+C$。

> **本节导学**
>
> **内容**：（1）第一类换元积分法；（2）第二类换元积分法。
>
> **重点**：（1）掌握常见类型的第一类换元积分法；（2）掌握去掉根式的第二类换元积分法的简单应用。
>
> **难点**：（1）掌握不同类型的凑微法方法；（2）理解不同类型去掉根式的第二类换元积分法。

> **注　意**
>
> 抓两点：（1）作为整体的自变量与作为整体的积分变量要相同；（2）换元之后必须是一个基本积分公式。

例题解析

例1　求$\int\mathrm{e}^{2x}\mathrm{d}x$。

解　原式$=\int\left(\mathrm{e}^{2x}\times\frac{1}{2}\right)\mathrm{d}2x=\frac{1}{2}\int\mathrm{e}^{2x}\mathrm{d}2x\xlongequal{令2x=u}\frac{1}{2}\int\mathrm{e}^{u}\mathrm{d}u=\frac{1}{2}\mathrm{e}^{u}+C\xlongequal{让u=2x换回}\frac{1}{2}\mathrm{e}^{2x}+C$。

例2　求$\int\tan x\mathrm{d}x$。

解　原式$=\int\frac{\sin x}{\cos x}\mathrm{d}x=\int\frac{1}{\cos x}\sin x\mathrm{d}x=-\int\frac{1}{\cos x}\mathrm{d}\cos x\xlongequal{令\cos x=u}-\int\frac{1}{u}\mathrm{d}u=-\ln|u|+C\xlongequal{让u=\cos x换回}-\ln|\cos x|+C$。

例3　求$\int 2x\cos x^2\mathrm{d}x$。

解　原式$=\int\cos x^2\mathrm{d}x^2=\sin x^2+C$。

例4　求$\int\frac{1}{x\ln x}\mathrm{d}x$。

解　原式$=\int\left(\frac{1}{\ln x}\times\frac{1}{x}\right)\mathrm{d}x=\int\frac{1}{\ln x}\mathrm{d}\ln x=\ln|\ln x|+C$。

例5　求$\int\frac{\mathrm{d}x}{x(1+2\ln x)}$。

> **提　示**
>
> 例1、例2换元积分后的结果，要把元再换回来。熟练后，后面换元步骤可简化。

> **练一练**
>
> 仿照例2求解$\int\cot x\mathrm{d}x$。

> **注　意**
>
> 例5凑微分时，有时可以多次进行拼凑，且其结果必须是满足一个基本积分公式。

想一想

如何利用 $\int\frac{\mathrm{e}^x}{1+\mathrm{e}^x}\mathrm{d}x$ 来计算 $\int\frac{1}{1+\mathrm{e}^x}\mathrm{d}x$ 呢？

练一练

对比例8，计算 $\int\frac{1}{\sqrt{9-x^2}}\mathrm{d}x$。

练一练

对比例9，计算 $\int\frac{1}{4+x^2}\mathrm{d}x$。

提　示

对照例10同理可得公式：

$\int\frac{1}{x^2-a^2}\mathrm{d}x=\frac{1}{2a}\ln\left|\frac{x-a}{x+a}\right|+C\ (a>0)$。

提　示

例11中，令 $\frac{x+1}{(x+3)(x-1)}=\frac{A}{x+3}+\frac{B}{x-1}$，

可解得 $A=\frac{1}{2}$，$B=\frac{1}{2}$。

想一想

例11还可以这样求解

$$\int\frac{x+1}{x^2+2x-3}\mathrm{d}x=\frac{1}{2}\int\frac{2x+2}{x^2+2x-3}\mathrm{d}x=\frac{1}{2}\int\frac{1}{x^2+2x-3}\mathrm{d}(x^2+2x-3)=\frac{1}{2}\ln|x^2+2x-3|+C=\ln\sqrt{|x^2+2x-3|}+C。$$

解　原式
$$=\int\left(\frac{1}{1+2\ln x}\times\frac{1}{x}\right)\mathrm{d}x=\int\frac{1}{1+2\ln x}\mathrm{d}\ln x=\frac{1}{2}\int\frac{1}{1+2\ln x}\mathrm{d}2\ln x=\frac{1}{2}\int\frac{1}{1+2\ln x}\mathrm{d}(1+2\ln x)=\frac{1}{2}\ln|1+2\ln x|+C。$$

例6　求 $\int\frac{\mathrm{e}^x}{1+\mathrm{e}^x}\mathrm{d}x$。

解　原式
$$=\int\left(\frac{1}{1+\mathrm{e}^x}\times\mathrm{e}^x\right)\mathrm{d}x=\int\frac{1}{1+\mathrm{e}^x}\mathrm{d}\mathrm{e}^x=\int\frac{1}{1+\mathrm{e}^x}\mathrm{d}(1+\mathrm{e}^x)=\ln(1+\mathrm{e}^x)+C。$$

例7　求 $\int\frac{2x}{\sqrt{a^2-x^2}}\mathrm{d}x$。

解　原式
$$=\int\frac{1}{\sqrt{a^2-x^2}}\mathrm{d}x^2=-\int\frac{1}{\sqrt{a^2-x^2}}\mathrm{d}(-x^2)=-\int(a^2-x^2)^{-\frac{1}{2}}\mathrm{d}(a^2-x^2)=-2(a^2-x^2)^{\frac{1}{2}}+C=-2\sqrt{a^2-x^2}+C。$$

例8　求 $\int\frac{1}{\sqrt{a^2-x^2}}\mathrm{d}x\ (a>0)$。

解　原式
$$=\int\left(\frac{1}{a}\times\frac{1}{\sqrt{1-\left(\frac{x}{a}\right)^2}}\right)\mathrm{d}x=\int\frac{1}{\sqrt{1-\left(\frac{x}{a}\right)^2}}\mathrm{d}\frac{x}{a}=\arcsin\frac{x}{a}+C。$$

例9　求 $\int\frac{1}{a^2+x^2}\mathrm{d}x\ (a>0)$。

解　原式
$$=\int\left(\frac{1}{a^2}\times\frac{1}{1+\left(\frac{x}{a}\right)^2}\right)\mathrm{d}x=\frac{1}{a}\int\frac{1}{1+\left(\frac{x}{a}\right)^2}\mathrm{d}\frac{x}{a}=\frac{1}{a}\arctan\frac{x}{a}+C。$$

例10　求 $\int\frac{1}{x^2-4}\mathrm{d}x$。

解　原式
$$=\int\frac{1}{(x+2)(x-2)}\mathrm{d}x=\frac{1}{4}\int\left(\frac{1}{x-2}-\frac{1}{x+2}\right)\mathrm{d}x=\frac{1}{4}(\ln|x-2|-\ln|x+2|)+C=\frac{1}{4}\ln\left|\frac{x-2}{x+2}\right|+C。$$

例11　求 $\int\frac{x+1}{x^2+2x-3}\mathrm{d}x$。

解　原式
$$=\int\frac{x+1}{(x+3)(x-1)}\mathrm{d}x=\frac{1}{2}\int\left(\frac{1}{x+3}+\frac{1}{x-1}\right)\mathrm{d}x=\frac{1}{2}(\ln|x+3|+\ln|x-1|)+C=\frac{1}{2}\ln|(x+3)(x-1)|+C=\ln\sqrt{|x^2+2x-3|}+C。$$

例12　求 $\int\frac{x+2}{x^2+2x+3}\mathrm{d}x$。

解 原式$=\frac{1}{2}\int\frac{2x+2}{x^2+2x+3}\mathrm{d}x+\int\frac{1}{x^2+2x+3}\mathrm{d}x$

$$=\frac{1}{2}\int\frac{1}{x^2+2x+3}\mathrm{d}(x^2+2x)+\int\frac{1}{(x+1)^2+2}\mathrm{d}x$$

$$=\frac{1}{2}\int\frac{1}{x^2+2x+3}\mathrm{d}(x^2+2x+3)+\int\frac{1}{(x+1)^2+(\sqrt{2})^2}\mathrm{d}(x+1)$$

$$=\frac{1}{2}\ln(x^2+2x+3)+\frac{\sqrt{2}}{2}\arctan\frac{\sqrt{2}}{2}(x+1)+C。$$

例 13 求$\int\csc x\mathrm{d}x$。

解法 1 原式$=\int\frac{1}{\sin x}\mathrm{d}x=\int\frac{\sin^2\frac{x}{2}+\cos^2\frac{x}{2}}{2\sin\frac{x}{2}\cos\frac{x}{2}}\mathrm{d}x$

$$=\int\left(\tan\frac{x}{2}+\cot\frac{x}{2}\right)\mathrm{d}\frac{x}{2}=-\ln\left|\cos\frac{x}{2}\right|+\ln\left|\sin\frac{x}{2}\right|+C$$

$$=\ln\left|\tan\frac{x}{2}\right|+C=\ln\left|\frac{1-\cos x}{\sin x}\right|+C=\ln\left|\csc x-\cot x\right|+C。$$

解法 2 原式$=\int\frac{\sin x}{\sin^2 x}\mathrm{d}x=-\int\frac{1}{1-\cos^2 x}\mathrm{d}\cos x$

$$=\int\frac{1}{\cos^2 x-1}\mathrm{d}\cos x=\frac{1}{2}\ln\left|\frac{\cos x-1}{\cos x+1}\right|+C$$

$$=\frac{1}{2}\ln\left|\frac{(\cos x-1)^2}{\cos^2 x-1}\right|+C=\frac{1}{2}\ln\left|\frac{1-\cos x}{\sin x}\right|^2+C$$

$$=\ln\left|\csc x-\cot x\right|+C。$$

解法 3 原式$=\int\frac{\csc x(\csc x-\cot x)}{\csc x-\cot x}\mathrm{d}x$

$$=\int\frac{1}{\csc x-\cot x}(\csc^2 x-\csc x\cot x)\mathrm{d}x$$

$$=\int\frac{1}{\csc x-\cot x}\mathrm{d}(\csc x-\cot x)=\ln\left|\csc x-\cot x\right|+C。$$

例 14 求$\int\cos x\cos 3x\mathrm{d}x$。

解 原式$=\frac{1}{2}\int[\cos(x+3x)+\cos(x-3x)]\mathrm{d}x$

$$=\frac{1}{2}\int(\cos 4x+\cos 2x)\mathrm{d}x=\frac{1}{2}\int\cos 4x\mathrm{d}x+\frac{1}{2}\int\cos 2x\mathrm{d}x$$

$$=\frac{1}{8}\sin 4x+\frac{1}{4}\sin 2x+C。$$

注　意

例12中$x^2+2x+3=(x+1)^2+2$在实数范围内不可以分解因式。

提　示

例13解法1中，$\frac{1-\cos x}{\sin x}=\frac{2\sin^2\frac{x}{2}}{2\sin\frac{x}{2}\cos\frac{x}{2}}=\tan\frac{x}{2}$。

提　示

例13解法2中运用了公式：$\int\frac{1}{x^2-a^2}\mathrm{d}x=\frac{1}{2a}\ln\left|\frac{x-a}{x+a}\right|+C$。

练一练

对比例13解法3，计算$\int\sec x\mathrm{d}x$。

想一想

例13的几种解法说明了积分方法的多样性与灵活性。

提　示

例14中，由$\sin(\alpha\pm\beta)=\sin\alpha\cos\beta\pm\cos\alpha\sin\beta$与$\cos(\alpha\pm\beta)=\cos\alpha\cos\beta\mp\sin\alpha\sin\beta$可得到积化和差公式。

二、常用的凑微分式子

凑微分法是一种很重要的方法。熟练地掌握凑微分法的关键在于拼凑成新的微分，常用的凑微分式子如下。

（1）$\mathrm{d}x=\frac{1}{a}\mathrm{d}(ax+b)$（$a,b$为常数）；（2）$x\mathrm{d}x=\frac{1}{2}\mathrm{d}x^2$；

（3）$\frac{1}{x}\mathrm{d}x=\mathrm{d}\ln x$；（4）$\frac{1}{\sqrt{x}}\mathrm{d}x=2\mathrm{d}\sqrt{x}$；（5）$\frac{1}{x^2}\mathrm{d}x=-\mathrm{d}\frac{1}{x}$；

（6）$\mathrm{e}^x\mathrm{d}x=\mathrm{d}\mathrm{e}^x$；（7）$\cos x\mathrm{d}x=\mathrm{d}\sin x$；（8）$\sin x\mathrm{d}x=-\mathrm{d}\cos x$；

（9）$\sec^2 x\mathrm{d}x=\mathrm{d}\tan x$；（10）$\csc^2 x\mathrm{d}x=-\mathrm{d}\cot x$；

（11）$\sec x\tan x\mathrm{d}x=\mathrm{d}\sec x$；（12）$\csc x\cot x\mathrm{d}x=-\mathrm{d}\csc x$；

（13）$\frac{1}{\sqrt{1-x^2}}\mathrm{d}x=\mathrm{d}\arcsin x$；（14）$\frac{1}{1+x^2}\mathrm{d}x=\mathrm{d}\arctan x$。

三、第二类换元积分法

有些不定积分不能用第一类换元积分法来计算，但可以用另外的换元方法来计算，针对的对象主要是含有根号的不定积分。这种换元方法我们称之为第二类换元积分法。

注 意

不定积分求出后，一定要将变量t进行代换，还原为x的形式。

定理 （第二类换元积分法）

设$x=\psi(t)$可导，且有反函数$t=\psi^{-1}(x)$，$\int f[\psi(t)]\psi'(t)\mathrm{d}t=F(t)+C$。则$\int f(x)\mathrm{d}x=\int f[\psi(t)]\mathrm{d}\psi(t)=\int f[\psi(t)]\psi'(t)\mathrm{d}t=F(t)+C\xlongequal{\text{让}t=\psi^{-1}(x)\text{换回}}F[\psi^{-1}(x)]+C$。

第二类换元积分法常用于以下几种基本类型。

（1）类型Ⅰ：$R(\sqrt[m]{x},\sqrt[n]{x})$型。作代换$\sqrt[l]{x}=t$（$l$是$m$、$n$的最小公倍数）。

例题解析

注 意

换元时往往要用到一组式子。

例15 求$\int x\sqrt{1-x}\mathrm{d}x$。

解 令$\sqrt{1-x}=t$，则$x=1-t^2$，$\mathrm{d}x=-2t\mathrm{d}t$。于是$\int x\sqrt{1-x}\mathrm{d}x=\int[(1-t^2)t(-2t\mathrm{d}t)]=\int(2t^4-2t^2)\mathrm{d}t=\frac{2}{5}t^5-\frac{2}{3}t^3+C\xlongequal{\text{让}t=\sqrt{1-x}\text{换回}}\frac{2}{5}(1-x)^2\sqrt{1-x}-\frac{2}{3}(1-x)\sqrt{1-x}+C$。

提 示

当被积函数中含有根式，且被开方数中的变量的次数是1次时，可以直接令根式等于t来达到消除根号的目的。

例16 求$\int\frac{1}{\sqrt{x}(1+\sqrt[3]{x})}\mathrm{d}x$。

解 令$\sqrt[6]{x}=t$，则$x=t^6$，$\mathrm{d}x=6t^5\mathrm{d}t$。于是

$$\int\frac{1}{\sqrt{x}(1+\sqrt[3]{x})}\mathrm{d}x=\int\left[\frac{1}{t^3(1+t^2)}\times 6t^5\right]\mathrm{d}t=6\int\frac{t^2}{1+t^2}\mathrm{d}t=6\int\left(1-\frac{1}{1+t^2}\right)\mathrm{d}t$$

$$=6t-6\arctan t+C=6\sqrt[6]{x}-6\arctan\sqrt[6]{x}+C。$$

（2）类型Ⅱ：$R(\sqrt{a^2-x^2})$型。作代换$x=a\sin t$（$-\frac{\pi}{2}\leqslant t\leqslant\frac{\pi}{2}$）。

令$-\frac{\pi}{2}\leqslant t\leqslant\frac{\pi}{2}$的目的是保证可以去掉绝对值符号，使得$|\cos t|=\cos t$，方便后面的积分计算。

当被积函数中含有二次根式，且被开方数中变量的次数是2次时，则往往利用三角公式来消除根式。常用的三角公式有：$\sin^2 t+\cos^2 t=1$，与$\tan^2 t+1=\sec^2 t$。

例题解析

例 17 求$\int\sqrt{a^2-x^2}\mathrm{d}x \quad (a>0)$。

解 令$x=a\sin t\left(-\frac{\pi}{2}\leqslant t\leqslant\frac{\pi}{2}\right)$，则$\mathrm{d}x=a\cos t\mathrm{d}t$。于是$\int\sqrt{a^2-x^2}\mathrm{d}x$

$$=\int\left(\sqrt{a^2-(a\sin t)^2}\times a\cos t\right)\mathrm{d}t=\int(a\cos t\times a\cos t)\mathrm{d}t$$

$$=a^2\int\cos^2 t\mathrm{d}t=a^2\int\frac{1+\cos 2t}{2}\mathrm{d}t=a^2\left(\frac{t}{2}+\frac{\sin 2t}{4}\right)+C$$

$$=a^2\left(\frac{1}{2}\arcsin\frac{x}{a}+\frac{1}{2}\times\frac{x}{a}\times\frac{\sqrt{a^2-x^2}}{a}\right)+C$$

$$=\frac{a^2}{2}\arcsin\frac{x}{a}+\frac{x}{2}\sqrt{a^2-x^2}+C。$$

（3）类型Ⅲ：$R(\sqrt{x^2+a^2})$型。作代换$x=a\tan t\left(-\frac{\pi}{2}<t<\frac{\pi}{2}\right)$。

例题解析

例 18 求$\int\frac{1}{\sqrt{x^2+a^2}}\mathrm{d}x \quad (a>0)$。

解 令$x=a\tan t\left(-\frac{\pi}{2}<t<\frac{\pi}{2}\right)$，则$\mathrm{d}x=a\sec^2 t\mathrm{d}t$。于是

$$\int\frac{1}{\sqrt{x^2+a^2}}\mathrm{d}x=\int\frac{1}{\sqrt{(a\tan t)^2+a^2}}a\sec^2 t\mathrm{d}t$$

$$=\int\frac{1}{\sqrt{a^2(\tan^2 t+1)}}a\sec^2 t\mathrm{d}t=\int\frac{1}{a\sec t}a\sec^2 t\mathrm{d}t$$

$$=\ln|\sec t+\tan t|+C_1=\ln\left|\frac{\sqrt{x^2+a^2}}{a}+\frac{x}{a}\right|+C_1$$

$$=\ln\left|x+\sqrt{x^2+a^2}\right|+C\ (C=C_1-\ln a)。$$

（4）类型Ⅳ：$R(\sqrt{x^2-a^2})$型。作代换$x=a\sec t$（$0\leqslant t<\frac{\pi}{2}$或$\pi\leqslant t<\frac{3\pi}{2}$）。

例题解析

例 19 求$\int\frac{1}{\sqrt{x^2-a^2}}\mathrm{d}x \quad (a>0)$。

解 令$x=a\sec t\ (0<t<\frac{\pi}{2}或\pi<t<\frac{3\pi}{2})$，则$\mathrm{d}x=a\sec t\tan t\mathrm{d}t$。于是

$$\int\frac{1}{\sqrt{x^2-a^2}}\mathrm{d}x=\int\frac{1}{\sqrt{(a\sec t)^2-a^2}}a\sec t\tan t\mathrm{d}t$$

$$=\int \frac{1}{\sqrt{a^2(\sec^2 t-1)}} a\sec t\tan t\mathrm{d}t=\int \frac{1}{a\tan t} a\sec t\tan t\mathrm{d}t$$

$$=\int \sec t\mathrm{d}t=\ln|\sec t+\tan t|+C_1=\ln\left|\frac{x}{a}+\frac{\sqrt{x^2-a^2}}{a}\right|+C_1$$

$$=\ln\left|x+\sqrt{x^2-a^2}\right|+C\ (C=C_1-\ln a)。$$

（5）类型Ⅴ：$R(\sin x,\cos x)$ 型。作代换 $t=\tan\frac{x}{2}$，$x\in(-\pi,\pi)$，则 $\sin x=\frac{2t}{1+t^2}$，$\cos x=\frac{1-t^2}{1+t^2}$，$\mathrm{d}x=\frac{2}{1+t^2}\mathrm{d}t$。

例题解析

例 20 求 $\int \frac{1}{2+\cos x}\mathrm{d}x$。

解 令 $t=\tan\frac{x}{2}$，$x\in(-\pi,\pi)$，则 $\sin x=\frac{2t}{1+t^2}$，$\cos x=\frac{1-t^2}{1+t^2}$，$\mathrm{d}x=\frac{2}{1+t^2}\mathrm{d}t$。于是 $\int \frac{1}{2+\cos x}\mathrm{d}x$

$$=\int \frac{1}{2+\frac{1-t^2}{1+t^2}}\times\frac{2}{1+t^2}\mathrm{d}t=\int \frac{2}{3+t^2}\mathrm{d}t=\frac{2}{\sqrt{3}}\arctan\frac{t}{\sqrt{3}}+C$$

$$=\frac{2}{\sqrt{3}}\arctan\left(\frac{1}{\sqrt{3}}\tan\frac{x}{2}\right)+C。$$

四、第二组积分公式

把前面利用换元积分法得到的一些结论作为第二组积分公式，方便我们使用。

（1）$\int \tan x\mathrm{d}x=-\ln|\cos x|+C$；

（2）$\int \cot x\mathrm{d}x=\ln|\sin x|+C$；

（3）$\int \sec x\mathrm{d}x=\ln|\sec x+\tan x|+C$；

（4）$\int \csc x\mathrm{d}x=\ln|\csc x-\cot x|+C$；

（5）$\int \frac{1}{x^2+a^2}\mathrm{d}x=\frac{1}{a}\arctan\frac{x}{a}+C$（$a>0$）；

（6）$\int \frac{1}{x^2-a^2}\mathrm{d}x=\frac{1}{2a}\ln\left|\frac{x-a}{x+a}\right|+C$（$a>0$）；

（7）$\int \frac{1}{\sqrt{a^2-x^2}}\mathrm{d}x=\arcsin\frac{x}{a}+C$（$a>0$）；

(8) $\int \frac{1}{\sqrt{x^2+a^2}}\mathrm{d}x = \ln\left|x+\sqrt{x^2+a^2}\right|+C$；

(9) $\int \frac{1}{\sqrt{x^2-a^2}}\mathrm{d}x = \ln\left|x+\sqrt{x^2-a^2}\right|+C$。

习题3-2

1. 设 $f(x)=\mathrm{e}^x$，则 $\int \frac{f'(\ln x)}{x}\mathrm{d}x=$（　　）。

A. $-\frac{1}{x}+C$；　B. $-x+C$；　C. $\frac{1}{x}+C$；　D. $x+C$。

2. 填上适当的系数，使等式成立。

（1） $\mathrm{d}x=$ ________ $\mathrm{d}3x$；

（2） $x\mathrm{d}x=$ ________ $\mathrm{d}(1-2x^2)$；

（3） $\sin 2x\mathrm{d}x=$ ________ $\mathrm{d}\cos 2x$；

（4） $\mathrm{e}^x\mathrm{d}x=$ ________ $\mathrm{d}(2\mathrm{e}^x+1)$。

3. 用第一类换元积分法求下列不定积分。

（1） $\int (2x+1)^5\mathrm{d}x$；　（2） $\int \mathrm{e}^{-2x}\mathrm{d}x$；

（3） $\int \frac{4x^3}{1+x^4}\mathrm{d}x$；　（4） $\int \frac{2x+4}{x^2+4x-5}\mathrm{d}x$；

（5） $\int \frac{1}{x(1-\ln x)}\mathrm{d}x$；　（6） $\int x\sin x^2\mathrm{d}x$；

（7） $\int \mathrm{e}^{\mathrm{e}^x+x}\mathrm{d}x$；　（8） $\int \frac{\mathrm{d}x}{x(x^3+4)}$；

（9） $\int \frac{\cos\sqrt{t}}{\sqrt{t}}\mathrm{d}t$；　（10） $\int \frac{2}{(x-1)(x+1)}\mathrm{d}x$；

（11） $\int 4\cos^3 x\sin x\mathrm{d}x$；　（12） $\int 3\sin^2 x\cos x\mathrm{d}x$。

4. 用第二类换元积分法求下列不定积分。

（1） $\int \frac{1}{1+\sqrt{2x}}\mathrm{d}x$；　（2） $\int \frac{1}{x\sqrt{x-1}}\mathrm{d}x$；

（3） $\int \frac{1}{\sqrt{x}(1+\sqrt{x})}\mathrm{d}x$；　（4） $\int \frac{1}{\sqrt{x}+\sqrt[4]{x}}\mathrm{d}x$；

（5） $\int \frac{1}{1+\sqrt[3]{x+1}}\mathrm{d}x$；　（6） $\int \frac{x}{\sqrt{x-1}}\mathrm{d}x$；

（7） $\int \frac{\sqrt{x+1}}{x}\mathrm{d}x$；　（8） $\int \frac{\sin\sqrt{x}}{\sqrt{x}}\mathrm{d}x$；

（9） $\int \frac{1}{\sqrt{a^2-x^2}}\mathrm{d}x$（$a>0$）；　（10） $\int \frac{\sqrt{x^2-9}}{x}\mathrm{d}x$。

第三节　不定积分的分部积分法

本节导学

内容：分部积分法。

重点：运用分部积分公式来求解不定积分。

难点：能合理地选取分部积分法中的函数 $u(x)$、$v(x)$。

一、分部积分法

分部积分公式为

$$\int u(x)\mathrm{d}v(x)=u(x)v(x)-\int v(x)\mathrm{d}u(x)$$

用分部积分公式来求解不定积分的方法叫**分部积分法**。

运用分部积分法时，要抓住下面两点来合理地选取 $u(x)$ 与 $v(x)$：

（1）$v(x)$ 容易由凑微分法求出；

（2）$\int v(x)\mathrm{d}u(x)$ 比 $\int u(x)\mathrm{d}v(x)$ 更容易计算。

分部积分法中常见 $u(x)$、$v(x)$ 的基本选择方法：

（1）如果被积函数是幂函数与正（余）弦函数、指数函数的乘积，就可以考虑用分部积分法，并设幂函数为 $u(x)$，其余部分为 $\mathrm{d}v(x)$。

（2）如果被积函数是幂函数与对数函数、反三角函数的乘积，就可以考虑用分部积分法，并设对数函数或反三角函数为 $u(x)$，其余部分为 $\mathrm{d}v(x)$。

注　意

对比例1，如果选择 $u(x)=\cos x$，$\mathrm{d}v(x)=x\mathrm{d}x=\mathrm{d}\left(\frac{1}{2}x^2\right)$，则会出现：

$\int x\cos x\mathrm{d}x$

$=\frac{1}{2}\int\cos x\mathrm{d}x^2$

$=\frac{1}{2}x^2\cos x$

$-\frac{1}{2}\int x^2\mathrm{d}\cos x$

$=\frac{1}{2}x^2\cos x$

$+\frac{1}{2}\int x^2\sin x\mathrm{d}x$，

后面的不定积分会越来越复杂，无法积出。这说明，在不定积分的选择方式上，$u(x)$ 与 $\mathrm{d}v(x)$ 出现了错误。

例题解析

例 1　求 $\int x\cos x\mathrm{d}x$。

解　原式 $=\int x\,\mathrm{d}\sin x=x\sin x-\int \sin x\,\mathrm{d}x$

（对应：$\int u(x)\,\mathrm{d}\,v(x)=u(x)\,v(x)-\int v(x)\,\mathrm{d}\,u(x)$）

$=x\sin x+\cos x+C$。

例 2　求 $\int x\arctan x\mathrm{d}x$。

解　原式 $=\frac{1}{2}\int\arctan x\mathrm{d}x^2=\frac{1}{2}x^2\arctan x-\frac{1}{2}\int x^2\mathrm{d}\arctan x$

$=\frac{1}{2}x^2\arctan x-\frac{1}{2}\int\frac{x^2}{1+x^2}\mathrm{d}x=\frac{1}{2}x^2\arctan x-\frac{1}{2}\int\left(1-\frac{1}{1+x^2}\right)\mathrm{d}x$

$=\frac{1}{2}x^2\arctan x-\frac{1}{2}x+\frac{1}{2}\arctan x+C$。

练一练

求 $\int\arctan x\mathrm{d}x$。

例 3　求 $\int\ln x\mathrm{d}x$。

解　原式 $=x\ln x-\int x\mathrm{d}\ln x=x\ln x-\int\left(x\cdot\frac{1}{x}\right)\mathrm{d}x=x\ln x-x+C$。

提　示

例4中多次使用了分部积分法。

例 4　求 $\int x^2\cos x\mathrm{d}x$。

解　原式 $=\int x^2\mathrm{d}\sin x=x^2\sin x-\int\sin x\mathrm{d}x^2$

$=x^2\sin x-\int 2x\sin x\mathrm{d}x=x^2\sin x+2\int x\mathrm{d}\cos x$

$=x^2\sin x+2x\cos x-2\int\cos x\mathrm{d}x=x^2\sin x+2x\cos x-2\sin x+C$。

二、不定积分的循环积分法

计算不定积分后，又出现了原来题目的积分。这就是所谓“循环”现象的积分，我们通常称之为**循环积分**。其解决方法是：把它看成是一个方程来求解，将所求的不定积分作为未知数。

提 示

例5运用了循环积分的解法。

例题解析

例 5 求$\int e^x \sin x dx$。

解 原式$=\int \sin x de^x = e^x \sin x - \int e^x d\sin x$

$= e^x \sin x - \int e^x \cos x dx = e^x \sin x - \int \cos x de^x$

$= e^x \sin x - e^x \cos x + \int e^x d\cos x = e^x \sin x - e^x \cos x - \int e^x \sin x dx$。

注意到这里可看成是一个方程。通过移项后可得，

$2\int e^x \sin x dx = e^x \sin x - e^x \cos x + 2C$。

$\int e^x \sin x dx = \frac{1}{2} e^x \sin x - \frac{1}{2} e^x \cos x + C$。

练一练

求$\int e^x \cos x dx$。

想一想

例2能用循环积分法吗？如果这样选取：$u(x) = x\arctan x$，$dv(x) = dx$。

三、不定积分积分方法的灵活性与多样性

例题解析

例 6 求$\int e^{\sqrt[3]{x}} dx$。

解 令$\sqrt[3]{x} = t$，则有$x = t^3$，$dx = 3t^2 dt$。于是

$\int e^{\sqrt[3]{x}} dx = \int (e^t \times 3t^2) dt = 3\int t^2 de^t = 3t^2 e^t - 3\int e^t dt^2$

$= 3t^2 e^t - 3\int 2te^t dt = 3t^2 e^t - 6\int t de^t = 3t^2 e^t - 6te^t + 6\int e^t dt$

$= 3t^2 e^t - 6te^t + 6e^t + C = 3\sqrt[3]{x^2} e^{\sqrt[3]{x}} - 6\sqrt[3]{x} e^{\sqrt[3]{x}} + 6e^{\sqrt[3]{x}} + C$。

注 意

例6中，一是要灵活应用换元积分法与分部积分法；二是要记得最后换元回来。

有时候，一个不定积分也可以有多种计算方法，计算出的结果也可能不同，但只要能验证右边函数的导数等于左边的被积函数，则都是正确的，它们之间最多相差一个常数。

例题解析

例 7 求$\int \frac{e^{2x}}{\sqrt{e^x + 1}} dx$。

解法 1 原式$= \int \frac{e^x}{\sqrt{e^x + 1}} de^x = \int \frac{(e^x + 1) - 1}{\sqrt{e^x + 1}} d(e^x + 1)$

$= \int \left(\sqrt{e^x + 1} - \frac{1}{\sqrt{e^x + 1}} \right) d(e^x + 1)$

$= \frac{2}{3}(e^x + 1)^{\frac{3}{2}} - 2\sqrt{e^x + 1} + C$。

解法 2 设$\sqrt{e^x+1}=u$，则$x=\ln(u^2-1)$，$dx=\frac{2u}{u^2-1}du$。于是

$$\int\frac{e^{2x}}{\sqrt{e^x+1}}dx=\int\frac{(u^2-1)^2}{u}\times\frac{2u}{u^2-1}du=2\int(u^2-1)du$$

$$=\frac{2}{3}u^3-2u+C=\frac{2}{3}(e^x+1)^{\frac{3}{2}}-2\sqrt{e^x+1}+C。$$

解法 3 原式$=\int\frac{e^x}{\sqrt{e^x+1}}de^x=2\int e^x d\sqrt{e^x+1}$

$$=2e^x\sqrt{e^x+1}-2\int\sqrt{e^x+1}de^x$$

$$=2e^x\sqrt{e^x+1}-2\int(e^x+1)^{\frac{1}{2}}d(e^x+1)$$

$$=2e^x\sqrt{e^x+1}-\frac{4}{3}(e^x+1)^{\frac{3}{2}}+C。$$

四、不定积分的“积不出”

通过对不定积分的几种求解方法的学习，我们认识到求不定积分通常是指用初等函数来表示不定积分的原函数。但这并不能说明所有的原函数都是初等函数，例如$\int e^{-x^2}dx$，$\int\sqrt{1+x^3}dx$，$\int\frac{1}{\ln x}dx$，$\int\frac{\sin x}{x}dx$，$\int\sin x^2dx$等，其原函数都不是初等函数。人们习惯上把这种情形称为“积不出”。

习题3-3

1. 下列不定积分中称为“积不出”的是（　　）。

A. $\int\frac{1}{x\ln x}dx$；　　B. $\int\frac{1}{x}dx$；

C. $\int\frac{\sin x}{x}dx$；　　D. $\int\sin^2 xdx$。

2. 填空题。

（1）计算不定积分$\int xde^{-x}$时，可设$u(x)=$_____，$dv(x)=$_____；

（2）不定积分的分部积分公式为$\int u(x)dv(x)=u(x)v(x)-$_________。

3. 求下列不定积分。

（1）$\int xe^xdx$；　　（2）$\int x\ln xdx$；

（3）$\int\arctan xdx$；　　（4）$\int x^2e^xdx$；

（5）$\int x^2\sin xdx$；　　（6）$\int(x-4)\sin xdx$；

（7）$\int 2x\ln(x-1)dx$；　　（8）$\int\arcsin xdx$；

（9）$\int e^x \cos x dx$；（10）$\int e^{\sqrt{x}} dx$。

复习题三

一、选择题

1. 设 $f(x)$ 的一个原函数为 $\ln x$，则 $f(x)=$（　　）。

A. e^x；　B. $\frac{1}{x}$；　C. $-\frac{1}{x^2}$；　D. $x\ln x$。

2. 若 $\int f(x)dx = 2e^{\frac{x}{2}} + C$，则 $f(x)=$（　　）。

A. $2e^{\frac{x}{2}}$；　B. $4e^{\frac{x}{2}}$；　C. $e^{\frac{x}{2}} + C$；　D. $e^{\frac{x}{2}}$。

3. 若 $\int f(x)dx = x + C$，则 $\int f(1-x)dx =$（　　）。

A. $1-x+C$；　B. $-x+C$；　C. $x+C$；　D. $\frac{1}{2}(1-x)^2 + C$。

4. $\int\left(\sin\frac{\pi}{4}+1\right)dx =$（　　）。

A. $-\cos\frac{\pi}{4}+x+C$；　B. $-\frac{4}{\pi}\cos\frac{\pi}{4}+x+C$；

C. $x\sin\frac{\pi}{4}+1+C$；　D. $x\sin\frac{\pi}{4}+x+C$。

5. $\int d(1-\cos x) =$（　　）。

A. $1-\cos x$；　B. $x-\sin x+C$；

C. $-\cos x+C$；　D. $\sin x+C$。

6. 已知 $I=\int\frac{dx}{3-4x}$，则 $I=$（　　）。

A. $-\frac{1}{4}\ln|3-4x|$；　B. $\ln|3-4x|+C$；

C. $\frac{1}{4}\ln|3-4x|+C$；　D. $-\frac{1}{4}\ln|3-4x|+C$。

7. $\int\frac{x}{16+x^4}dx =$（　　）。

A. $4\arctan\frac{x^2}{4}+C$；　B. $4\arctan\frac{x^2}{2}+C$；

C. $\frac{1}{4}\arctan\frac{x^2}{2}+C$；　D. $\frac{1}{8}\arctan\frac{x^2}{4}+C$。

二、填空题

8. $[\int f(x)dx]' =$ ________。

9. $(\sin x-\cos x)dx =$ ____ $d(\cos x+\sin x)$。

10. $\int\frac{1}{x^2(x^2+1)}dx = \int\left(\frac{1}{x^2} - \text{\_\_\_\_\_\_}\right)dx$。

11. 计算不定积分 $\int(\sqrt{x}+\sqrt[3]{x})dx$ 时，可设 $t=$ ____。

12. 计算不定积分 $\int e^x d\sqrt{e^x+1}$ 时，可设 $u(x)=$ ____，$dv(x)=$ ____。

三、解答题

13. 求$\int(e^{x}+x^{e})dx$。

14. 求$\int\frac{1}{\sin x\cos x}dx$。

15. 求$\int\frac{2x+7}{x^{2}+7x+1}dx$。

16. 求$\int\frac{1}{x\ln x}dx$。

17. 求$\int\frac{dx}{1+e^{x}}$。

18. 求$\int\frac{1}{\sqrt{x}(1+x)}dx$。

19. 求$\int x^{2}e^{-x}dx$。

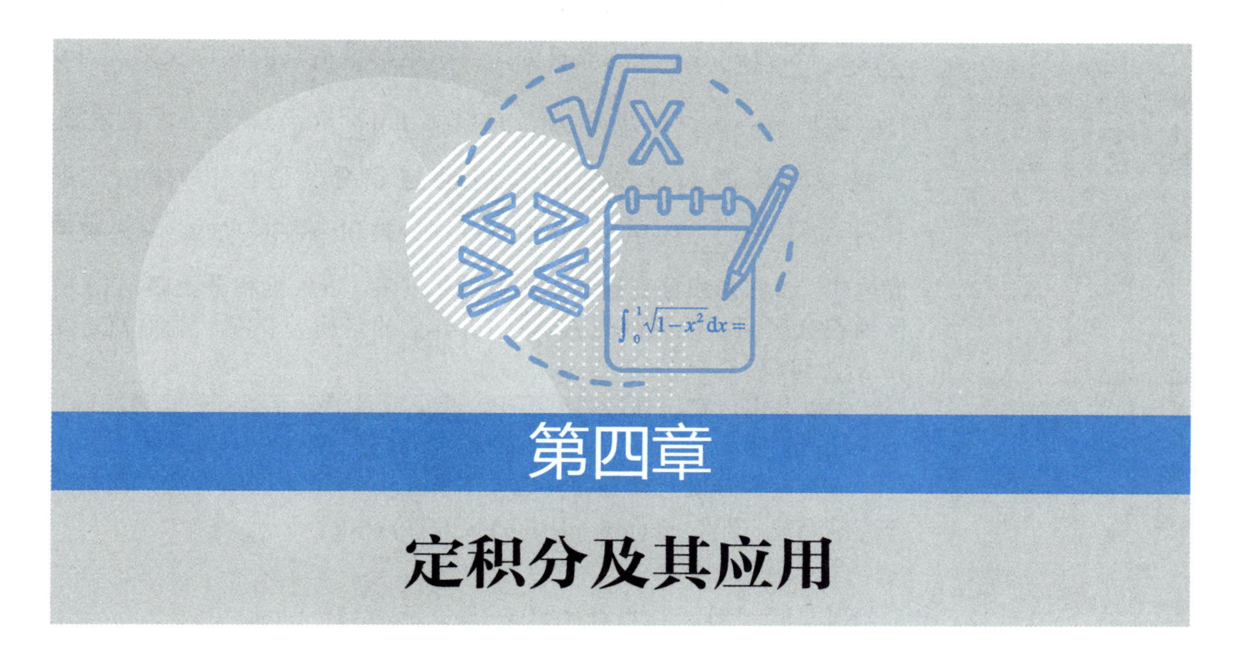

第四章

定积分及其应用

定积分是积分学的又一个基本问题，它在自然科学和工程技术中都有广泛的应用。本章先学习定积分的概念、几何意义与性质，然后学习它的计算方法，最后利用定积分的知识来分析和解决几何、物理中的相关问题。

第一节　定积分的概念和性质

一、定积分的概念

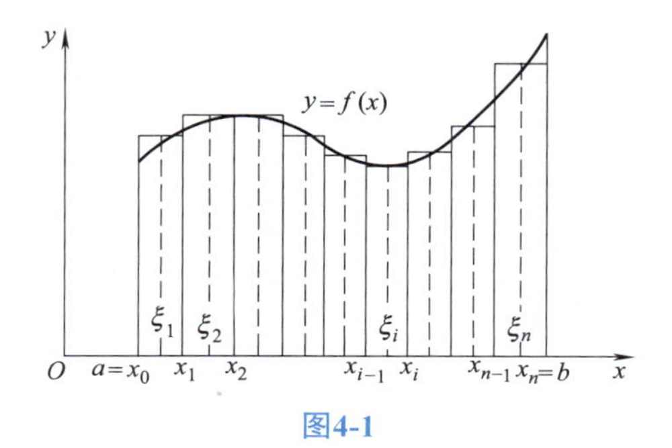

图4-1

本节导学

内容：（1）定积分的概念及几何意义；（2）定积分的性质。

重点：理解定积分的概念，熟练掌握定积分的性质。

难点：会用定积分的几何意义计算规则图形的面积。

提　示

根据定积分画曲边梯形图形时，请抓住“四线两平行”，即曲边梯形的四条线中必须有两条平行直线段。

定义　如图4-1中由连续曲线 $y=f(x)$ ［$f(x)\geqslant 0$］，直线 $x=a$，$x=b$ 和 x 轴（$y=0$）所围成的平面图形，称为**曲边梯形**。通过：

（1）分割：将区间 $[a,b]$ 分割成 n 份，相应地该曲边梯形也被分割成 n 个小曲边梯形；（2）近似：每个小曲边梯形都可近似看成小矩形，则其中第 i 个小矩形的面积为 $\Delta A_i=f(x_i)\Delta x_i$；（3）求和：曲边梯形的总面积近似为$n$个小矩形之和，即$A \approx \Delta A_1 + \Delta A_2 + \Delta A_3 + \dots + \Delta A_n = \sum_{i=1}^{n} \Delta A_i = \sum_{i=1}^{n} f(x_i)\Delta x_i$；（4）取极限：当小矩形中最长的底边长度$\lambda \to 0$时，此时$n \to \infty$。如果和式$A$的极限$\lim_{\lambda \to 0} \sum_{i=1}^{n} f(x_i)\Delta x_i$存在，则称这个极限为函数$f(x)$在区间$[a,b]$的**定积分**。记作$\int_a^b f(x)\mathrm{d}x$，即$\int_a^b f(x)\mathrm{d}x = \lim_{\lambda \to 0} \sum_{i=1}^{n} f(x_i)\Delta x_i$。其中$f(x)$称为**被积函数**，$f(x)\mathrm{d}x$称为**被积表达式**，$x$称为**积分变量**，$a$称为**积分下限**，$b$称为**积分上限**，$[a,b]$称为**积分区间**。如果函数$f(x)$在$[a,b]$上的定积分存在，就称$f(x)$在$[a,b]$上**可积**。

可以看出，定积分是通过堆积、叠加或是消融而得到的结果。

几点说明：

（1）定积分是一个数量，它与被积函数和积分区间有关，而与积分变量无关，即$\int_a^b f(x)\mathrm{d}x = \int_a^b f(u)\mathrm{d}u = \int_a^b f(t)\mathrm{d}t$。

（2）补充规定：

①当$a = b$时，$\int_a^b f(x)\mathrm{d}x = 0$；

②$\int_a^b f(x)\mathrm{d}x = -\int_b^a f(x)\mathrm{d}x$。

定积分存在定理 若函数$f(x)$在闭区间$[a,b]$上连续，则$f(x)$在区间$[a,b]$上可积；或者是函数$f(x)$在闭区间$[a,b]$上有界，且只有有限个第一类间断点，则$f(x)$在区间$[a,b]$上可积。

提 示

从定积分的定义中可以看到：定积分可理解为许许多多的小矩形从$x = a$到$x = b$上堆积而成的。

练一练

由连续曲线$y = x$、直线$x = 2$、$x = 3$和x轴所围成的平面图形，用定积分可表示为________。

练一练

画出定积分$\int_0^2 x^2\mathrm{d}x$所确定的曲边梯形图形。

注 意

堆积是正向的，可越堆越高，或是越堆越长；如果是负向的，则是消融的，就如雪融化时，厚度越来越薄。

二、定积分的几何意义

若函数$f(x)$在$[a,b]$上有$f(x) \geqslant 0$，则$\int_a^b f(x)\mathrm{d}x$表示由曲线$y = f(x)$、直线$x = a$和$x = b$与x轴围成的曲边梯形面积的正值。

若函数$f(x)$在$[a,b]$上有$f(x) \leqslant 0$，则$\int_a^b f(x)\mathrm{d}x$表示由曲线$y = f(x)$、直线$x = a$和$x = b$与x轴围成的曲边梯形面积的负值。

若函数$f(x)$在$[a,b]$上有正有负时，则定积分$\int_a^b f(x)\mathrm{d}x$表示曲线$y = f(x)$在x轴上方部分的面积的正值与下方部分的面积的负值的代数和。如图4-2，$\int_a^b f(x)\mathrm{d}x = A_1 - A_2 + A_3 - A_4 + A_5$。

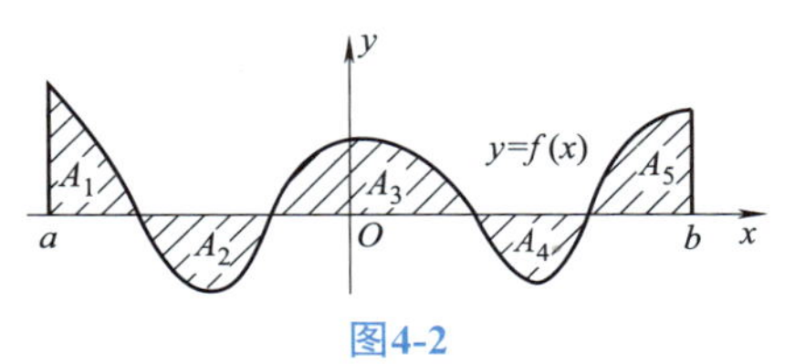

图4-2

提 示

因为定积分$\int_a^b f(x)\mathrm{d}x$只是一个数量，所以$\frac{\mathrm{d}\int_a^b f(x)\mathrm{d}x}{\mathrm{d}x} = 0$。

例题解析

例1 利用定积分的几何意义计算定积分$\int_0^1 \sqrt{1-x^2}\mathrm{d}x$。

解 如图4-3。由于该定积分表示的是一个圆心在原点、半径为 1 的圆在第一象限内的几何图形的面积，而该面积为 $\dfrac{\pi}{4}$。所以 $\int_0^1 \sqrt{1-x^2}\,\mathrm{d}x = \dfrac{\pi}{4}$。

例 2 利用定积分的几何意义计算定积分 $\int_{-\pi}^{\pi} \sin x\,\mathrm{d}x$。

解 如图 4-4。曲线 $y=\sin x$ 在闭区间 $[-\pi,\pi]$ 上所形成的图形关于原点对称，则该图形在 x 轴上方部分的面积与在 x 轴下方部分的面积相等。所以 $\int_{-\pi}^{\pi} \sin x\,\mathrm{d}x = 0$。

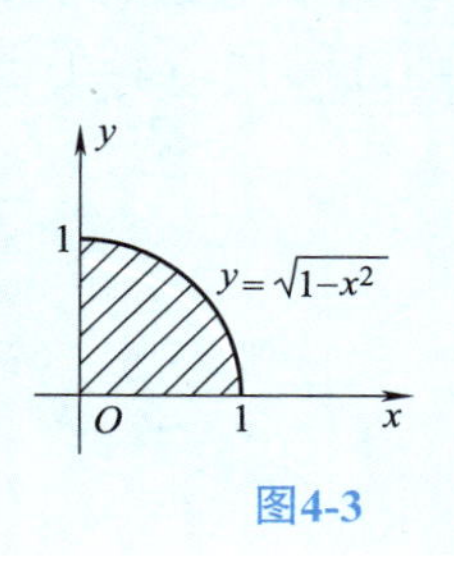

图4-3

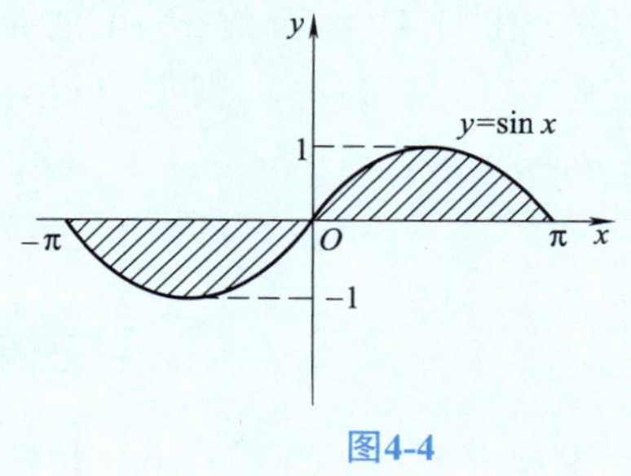

图4-4

练一练

将例1中的积分区间改成 $[-1,1]$，即求 $\int_{-1}^{1} \sqrt{1-x^2}\,\mathrm{d}x$。

提 示

定积分中的积分区间 $[-a,a]$ 被称为对称区间，其特点是区间上的两个端点互为相反数。

练一练

求 $\int_{-\pi}^{\pi} \cos x\,\mathrm{d}x$。

想一想

当 $f(x)$ 为奇函数时，有 $\int_{-a}^{a} f(x)\,\mathrm{d}x = 0$。为什么？

三、定积分的性质

在下列各性质中，假定函数 $f(x)$ 和 $g(x)$ 在闭区间 $[a,b]$ 上都是连续的。

性质 1 $\int_a^b [f(x) \pm g(x)]\,\mathrm{d}x = \int_a^b f(x)\,\mathrm{d}x \pm \int_a^b g(x)\,\mathrm{d}x$。

这个性质可以推广到任意有限个函数的代数和的情形，即

$$\int_a^b [f_1(x) \pm f_2(x) \pm \cdots \pm f_n(x)]\,\mathrm{d}x$$
$$= \int_a^b f_1(x)\,\mathrm{d}x \pm \int_a^b f_2(x)\,\mathrm{d}x \pm \cdots \pm \int_a^b f_n(x)\,\mathrm{d}x \text{。}$$

性质 2 $\int_a^b kf(x)\,\mathrm{d}x = k\int_a^b f(x)\,\mathrm{d}x$ （k 为常数）。

性质 3 如果在区间 $[a,b]$ 上 $f(x) \equiv 1$，那么

$\int_a^b 1\,\mathrm{d}x = \int_a^b \mathrm{d}x = b-a$。

性质 4 （定积分的可加性）

设 $a<c<b$，则 $\int_a^b f(x)\,\mathrm{d}x = \int_a^c f(x)\,\mathrm{d}x + \int_c^b f(x)\,\mathrm{d}x$。

性质 5 （定积分的单调性）

如果在 $[a,b]$ 上，有 $f(x) \leqslant g(x)$，则 $\int_a^b f(x)\,\mathrm{d}x \leqslant \int_a^b g(x)\,\mathrm{d}x$。

性质 6 （估值定理）

设 M 和 m 分别是函数 $f(x)$ 在 $[a,b]$ 上的最大值及最小值，则 $m(b-a) \leqslant \int_a^b f(x)\,\mathrm{d}x \leqslant M(b-a)$。

性质 7 （定积分中值定理）

如果函数 $f(x)$ 在闭区间 $[a,b]$ 上连续，则在区间 $[a,b]$ 上至少有一点 ξ，使得 $\int_a^b f(x)\,\mathrm{d}x = f(\xi)(b-a)$ $\quad(a \leqslant \xi \leqslant b)$。

提 示

性质2表明被积函数中的常数因子可移到积分符号外。

注 意

性质4中，无论 a、b、c 的相对位置如何，只要在相应区间内可积，则该等式都成立。

这几个性质都可以通过定积分所表示的几何图形来加以理解。

例题解析

例 3 比较 $\int_0^1 x\mathrm{d}x$ 与 $\int_0^1 x^2\mathrm{d}x$ 的大小。

解 在 $[0,1]$ 上有 $x \geqslant x^2$，故 $\int_0^1 x\mathrm{d}x \geqslant \int_0^1 x^2\mathrm{d}x$。

例 4 估算定积分 $\int_1^4 (x^2+1)\mathrm{d}x$。

解 在 $[1,4]$ 上函数 x^2+1 的最小值为 2，最大值为 17。由定积分的估值定理，则有 $2\times(4-1) \leqslant \int_1^4 (x^2+1)\mathrm{d}x \leqslant 17\times(4-1)$。即 $6 \leqslant \int_1^4 (x^2+1)\mathrm{d}x \leqslant 51$。

习题4-1

1. 下列定积分中与 $\int_a^b f(x)\mathrm{d}x$ 相等的是（　　）。

A. $\int_b^a f(x)\mathrm{d}x$；　　B. $\int_a^b f(t)\mathrm{d}t$；

C. $\int_a^b f(t)\mathrm{d}x$；　　D. $\int_a^b f(x)\mathrm{d}t$。

2. 下列定积分的值等于零的是（　　）。

A. $\int_1^1 \cos x\mathrm{d}x$；　　B. $\int_{-1}^1 \cos x\mathrm{d}x$；

C. $\int_{-1}^2 x\sin^2 x\mathrm{d}x$；　　D. $\int_{-1}^1 x\sin x\mathrm{d}x$。

3. 下列定积分的值的符号是负号的为（　　）。

A. $\int_0^{\frac{\pi}{2}} x\sin x\mathrm{d}x$；　B. $\int_{-1}^0 x^3\mathrm{d}x$；　C. $\int_1^2 \ln x\mathrm{d}x$；　D. $\int_{-1}^2 x^2\mathrm{d}x$。

4. 设 $f(x)$ 仅在 $[0,2]$ 上可积，则必有 $\int_0^2 f(x)\mathrm{d}x=$（　　）。

A. $\int_0^{-1} f(x)\mathrm{d}x+\int_{-1}^2 f(x)\mathrm{d}x$；　　B. $\int_0^3 f(x)\mathrm{d}x+\int_3^2 f(x)\mathrm{d}x$；

C. $\int_0^1 f(x)\mathrm{d}x+\int_1^2 f(x)\mathrm{d}x$；　　D. $\int_2^1 f(x)\mathrm{d}x+\int_1^0 f(x)\mathrm{d}x$。

5. 由曲线 $y=x^2+1$ 与直线 $x=1$ 及 x 轴、y 轴所围成的曲边梯形的面积用定积分表示为______________。

6. 根据定积分的性质，比较下列积分的大小。

（1）$\int_2^3 x\mathrm{d}x$ ________ $\int_2^3 x^2\mathrm{d}x$；

（2）$\int_1^{\mathrm{e}} \ln x\mathrm{d}x$ ________ $\int_1^{\mathrm{e}} \ln^2 x\mathrm{d}x$；

（3）$\int_3^4 \ln x\mathrm{d}x$ ________ $\int_3^4 \ln^2 x\mathrm{d}x$。

7. 估算定积分 $\int_0^{\frac{\pi}{2}} (1+\cos x)\mathrm{d}x$ 的值，则______ $\leqslant \int_0^{\frac{\pi}{2}} (1+\cos x)\mathrm{d}x \leqslant$ ______。

8. 利用定积分的几何意义计算下列定积分。

（1）$\int_1^2 (2x+1)\mathrm{d}x$；　　（2）$\int_{-1}^1 x^3\mathrm{d}x$；

（3）$\int_{-3}^{3}\sqrt{9-x^2}\mathrm{d}x$。

9. 利用定积分的几何意义，证明下列等式。

（1）$\int_{0}^{1}2x\mathrm{d}x=1$；（2）$\int_{-\frac{\pi}{2}}^{\frac{\pi}{2}}\sin x\mathrm{d}x=0$。

10. 设$f(x)$在$[-1,3]$上可积，且$\int_{-1}^{1}3f(x)\mathrm{d}x=18$，$\int_{-1}^{3}f(x)\mathrm{d}x=4$。求

（1）$\int_{-1}^{1}f(x)\mathrm{d}x$；（2）$\int_{1}^{3}f(x)\mathrm{d}x$。

第二节　牛顿-莱布尼茨公式

定理　设函数$f(x)$在区间$[a,b]$上连续，且函数$F(x)$是$f(x)$的一个原函数，那么

$$\int_{a}^{b}f(x)\mathrm{d}x=F(x)\Big|_{a}^{b}=F(b)-F(a)。$$

该公式称为**牛顿－莱布尼茨公式**，也称为**微积分基本公式**。

用牛顿-莱布尼茨公式计算定积分可分为两个步骤：

（1）先求被积函数的不定积分，得到一个原函数$F(x)$；

（2）再计算$F(x)\Big|_{a}^{b}=F(b)-F(a)$。

本节导学

内容：微积分基本公式，即牛顿-莱布尼茨公式。

重点：熟练掌握牛顿-莱布尼茨公式。

难点：熟练运用牛顿-莱布尼茨公式计算定积分。

注　意

牛顿-莱布尼茨公式求解定积分时，得到原函数$F(x)$，不用加上常数C。这一点与不定积分不同。

例题解析

例 1　求定积分$\int_{0}^{1}x\mathrm{d}x$。

解　原式$=\frac{x^2}{2}\Big|_{0}^{1}=\frac{1^2}{2}-\frac{0^2}{2}=\frac{1}{2}$。

例 2　求定积分$\int_{0}^{\pi}(1+\cos x)\mathrm{d}x$。

解　原式$=(x+\sin x)\Big|_{0}^{\pi}=(\pi+\sin\pi)-(0+\sin 0)=\pi$。

例 3　求定积分$\int_{-3}^{-1}\frac{\mathrm{d}x}{x}$。

解　原式$=\ln|x|\Big|_{-3}^{-1}=\ln|-1|-\ln|-3|=-\ln 3$。

例 4　设$f(x)=\begin{cases}2x+1 & (x\leqslant 1)\\ 3x^2 & (x>1)\end{cases}$，求$\int_{0}^{2}f(x)\mathrm{d}x$。

解　原式$=\int_{0}^{2}f(x)\mathrm{d}x=\int_{0}^{1}f(x)\mathrm{d}x+\int_{1}^{2}f(x)\mathrm{d}x$

$=\int_{0}^{1}(2x+1)\mathrm{d}x+\int_{1}^{2}3x^2\mathrm{d}x=(x^2+x)\Big|_{0}^{1}+x^3\Big|_{1}^{2}=2+7=9$。

例 5　求定积分$\int_{0}^{2\pi}|\sin x|\mathrm{d}x$。

解　原式$=\int_{0}^{\pi}|\sin x|\mathrm{d}x+\int_{\pi}^{2\pi}|\sin x|\mathrm{d}x$

$=\int_{0}^{\pi}\sin x\mathrm{d}x+\int_{\pi}^{2\pi}(-\sin x)\mathrm{d}x=-\cos x\Big|_{0}^{\pi}+\cos x\Big|_{\pi}^{2\pi}$

$=-(\cos\pi-\cos 0)+(\cos 2\pi-\cos\pi)=-(-1-1)+[1-(-1)]$

$=4$。

练一练

对比例1，试用定积分的几何意义求解定积分$\int_{0}^{1}x\mathrm{d}x$。

想一想

例5中$|\sin x|$中是如何去掉绝对值符号的？如果被积函数改成$|\cos x|$又该如何去掉绝对值符号？

例 6 已知某物体以速度 $v(t)=3t^2-2t+3$ 作直线运动，求该物体从时间 $t=1$ 到时间 $t=3$ 所经过的路程。

解 物体从时间 $t=1$ 到时间 $t=3$ 所经过的路程 s 是函数 $v(t)=3t^2-2t+3$ 在闭区间 $[1,3]$ 上的定积分，即
$s=\int_1^3(3t^2-2t+3)\mathrm{d}t=(t^3-t^2+3t)\Big|_1^3=24$。

习题4-2

1. 若函数 $f(x)$ 在区间 $[a,b]$ 上连续，且 $f(x)$ 的一个原函数是 $F(x)$，则定积分 $\int_a^b f(x)\mathrm{d}x=$（　　）。

A. $F(x)+C$；　B. $F(x)\Big|_b^a$；　C. $F(x)\int_a^b$；　D. $F(x)\Big|_a^b$。

2. 下列积分中不能直接使用牛顿 - 莱布尼茨公式的是（　　）。

A. $\int_{-1}^1\frac{1}{\sqrt{1-x^2}}\mathrm{d}x$；　B. $\int_0^1\frac{1}{1+x^2}\mathrm{d}x$；

C. $\int_0^2\frac{2x}{(x^2+3)^2}\mathrm{d}x$；　D. $\int_{\mathrm{e}}^3\frac{1}{x\ln x}\mathrm{d}x$。

3. 牛顿 - 莱布尼茨公式是 $\int_a^b f(x)\mathrm{d}x=F(x)\Big|_a^b=$__________。

4. 利用牛顿 - 莱布尼茨公式计算下列定积分。

（1）$\int_0^2(3x^2-2x+1)\mathrm{d}x$；　（2）$\int_0^1\sqrt{x}(1+\sqrt{x})\mathrm{d}x$；

（3）$\int_0^1\frac{x^4+2x^2+1}{1+x^2}\mathrm{d}x$；　（4）$\int_0^{\pi}\sqrt{1-\cos 2x}\mathrm{d}x$。

5. 求定积分 $\int_{-1}^1\sqrt{x^2}\mathrm{d}x$。

6. 设 $f(x)=\begin{cases}x^2 & (0\leqslant x\leqslant 2)\\ x+1 & (2<x\leqslant 4)\end{cases}$，求定积分 $\int_0^4 f(x)\mathrm{d}x$。

7. 已知某物体以速度 $v(t)=2t-4$ 作直线运动，求该物体从静止时到 $t=3$ 所经过的路程。

第三节　定积分的换元积分法和分部积分法

本节导学

内容：定积分的换元积分法和分部积分法。

重点：掌握定积分的换元积分法中的换元必换限。

难点：（1）定积分的换元积分法中是如何寻找恰当的式子进行换元的；（2）合理选择定积分分部积分中的函数 $u(x)$ 与 $v(x)$。

一、定积分的换元积分法

定理 若函数 $f(x)$ 在区间 $[a,b]$ 上连续，函数 $x=\varphi(t)$ 满足下列条件：（1）$\varphi(\alpha)=a$，$\varphi(\beta)=b$，且 $a\leqslant\varphi(t)\leqslant b$；（2）$\varphi(t)$ 在 $[\alpha,\beta]$（或 $[\beta,\alpha]$）上有连续导数。则有

$$\int_a^b f(x)\mathrm{d}x=\int_\alpha^\beta f[\varphi(t)]\varphi'(t)\mathrm{d}t。$$

该式子也称定积分的**换元积分公式**。

定积分换元积分法的要点是：换元的同时积分限也要换成相应于新变量的积分限，即换元换限。

例题解析

例 1　求 $\int_0^{\frac{\pi}{2}}\sin^4 x\cos x\mathrm{d}x$。

解　原式 $=\int_0^{\frac{\pi}{2}}\sin^4 x\mathrm{d}\sin x \overset{\text{令}\sin x=u}{=\!=\!=} \int_0^1 u^4\mathrm{d}u=\left.\frac{u^5}{5}\right|_0^1=\frac{1}{5}$。

例 2　求 $\int_0^{\ln 2}\mathrm{e}^x(1+\mathrm{e}^x)^2\mathrm{d}x$。

解　原式 $=\int_0^{\ln 2}(1+\mathrm{e}^x)^2\mathrm{d}\mathrm{e}^x=\int_0^{\ln 2}(1+\mathrm{e}^x)^2\mathrm{d}(1+\mathrm{e}^x)$

$$\overset{\text{令}1+\mathrm{e}^x=u}{=\!=\!=}\int_2^3 u^2\mathrm{d}u=\left.\frac{u^3}{3}\right|_2^3=\frac{19}{3}。$$

例 3　求 $\int_0^4\frac{\sqrt{x}}{1+\sqrt{x}}\mathrm{d}x$。

解　设 $\sqrt{x}=t$，则 $x=t^2$，$\mathrm{d}x=2t\mathrm{d}t$。当 $x=0$ 时，$t=0$；当 $x=4$ 时，$t=2$。于是 $\int_0^4\frac{\sqrt{x}}{1+\sqrt{x}}\mathrm{d}x=\int_0^2\frac{t}{1+t}\times 2t\mathrm{d}t=\int_0^2\left(2t-2+\frac{2}{1+t}\right)\mathrm{d}t=$ $\left.[t^2-2t+2\ln(1+t)]\right|_0^2=2\ln 3$。

例 4　求 $\int_0^2\sqrt{4-x^2}\mathrm{d}x$。

解　设 $x=2\sin t$，则 $\mathrm{d}x=2\cos t\mathrm{d}t$。当 $x=0$ 时，$t=0$；当 $x=2$ 时，$t=\frac{\pi}{2}$。于是 $\int_0^2\sqrt{4-x^2}\mathrm{d}x=\int_0^{\frac{\pi}{2}}\sqrt{4-(2\sin t)^2}\times 2\cos t\mathrm{d}t=\int_0^{\frac{\pi}{2}}2\cos t\times 2\cos t\mathrm{d}t=$ $2\int_0^{\frac{\pi}{2}}(1+\cos 2t)\mathrm{d}t=\left.(2t+\sin 2t)\right|_0^{\frac{\pi}{2}}=\pi$。

例 5　设 $f(x)$ 在 $[-a,a]$ 上连续，证明

（1）若 $f(x)$ 是偶函数，则 $\int_{-a}^a f(x)\mathrm{d}x=2\int_0^a f(x)\mathrm{d}x$；

（2）若 $f(x)$ 是奇函数，则 $\int_{-a}^a f(x)\mathrm{d}x=0$。

证明　令 $x=-t$，则 $\mathrm{d}x=-\mathrm{d}t$。当 $x=-a$ 时，$t=a$；当 $x=0$ 时，$t=0$。于是 $\int_{-a}^0 f(x)\mathrm{d}x=\int_a^0 f(-t)(-\mathrm{d}t)=\int_0^a f(-t)\mathrm{d}t=\int_0^a f(-x)\mathrm{d}x$。故 $\int_{-a}^a f(x)\mathrm{d}x=$ $\int_{-a}^0 f(x)\mathrm{d}x+\int_0^a f(x)\mathrm{d}x=\int_0^a f(-x)\mathrm{d}x+\int_0^a f(x)\mathrm{d}x=\int_0^a[f(-x)+f(x)]\mathrm{d}x$。

（1）若 $f(x)$ 为偶函数，则 $f(x)+f(-x)=2f(x)$，从而 $\int_{-a}^a f(x)\mathrm{d}x=$ $2\int_0^a f(x)\mathrm{d}x$；

（2）若 $f(x)$ 为奇函数，则 $f(x)+f(-x)=0$，从而 $\int_{-a}^a f(x)\mathrm{d}x=$ $\int_0^a[f(-x)+f(x)]\mathrm{d}x=\int_{-a}^a 0\cdot\mathrm{d}x=0$。

想一想

例1中换元之后的积分区间为什么从 $\left[0,\frac{\pi}{2}\right]$ 变成了 $[0,1]$。

提　示

例2中用到了公式 $\mathrm{e}^{\ln a}=a(a>0)$。

练一练

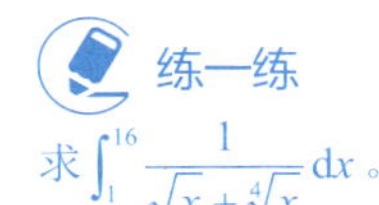

求 $\int_1^{16}\frac{1}{\sqrt{x}+\sqrt[4]{x}}\mathrm{d}x$。

想一想

定积分换元积分法的换元过程与不定积分换元积分法的换元过程其实是相同的。

注　意

例5中的结论（2）其实就是奇函数在对称区间的定积分值为零。结论（1）（2）都可以从几何意义中得到理解。

想一想

例5中，换元时，为什么令 $x=-t$，而不是其他的？这从两个方面思考：一是把被积函数比较复杂的定积分转化成被积函数比较简单的定积分。很明显，这里是要证明 $\int_0^a f(-x)\mathrm{d}x=\int_{-a}^0 f(t)\mathrm{d}t=\int_{-a}^0 f(x)\mathrm{d}x$。故令 $-x=t$；二是从定积分的上下限的变化来思考。这里上下限的变化可能有 $\begin{cases}a\to 0\\0\to -a\end{cases}$，则令 $x-a=t$；或者 $\begin{cases}a\to -a\\0\to 0\end{cases}$，则令 $x=-t$。

例 6 计算 $\int_{-2}^{2}(4-x^2)^3\sin x\mathrm{d}x$。

解 由于被积函数 $(4-x^2)^3\sin x$ 是奇函数，且积分区间为对称区间，利用例 5 的结论（2）即可得到 $\int_{-2}^{2}(4-x^2)^3\sin x\mathrm{d}x=0$。

二、定积分的分部积分法

由不定积分的分部积分法和牛顿 - 莱布尼茨公式可得**定积分的分部积分公式**:

$$\int_a^b u(x)\mathrm{d}v(x)=u(x)v(x)\Big|_a^b-\int_a^b v(x)\mathrm{d}u(x)。$$

运用定积分的分部积分公式时，原函数中已经积出的部分必须用牛顿-莱布尼茨公式进行取值计算。

例题解析

例 7 求 $\int_0^1 x\mathrm{e}^x\mathrm{d}x$。

解 原式 $=\int_0^1 x\mathrm{d}\mathrm{e}^x=x\mathrm{e}^x\Big|_0^1-\int_0^1\mathrm{e}^x\mathrm{d}x=\mathrm{e}-\mathrm{e}^x\Big|_0^1$

$=\mathrm{e}-(\mathrm{e}-1)=1$。

例 8 中，能否这样处理：

$\int_0^{\frac{\pi}{2}}x\cos x\mathrm{d}x$

$=\frac{1}{2}\int_0^{\frac{\pi}{2}}\cos x\mathrm{d}x^2=\cdots$

例 8 求 $\int_0^{\frac{\pi}{2}}x\cos x\mathrm{d}x$。

解 原式 $=\int_0^{\frac{\pi}{2}}x\mathrm{d}\sin x=x\sin x\Big|_0^{\frac{\pi}{2}}-\int_0^{\frac{\pi}{2}}\sin x\mathrm{d}x$

$=\frac{\pi}{2}+\cos x\Big|_0^{\frac{\pi}{2}}=\frac{\pi}{2}+(0-1)=\frac{\pi}{2}-1$。

例 9 中合理选取 $u(x)=\ln x$ 与 $v(x)=x$。

例 9 求 $\int_1^{\mathrm{e}}\ln x\mathrm{d}x$。

解 原式 $=x\ln x\Big|_1^{\mathrm{e}}-\int_1^{\mathrm{e}}x\mathrm{d}\ln x=\mathrm{e}-\int_1^{\mathrm{e}}x\cdot\frac{1}{x}\mathrm{d}x$

$=\mathrm{e}-x\Big|_1^{\mathrm{e}}=\mathrm{e}-(\mathrm{e}-1)=1$。

例10中，用到了定积分的循环积分，它与不定积分的循环积分法类似。

例 10 求 $\int_0^{\frac{\pi}{2}}\mathrm{e}^x\cos x\mathrm{d}x$。

解 原式 $=\int_0^{\frac{\pi}{2}}\mathrm{e}^x\mathrm{d}\sin x=\mathrm{e}^x\sin x\Big|_0^{\frac{\pi}{2}}-\int_0^{\frac{\pi}{2}}\sin x\mathrm{d}\mathrm{e}^x$

$=\mathrm{e}^{\frac{\pi}{2}}-\int_0^{\frac{\pi}{2}}\mathrm{e}^x\sin x\mathrm{d}x=\mathrm{e}^{\frac{\pi}{2}}+\int_0^{\frac{\pi}{2}}\mathrm{e}^x\mathrm{d}\cos x$

$=\mathrm{e}^{\frac{\pi}{2}}+\mathrm{e}^x\cos x\Big|_0^{\frac{\pi}{2}}-\int_0^{\frac{\pi}{2}}\cos x\mathrm{d}\mathrm{e}^x=\mathrm{e}^{\frac{\pi}{2}}-1-\int_0^{\frac{\pi}{2}}\mathrm{e}^x\cos x\mathrm{d}x$。

移项，得 $2\int_0^{\frac{\pi}{2}}\mathrm{e}^x\cos x\mathrm{d}x=\mathrm{e}^{\frac{\pi}{2}}-1$，故 $\int_0^{\frac{\pi}{2}}\mathrm{e}^x\cos x\mathrm{d}x=\frac{1}{2}\mathrm{e}^{\frac{\pi}{2}}-\frac{1}{2}$。

对比例10，计算 $\int_0^{\frac{\pi}{2}}\mathrm{e}^x\sin x\mathrm{d}x$。

灵活运用定积分的换元积分法与分部积分法求解例11。

例 11 求 $\int_0^1\mathrm{e}^{\sqrt{x}}\mathrm{d}x$。

解 令 $\sqrt{x}=t$，则 $x=t^2$，$\mathrm{d}x=2t\mathrm{d}t$。当 $x=0$ 时，$t=0$；当 $x=1$ 时，$t=1$。于是 $\int_0^1\mathrm{e}^{\sqrt{x}}\mathrm{d}x=\int_0^1\mathrm{e}^t\times 2t\mathrm{d}t=2\int_0^1 t\mathrm{d}\mathrm{e}^t=2t\mathrm{e}^t\Big|_0^1-2\int_0^1\mathrm{e}^t\mathrm{d}t$ $=2\mathrm{e}-2\mathrm{e}^t\Big|_0^1=2\mathrm{e}-(2\mathrm{e}-2)=2$。

习题4-3

1. 若定积分 $\int_a^b f(x)\mathrm{d}x$ 通过换元积分法后变成了 $\int_2^3 f(t)\mathrm{d}t$，且上下限的一个对应关系是 $b \to 3$，则另一个对应关系是（　　）。

A. $a \to b$；　B. $b \to 2$；　C. $a \to 3$；　D. $a \to 2$。

2. 定积分 $\int_{-a}^{a}[f(x)+f(-x)]\mathrm{d}x=$（　　）。

A. $4\int_0^a f(x)\mathrm{d}x$；　B. $2\int_0^a f(x)\mathrm{d}x$；

C. 0；　D. $2\int_0^a [f(x)+f(-x)]\mathrm{d}x$。

3. 下列积分计算过程正确的是（　　）。

A. $\int_a^b u(x)\mathrm{d}v(x)=u(x)v(x)-\int_a^b v(x)\mathrm{d}u(x)$；

B. $\int_a^b u(x)\mathrm{d}v(x)=u(x)v(x)\Big|_a^b-\int v(x)\mathrm{d}u(x)$；

C. $\int_a^b u(x)\mathrm{d}v(x)=u(x)v(x)\Big|_a^b-\int_a^b v(x)\mathrm{d}u(x)$；

D. $\int u(x)\mathrm{d}v(x)=u(x)v(x)\Big|_a^b-\int_a^b v(x)\mathrm{d}u(x)$。

4. 求解定积分 $\int_0^{\frac{\pi}{2}} x\mathrm{d}\cos x$ 时，可利用分部积分法，选择（　　）。

A. $u(x)=\cos x$，$\mathrm{d}v(x)=\mathrm{d}x$；　B. $u(x)=x$，$\mathrm{d}v(x)=\mathrm{d}\cos x$；

C. $u(x)=\sin x$，$\mathrm{d}v(x)=\mathrm{d}x$；　D. $u(x)=x$，$\mathrm{d}v(x)=\mathrm{d}\sin x$。

5. 若函数 $f(x)$ 是偶函数，则 $\int_{-\pi}^{\pi} f(x)\mathrm{d}x=$ ___ $\int_0^{\pi} f(x)\mathrm{d}x$。

6. 循环积分 $\int_0^{\frac{\pi}{2}} \mathrm{e}^x\cos x\mathrm{d}x=\mathrm{e}^{\frac{\pi}{2}}-1-\int_0^{\frac{\pi}{2}}\mathrm{e}^x\cos x\mathrm{d}x$，求解方程后可得 $\int_0^{\frac{\pi}{2}}\mathrm{e}^x\cos x\mathrm{d}x=$ ____________。

7. 求下列定积分。

（1）$\int_0^{\frac{\pi}{2}} 6\cos^5 x\sin x\mathrm{d}x$；　（2）$\int_0^{\ln 2}\mathrm{e}^x\sqrt{\mathrm{e}^x-1}\mathrm{d}x$；

（3）$\int_4^9 \frac{\sqrt{x}}{\sqrt{x}-1}\mathrm{d}x$；　（4）$\int_0^8 \frac{1}{1+\sqrt[3]{x}}\mathrm{d}x$。

8. 求下列定积分。

（1）$\int_0^{\frac{\pi}{2}} x\sin x\mathrm{d}x$；　（2）$\int_1^{\mathrm{e}} x\ln x\mathrm{d}x$；

（3）$\int_0^1 x^2\mathrm{e}^x\mathrm{d}x$；　（4）$\int_1^4 \frac{\ln x}{\sqrt{x}}\mathrm{d}x$。

9. 设 $f(x)$ 在 $[0,a]$ 上连续，证明 $\int_a^b f(x)\mathrm{d}x=\int_a^b f(a+b-x)\mathrm{d}x$。

第四节　定积分的应用

本节导学

内容：（1）微元法；（2）定积分在几何、物理上的应用。

重点：会用定积分计算几何图形的面积及旋转体体积。

难点：灵活运用微元法的基本思想求解实际问题。

一、微元法

通过对曲边梯形面积等问题的分析研究，我们得到了定积分。定

提 示

微元法的核心是找出微元。常用的思路是在微小的区间小段上以直代曲、以规则代替不规则、以匀速代替变速等，从而找到较为简单的微元。常见的微元有：面积微元 dA，体积微元 dV，力微元 dF，功微元 dW。

积分是求某种总量的数学模型，在实际问题中，所求量 I 能使用定积分计算需满足以下三个条件：

（1）全量 I 只与函数 $f(x)$ 和变化区间 $[a,b]$ 有关，与积分变量无关；

（2）全量 I 在区间 $[a,b]$ 上必须具有可加性；

（3）全量 I 中作为代表的部分量 ΔI_i 可近似地表示成 $f(\xi_i)\Delta x_i$，全量 I 可看作为所有的部分量 ΔI_i 在闭区间 $[a,b]$ 上堆积而成的极限形式。

定积分应用的几个步骤：

（1）画图形。尽可能地画出所求全量 I 的图形，将积分变量 x 的变化区间 $[a,b]$ 分成若干小区间，任取其中具有代表性的一个区间小段 $[x,x+\mathrm{d}x]$ 上所对应的图形，来作为全量 I 中部分量 ΔI_i 的代表 ΔI；

（2）找微元。让在闭区间 $[a,b]$ 中最长的区间小段的长度趋近 0，即所有区间小段的长度都趋近 0，全量 I 中作为代表的部分量 ΔI 的近似值 $\Delta I \approx f(x)\mathrm{d}x$。我们把这个 $f(x)\mathrm{d}x$ 叫做全量 I 的**微元**，记作 $dI = f(x)\mathrm{d}x$；

（3）算积分。将所有的微元进行堆积，并取极限，这样就可以得到定积分 $I=\int_a^b f(x)\mathrm{d}x$。

这种用微元表达方式确定定积分来解决可加性问题的方法称为**微元法**。

想一想

如何区分平面图形是 X 型还是 Y 型？抓住“四线两平行”中的两平行直线是垂直于谁。垂直于 x 轴，就是 X 型。

二、定积分在几何学上的应用

1. 直角坐标系下平面图形的面积

X 型与 Y 型平面图形的面积如下。

由直线 $x=a$、$x=b$ $(a<b)$ 及两条连续曲线 $y=f_1(x)$、$y=f_2(x)$ $[f_1(x)\leqslant f_2(x)]$ 所围成的平面图形称为 X **型图形**（见图 4-5）；而把由直线 $y=c$、$y=d$ $(c<d)$ 及两条连续曲线 $x=g_1(y)$、$x=g_2(y)$ $[g_1(y)\leqslant g_2(y)]$ 所围成的平面图形称为 Y **型图形**（见图 4-6）。

注 意

面积微元往往是用平面图形中的某一小矩形的面积来表示，因而抓住该小矩形的底边与高是关键。

想一想

平面图形是 X 型时，小矩形的高为什么是 $f_2(x)-f_1(x)$ 而不是 $f_1(x)-f_2(x)$？

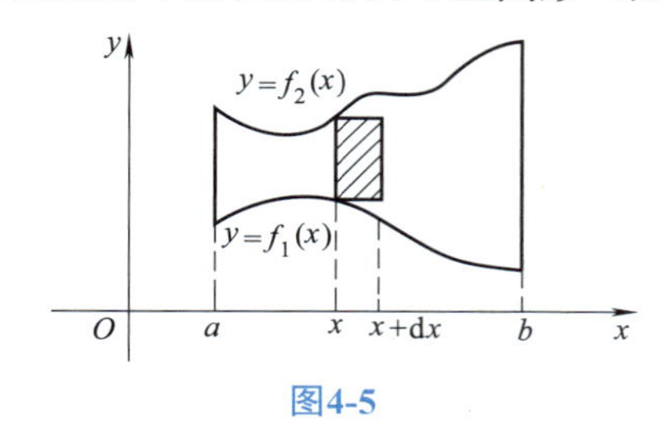

图4-5

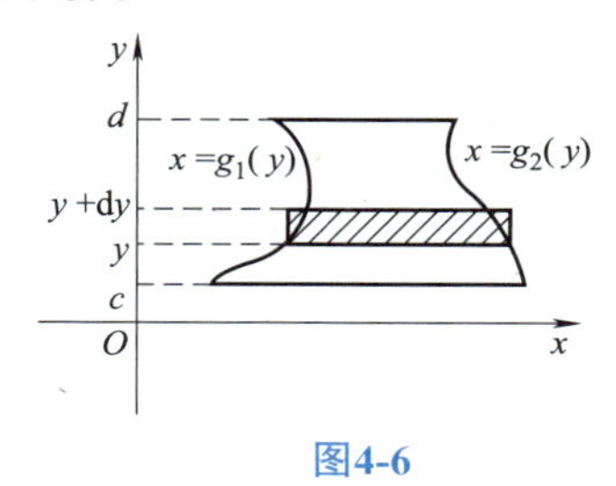

图4-6

注 意

平面图形是 Y 型时，曲边表达的函数是让 x 作函数变量，y 作自变量。如 $x=g_1(y)$ 与 $x=g_2(y)$。

图 4-5 中面积微元 $\mathrm{d}A=[f_2(x)-f_1(x)]\mathrm{d}x$，面积 $A=\int_a^b[f_2(x)-f_1(x)]\mathrm{d}x$。

图 4-6 中面积微元 $\mathrm{d}A=[g_2(y)-g_1(y)]\mathrm{d}y$，面积 $A=\int_c^d[g_2(x)-g_1(x)]\mathrm{d}y$。

用微元法分析 X 型平面图形的面积：

先在闭区间 $[a,b]$ 上任取一点 x，再取一个区间小段 $[x,x+\mathrm{d}x]$。以高为 $f_2(x)-f_1(x)$、底为 $\mathrm{d}x$ 的小矩形的面积作为面积微元 $\mathrm{d}A$。最后让所有这样的小矩形都在 $[a,b]$ 上进行堆积，形成定积分 A。显然平面图形的面积为 $A=\int_a^b[f_2(x)-f_1(x)]\mathrm{d}x$。

练一练

对照用微元法分析 X 型平面图形的面积的思维方式，分析 Y 型平面图形的面积。

同样道理，可分析 Y 型平面图形的面积。

例题解析

例 1 求椭圆形 $\frac{x^2}{a^2}+\frac{y^2}{b^2}=1$ 的面积 A。

解 如图 4-7。

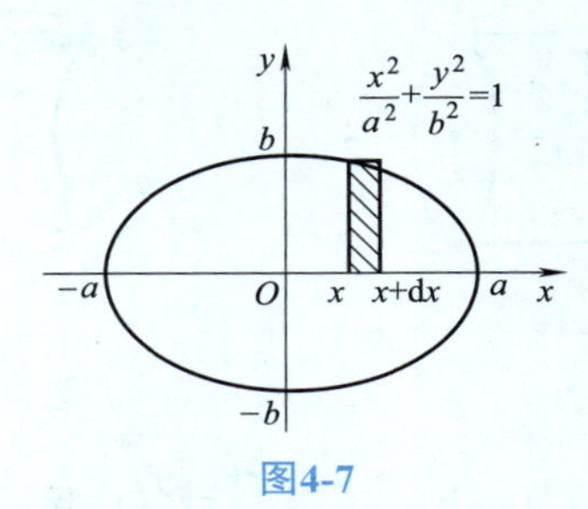

图4-7

$\mathrm{d}A=b\sqrt{1-\frac{x^2}{a^2}}\mathrm{d}x$，则椭圆形的面积为

$$A=4\int_0^a b\sqrt{1-\frac{x^2}{a^2}}\mathrm{d}x=\frac{4b}{a}\int_0^a\sqrt{a^2-x^2}\mathrm{d}x=\frac{4b}{a}\times\frac{\pi a^2}{4}=\pi ab\text{。}$$

例 2 求抛物线 $y^2=2x$ 与直线 $y=x-4$ 所围成图形的面积 A。

解 如图 4-8。

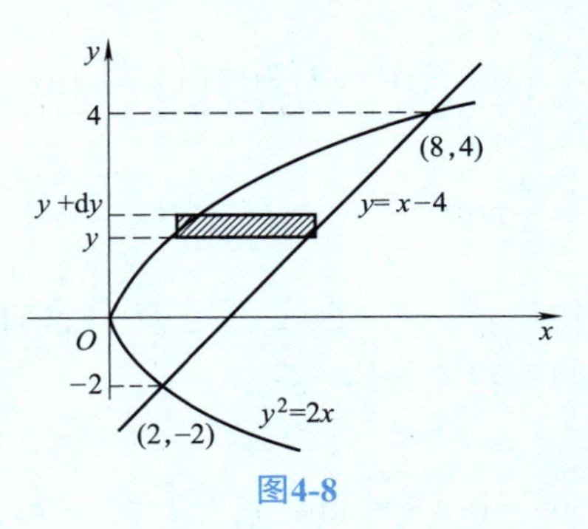

图4-8

解方程组 $\begin{cases}y^2=2x\\y=x-4\end{cases}$，得两交点 $(2,-2)$ 与 $(8,4)$。$\mathrm{d}A=\left[(y+4)-\frac{y^2}{2}\right]\mathrm{d}y$，

则所求图形的面积为 $A=\int_{-2}^4\left[(y+4)-\frac{y^2}{2}\right]\mathrm{d}y=\left(\frac{y^2}{2}+4y-\frac{y^3}{6}\right)\Bigg|_{-2}^4=18$。

练一练

将例1用 Y 型平面图形的方法分割求解。

提 示

一般情形下，求平面图形的面积的步骤为：（1）画图形（包括标注出小矩形）；（2）写微元；（3）算积分。

想一想

例2能否看成是用 X 型平面图形的方法分割求解。

提 示

对于既非 X 型又非 Y 型的平面图形，我们可以进行适当的分割，划分成许多个 X 型和 Y 型图形，然后再利用对应的方法去求面积。

2. 旋转体的体积

由一个平面图形绕该平面内一条定直线旋转一周后生成的空间体叫**旋转体**。该定直线称为**旋转轴**。

用微元法分析旋转体体积的方法：

（1）画图形，抓微元。曲边梯形旋转一周所得到的空间体就是旋

注 意

与求平面上的面积类似，旋转体的体积微元是用小圆柱体的体积来表示，因而抓住该小圆柱体的底面积与高是关键。

提 示

绕 x 轴旋转一周后形成的旋转体的体积用 V_x 表示，而绕 y 轴旋转一周后形成的旋转体的体积用 V_y 表示。

转体。当曲边梯形中对应的小矩形跟着旋转一周时，所得到的小圆柱体的体积就是该旋转体的体积微元。

（2）写出体积微元表达式。

（3）算积分得到旋转体的体积。

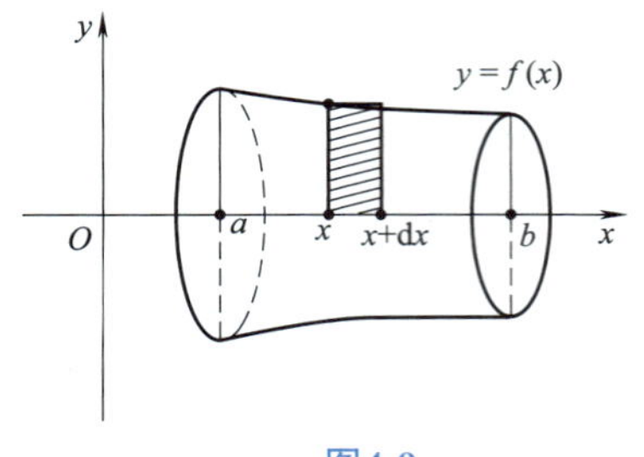

图4-9

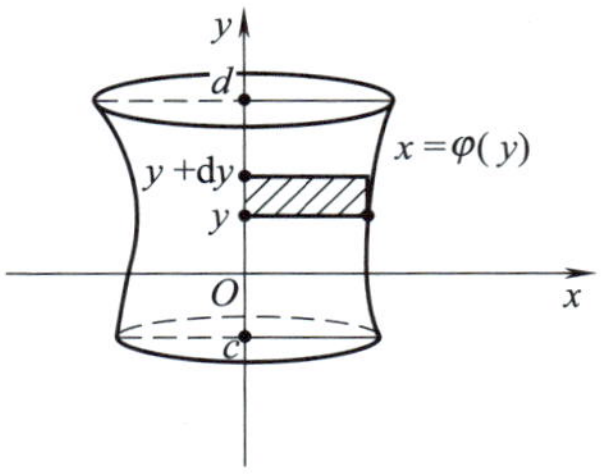

图4-10

图 4-9 中，$\mathrm{d}V=\pi f^2(x)\mathrm{d}x$，$V_x=\int_a^b \pi f^2(x)\mathrm{d}x$。

图 4-10 中，$\mathrm{d}V=\pi\varphi^2(y)\mathrm{d}y$，$V_y=\int_c^d \pi\varphi^2(y)\mathrm{d}y$。

练一练

对比例3的解法，求由椭圆 $\frac{x^2}{a^2}+\frac{y^2}{b^2}=1$ 的右半部分与 y 轴所围成的平面图形绕 y 轴旋转一周后形成的椭球体的体积 V_y，并比较 V_x 与 V_y 是否相同。

例题解析

例 3 求由椭圆 $\frac{x^2}{a^2}+\frac{y^2}{b^2}=1$ 的上半部分与 x 轴所围成的平面图形绕 x 轴旋转一周后形成的椭球体的体积 V_x。

解 如图 4-11。

$$\mathrm{d}V=\pi b^2\left(1-\frac{x^2}{a^2}\right)\mathrm{d}x，\text{则} V_x=\int_{-a}^{a}\pi b^2\left(1-\frac{x^2}{a^2}\right)\mathrm{d}x=\frac{\pi b^2}{a^2}\int_{-a}^{a}(a^2-x^2)\mathrm{d}x$$

$$=\frac{\pi b^2}{a^2}\left(a^2x-\frac{x^3}{3}\right)\Big|_{-a}^{a}=\frac{4}{3}\pi ab^2。$$

想一想

绕 x 轴旋转一周后形成的椭球体的体积 V_x，绕 y 轴旋转一周后形成的椭球体的体积 V_y，球体的体积 V，对比它们的体积公式有何联系与区别。

例 4 求由抛物线 $y=x^2$，直线 $x=2$ 及 x 轴所围成的平面图形绕 y 轴旋转一周所得的旋转体的体积 V_y。

解 如图 4-12。

$$\mathrm{d}V=(\pi 2^2-\pi y)\mathrm{d}y=(4\pi-\pi y)\mathrm{d}y，\ V_y=\int_0^4(4\pi-\pi y)\mathrm{d}y=\left(4\pi y-\frac{\pi}{2}y^2\right)\Big|_0^4$$

$$=8\pi。$$

想一想

如何求解空心旋转体的体积？其体积微元是什么形状？

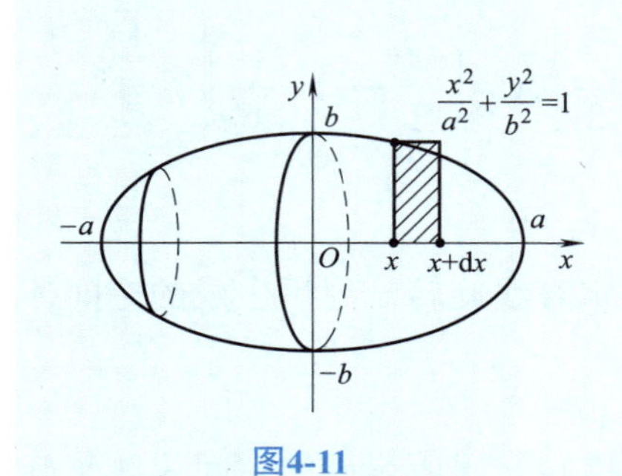

图4-11

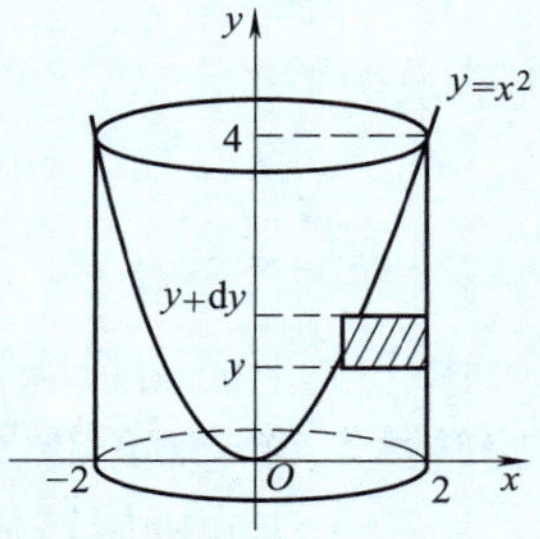

图4-12

3. 直角坐标系中的曲线弧长

设函数 $y=f(x)$ 具有一阶连续导数，计算曲线 $y=f(x)$ 上相应于从 a 到 b 的一段弧长（如图 4-13）。

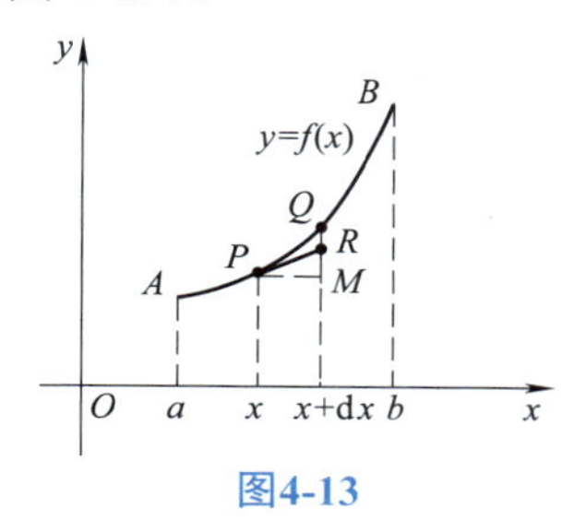

图4-13

在变化区间任取一个区间小段 $[x,x+\mathrm{d}x]$，与之相应的小段弧的长度可以用该曲线在点 $(x,f(x))$ 处的切线上相应的一小段直线的长度来近似代替。得到弧长微元 $\mathrm{d}s=\sqrt{(\mathrm{d}x)^2+(\mathrm{d}y)^2}=\sqrt{1+y'^2}\mathrm{d}x$，从而弧长 $s=\int_a^b\sqrt{1+y'^2}\mathrm{d}x$。

例 5 求曲线 $y=\frac{1}{4}x^2-\frac{1}{2}\ln x$ $(1\leqslant x\leqslant \mathrm{e})$ 的弧长 s。

解 $y'=\frac{1}{2}x-\frac{1}{2x}=\frac{1}{2}\left(x-\frac{1}{x}\right)$，$\mathrm{d}s=\sqrt{1+y'^2}\mathrm{d}x=\sqrt{1+\left[\frac{1}{2}(x-\frac{1}{x})\right]^2}\mathrm{d}x$

$=\sqrt{\frac{1}{4}\left(x+\frac{1}{x}\right)^2}\mathrm{d}x=\frac{1}{2}\left(x+\frac{1}{x}\right)\mathrm{d}x$。

所求弧长 $s=\int_1^{\mathrm{e}}\frac{1}{2}\left(x+\frac{1}{x}\right)\mathrm{d}x=\frac{1}{2}\left(\frac{x^2}{2}+\ln x\right)\Big|_1^{\mathrm{e}}=\frac{1}{4}(\mathrm{e}^2+1)$。

三、定积分在物理学上的应用

1. 变力做功

如图 4-14。物体在变力 $F=F(x)$ 的作用下作直线运动，从点 $x=a$ 移动到点 $x=b$。功微元 $\mathrm{d}W=F(x)\mathrm{d}x$，则变力作功为 $W=\int_a^b F(x)\mathrm{d}x$。

提 示

在区间小段 $[x,x+\mathrm{d}x]$ 上可看成是恒力在做功。

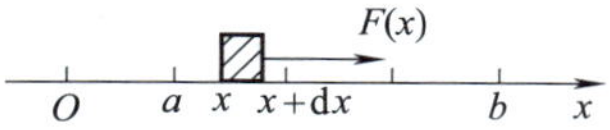

图4-14

例题解析

例 6 一个质点作直线运动，位移函数为 $x=t^3$，其中 x 是位移，t 是时间。设运动过程中，受到的阻力与运动的速度成正比，且比例系数为 1。求质点从 $x=0$ 运动到 $x=1$ 时克服阻力所做的功 W。

解 显然运动速度 $v=3t^2$，变化的阻力 $F=3t^2$。位移函数为 $x=t^3$，则 $\mathrm{d}x=3t^2\mathrm{d}t$。于是功微元 $\mathrm{d}W=F\mathrm{d}x=3t^2\times3t^2\mathrm{d}t=9t^4\mathrm{d}t$。质点从 $x=0$ 运动到 $x=1$ 时，对应着 $t=0$ 到 $t=1$。所以 $W=\int_0^1 9t^4\mathrm{d}t=\left.\dfrac{9t^5}{5}\right|_0^1=\dfrac{9}{5}$。

2. 水压力

例题解析

例 7 一矩形的水闸门，宽为3m，高为2m，水面与闸门顶部平齐。求闸门的一侧受到水的压力。（水密度为 $\rho=10^3\mathrm{kg/m^3}$，$g=10\mathrm{m/s^2}$）

解 如图4-15。

想一想

图4-15中为什么将x轴的正方向指向下方？

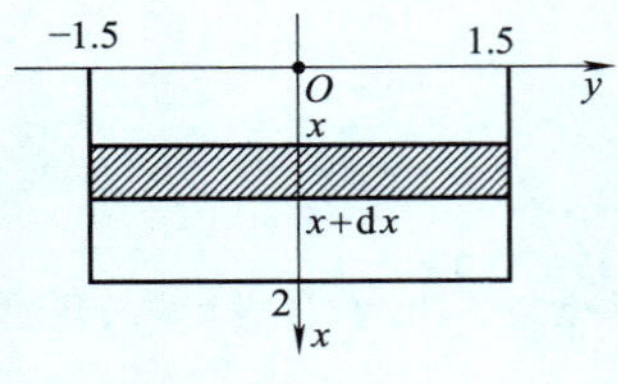

图4-15

$$\mathrm{d}F=\rho gx\times3\mathrm{d}x=10^3\times10\times3x\mathrm{d}x=3\times10^4x\mathrm{d}x。$$
$$F=\int_0^2 3\times10^4x\mathrm{d}x=\frac{3}{2}\times10^4\times x^2\Big|_0^2=6\times10^4\ (\mathrm{N})。$$

3. 电流流量

例题解析

想一想

例8中，一个周期内通过截面的电量Q为什么会为0？

例 8 已知通过导线某截面的交流电流 $I(t)=20\sin50t$，求在一个周期内通过截面的电量 Q。

解 由题设可知交流电周期 $T=\dfrac{2\pi}{50}$，电量微元 $\mathrm{d}Q=20\sin50t\mathrm{d}t$。所以电量 $Q=\int_0^{\frac{2\pi}{50}}20\sin50t\mathrm{d}t=\dfrac{2}{5}(-\cos50t)\Big|_0^{\frac{2\pi}{50}}=0$。

习题4-4

1. 下列由四线两平行所围成的平面图形是X型图形的为（　　）。

A. 由直线 $x=1$、$x=2$、$y=x$、$y=0$ 所围成的平面图形；

B. 由直线 $x=0$、$y=1$、$y=x$、$y=2$ 所围成的平面图形；

C. 由直线 $x=1$、$x=y^2$、$y=0$、$y=1$ 所围成的平面图形；

D. 由直线$x=0$、$x=y^2$、$y=0$、$y=1$所围成的平面图形。

2. 旋转体中的微元所对应的图形是（　　）。

A. 小矩形；　　B. 小曲边梯形；

C. 小圆柱体；　　D. 小长方体。

3. 下列式子中是弧长微元的是（　　）。

A. $\mathrm{d}s=\sqrt{\mathrm{d}x+\mathrm{d}y}$；　　B. $\mathrm{d}s=\sqrt{(\mathrm{d}x)^2+(\mathrm{d}y)^2}$；

C. $\mathrm{d}s=\sqrt{1+y'^2}$；　　D. $\mathrm{d}s=\sqrt{1+y'}\mathrm{d}x$。

4. 由椭圆$\frac{x^2}{a^2}+\frac{y^2}{b^2}=1$绕$x$轴旋转一周后形成的椭球体的体积公式$V_x=$________。

5. 求由曲线$xy=1$与直线$x=1$、$x=3$及x轴所围成的平面图形的面积A。

6. 求由抛物线$y=x^2$与$y=2-x$所围成的平面图形的面积A。

7. 求由曲线$y=x^2-4$与$y=0$所围成的图形绕x轴旋转一周所得的旋转体的体积V_x。

8. 有一竖直的水闸门，形状为等腰梯形，上底长为10m，下底长为6m，高为20m。当水面齐闸门顶时，求闸门一侧所受的压力F。

9. 设一圆锥形贮水池，深15m，口径20m，盛满水。现将水全部吸尽，需要做多少功？

复习题四

一、选择题

1. 由定积分的几何意义可知$\int_{-1}^{1}\sqrt{1-x^2}\mathrm{d}x=$（　　）。

A. π；　　B. $\frac{\pi}{2}$；　　C. 1；　　D. 0。

2. 函数$f(x)$在区间$[0,5]$上可积，则必有$\int_1^3 f(x)\mathrm{d}x=$（　　）。

A. $\int_1^2 f(x)\mathrm{d}x+\int_2^3 f(x)\mathrm{d}x$；　　B. $\int_1^6 f(x)\mathrm{d}x+\int_6^3 f(x)\mathrm{d}x$；

C. $\int_1^{-1} f(x)\mathrm{d}x+\int_{-1}^3 f(x)\mathrm{d}x$；　　D. $\int_3^0 f(x)\mathrm{d}x+\int_0^1 f(x)\mathrm{d}x$。

3. 设$I_1=\int_0^1 x\mathrm{d}x$，$I_2=\int_1^2 x^2\mathrm{d}x$，则有（　　）。

A. $I_1\geqslant I_2$；　　B. $I_1>I_2$；　　C. $I_1\leqslant I_2$；　　D. $I_1<I_2$。

4. 下列积分中不能直接使用牛顿 - 莱布尼茨公式的是（　　）。

A. $\int_0^1\frac{1}{\sqrt{1-x^2}}\mathrm{d}x$；　　B. $\int_0^1\frac{1}{1+x^2}\mathrm{d}x$；

C. $\int_0^2\frac{2x+3}{x^2+3x+5}\mathrm{d}x$；　　D. $\int_e^3\frac{1}{x}\mathrm{d}x$。

5. $\int_{-a}^{a}x^2[f(x)+f(-x)]\mathrm{d}x=$（　　）。

A. $4\int_{-a}^{a}x^2 f(x)\mathrm{d}x$；　　B. $2\int_0^a x^2[f(x)+f(-x)]\mathrm{d}x$；

C. 0；　　　　　　　　　　D. 以上都不正确。

6. 下列积分中，值为零的是（　　）。

A. $\int_{-1}^{1}\mathrm{d}x$；　B. $\int_{-1}^{1}x^2\mathrm{d}x$；　C. $\int_{-1}^{1}x\sin x\mathrm{d}x$；　D. $\int_{-1}^{1}x^2\sin x\mathrm{d}x$。

7. $\int_0^1 x\mathrm{d}\mathrm{e}^x=$（　　）。

A. e；　B. 0；　C. 1；　D. e−1。

8. 定积分 $\int_0^{19}\frac{1}{\sqrt[3]{x+8}}\mathrm{d}x$ 作适当变换后应等于（　　）。

A. $\int_2^3 3x\mathrm{d}x$；　B. $\int_0^3 3x\mathrm{d}x$；　C. $\int_0^2 3x\mathrm{d}x$；　D. $\int_{-2}^{-3} 3x\mathrm{d}x$。

二、填空题

9. 定积分 $\int_{-1}^{2}f(y)\mathrm{d}y$ 表示的几何图形是曲边梯形。它具有“四线两平行”特点，两条平行直线段为 $y=-1$ 与____________。

10. $\int_a^b[mf(x)+ng(x)]\mathrm{d}x=m\int_a^b f(x)\mathrm{d}x+$____________。

11. 由定积分的估值定理可得_______ $\leqslant\int_0^{\pi}(1+\sin x)\mathrm{d}x\leqslant$ _______。

12. 定积分的换元积分法中，换元时同时要_________。

13. 定积分 $\int_1^3\pi x^2\mathrm{d}x$ 中，微元表示的图形为小圆柱体，其微元表达式为________________。

三、解答题

14. 求定积分 $\int_1^2(2x+1)\mathrm{d}x$。

15. 求定积分 $\int_0^4\frac{1}{1+\sqrt{x}}\mathrm{d}x$。

16. 求 $\int_0^{\ln 3}\frac{\mathrm{e}^x\mathrm{d}x}{\sqrt{1+\mathrm{e}^x}}$。

17. 设 $b>0$，且 $\int_1^b\ln x\mathrm{d}x=1$，求 b 的值。

18. 设函数 $f(x)$ 在 $[0,1]$ 上连续，且 $f(x)=4x-\int_0^1 f(x)\mathrm{d}x$。求 $f(x)$ 与 $\int_0^1 f(x)\mathrm{d}x$。

四、应用题

19. 求由双曲线 $xy=1$ 和直线 $y=x$、$y=2$ 所围成图形的面积 A。

20. 计算由曲线 $y=x^2$、$x=y^2$ 所围成图形绕 y 轴旋转所得立体的体积 V_y。

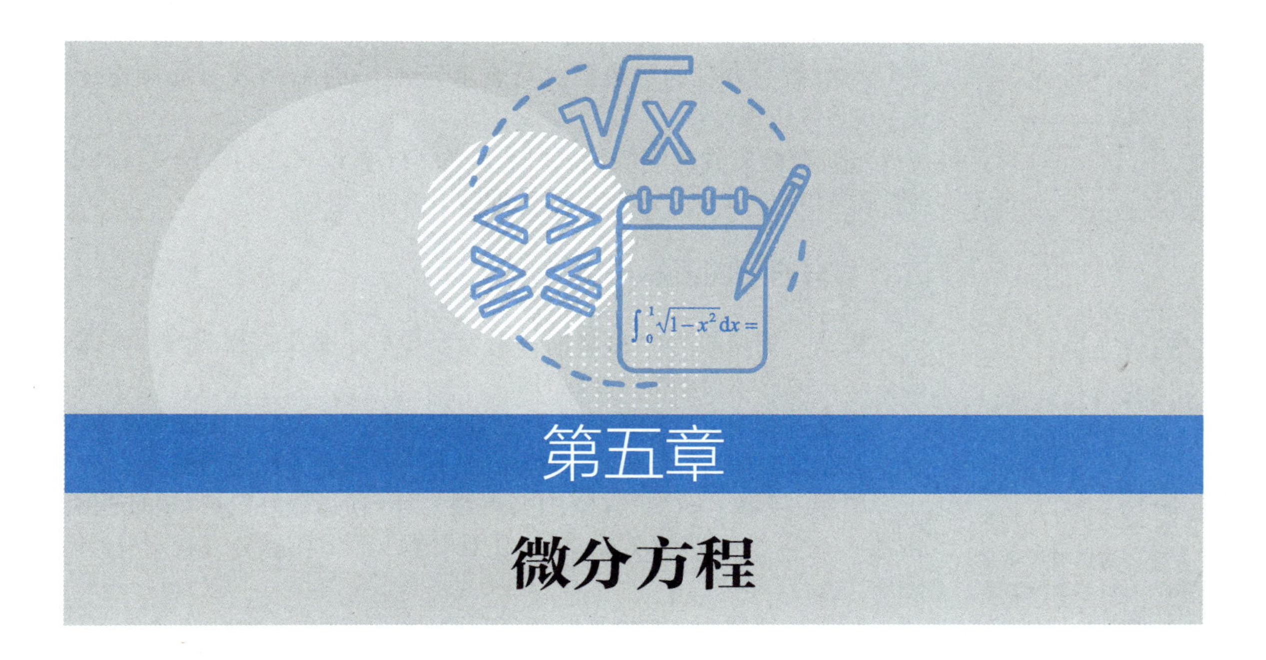

第五章 微分方程

微积分研究的对象是函数关系。在实际问题中，有些量与量之间的函数关系不能直接建立，但比较容易建立这些量与它们的导数或微分之间的关系，这种联系着自变量、未知函数及其导数和微分的关系式，称为微分方程。微分方程是数学的一个重要分支。本章主要讨论微分方程的一些基本概念和几种简单、常用的微分方程的解法。

第一节 微分方程的基本概念

本节导学

内容：（1）微分方程及其阶的定义；（2）微分方程的解、通解、初始条件及特解。

重点：（1）理解微分方程的概念；（2）会判别微分方程的阶；（3）会计算或验证微分方程的通解及特解。

难点：理解通解与特解之间的关系。

一、微分方程的概念

定义 含有未知函数的导数或微分的方程，称为**微分方程**。未知函数是一元函数的微分方程称为**常微分方程**，未知函数是多元函数的微分方程称为**偏微分方程**。本章仅讨论常微分方程，以下简称微分方程或方程。

例如：（1） $y'=3xy$，（2） $y'+x(y')^2-y=1$，（3） $\frac{\mathrm{d}^2s}{\mathrm{d}t^2}+s\frac{\mathrm{d}s}{\mathrm{d}t}+\frac{s}{t}=\sin t$ …这些式子都是微分方程；而 $y^2+x^2=2$ 不是微分方程。

定义 微分方程中出现的未知函数的导数的最高阶数，称为**微分方程的阶**。

注 意

$(y')^2$ 的阶数是一。不能因为这里有平方而误认为阶数是二。提高导数的阶数只有进一步求导这一种途径。

练一练

微分方程 $xy''-y'(y'')^3+y'''-x=0$ 的阶数是______。

例如上面的式子（1）（2）是一阶微分方程，式子（3）是二阶微分方程。

一阶微分方程的一般形式可表示为 $F(x,y,y')=0$（y' 必须出现，x,y 可以不出现）。

n 阶微分方程的一般形式可表示为 $F(x,y,y',y'',\cdots,y^{(n)})=0$，其中 $y^{(n)}$ 必须出现，x,y,y'，$\cdots$，$y^{(n-1)}$ 可以不出现。

二、微分方程的通解与特解

提 示

阶是微分方程分类的一个基本依据。

定义 如果将一个函数代入微分方程后，能使方程成为恒等式，那么这个函数称为该微分方程的**解**。

定义 若微分方程的解中，含有独立的任意常数，且任意常数的个数与微分方程的阶数相同，这样的解称为该微分方程的**通解**。

想一想

为什么通解中任意常数的个数与微分方程的阶数相同？

例如：函数 $y=Ce^x$（C 为任意常数）为一阶微分方程 $y'=y$ 的通解；函数 $y=e^x+C_1x+C_2$（C_1、C_2 为任意常数）为二阶微分方程 $y''=e^x$ 的通解。

在实际问题中，往往要求微分方程的解是满足某种特定条件下的解，这种特定的条件，我们称之为**初始条件**。

想一想

高阶微分方程的通解中，几个彼此相互独立的任意常数可以合并使个数减少吗？

设微分方程中的未知函数为 $y=y(x)$，通常一阶微分方程的初始条件为：当 $x=x_0$ 时，有 $y(x_0)=y_0$，或 $y|_{x=x_0}=y_0$，其中 x_0、y_0 是已知给定的值。二阶微分方程的初始条件为：当 $x=x_0$ 时，有 $y(x_0)=y_0$，$y'(x_0)=y_1$，或 $y|_{x=x_0}=y_0$，$y'\big|_{x=x_0}=y_1$，其中 x_0、y_0 和 y_1 都是已知给定的值。

提 示

通解一定满足三点：（1）是函数形式；（2）能使微分方程等式成立；（3）含有与阶数相同个数的独立的任意常数。

定义 将初始条件代入通解后，就确定了通解中的任意常数的特定值，这样的解称为微分方程的**特解**。

例如，对于方程 $y'=2x$，利用初始条件 $y|_{x=0}=1$ 就可确定其通解 $y=x^2+C$ 中的任意常数 $C=1$，从而得到其特解 $y=x^2+1$。

通常我们把求微分方程满足初始条件的特解的这类问题称为**初值问题**。例如，求一阶微分方程 $y'=f(x,y)$ 满足初始条件 $y|_{x=x_0}=y_0$ 的特解称为一阶微分方程的初值问题，记作 $\begin{cases} y'=f(x,y) \\ y|_{x=x_0}=y_0 \end{cases}$。同理，二阶微分方程 $y''=f(x,y,y')$ 满足初始条件 $y|_{x=x_0}=y_0$，$y'|_{x=x_0}=y_1$ 的初值问题，记作 $\begin{cases} y''=f(x,y,y') \\ y|_{x=x_0}=y_0 \\ y'|_{x=x_0}=y_1 \end{cases}$。

微分方程的每一个解都对应着平面内的一条曲线，并且称之为微分方程的积分曲线。而微分方程的无穷多个解所对应的一簇积分曲线称为微分方程的积分曲线簇。

例题解析

例 1 验证函数 $y=3\sin x-4\cos x$ 为微分方程 $y''+y=0$ 的解。

解 $y'=3\cos x+4\sin x$，$y''=-3\sin x+4\cos x$。将 y'' 与 y 代入方程 $y''+y=0$ 中，得 $(-3\sin x+4\cos x)+(3\sin x-4\cos x)=0$。

因此，函数 $y=3\sin x-4\cos x$ 是微分方程 $y''+y=0$ 的解。

例 2 一曲线通过点 $(1,2)$，且该曲线上任意一点 $M(x,y)$ 处的切线的斜率为 $2x$，求曲线的方程。

解 设所求曲线的方程为 $y=y(x)$，由导数的几何意义知 $\frac{\mathrm{d}y}{\mathrm{d}x}=2x$（1）。将（1）式等式两边积分得 $y=\int 2x\mathrm{d}x=x^2+C$，即 $y=x^2+C$（2），其中 C 是任意常数。又由于未知函数 $y=y(x)$ 还满足初始条件：当 $x=1$ 时，有 $y=2$（3）。把初始条件（3）代入（2）中可得 $2=1^2+C$，故 $C=1$。

再把 $C=1$ 代入（2）式中，即得所求曲线方程为 $y=x^2+1$（4）。

想一想

例2中（1）（2）（3）（4），作为微分方程式子的是______；作为通解式子的是______；作为初始条件的是______；作为特解的是______。

习题5-1

1. 下列式子中不是微分方程的为（　　）。

A. $\mathrm{d}y=(4x+5)\mathrm{d}x$；　　B. $\frac{\mathrm{d}y}{\mathrm{d}x}=x^2+1$；

C. $y=x^2+2$；　　D. $\frac{\mathrm{d}^2s}{\mathrm{d}t^2}=\sin t$。

2. 微分方程 $xy''+2x^2y'^2+x^3y=x^4+1$ 的阶数是____。

A. 3；　　B. 5；　　C. 4；　　D. 2。

3. 下列微分方程中的解是函数 $y=\cos x$ 的为（　　）。

A. $y'+y=0$；　　B. $y'+2y=0$；

C. $y''+y=0$；　　D. $y''+y=\cos x$。

4. $y'''+\sin xy'-x=\cos x$ 的通解中应含____个任意常数。

5. 判断下列各题中的函数是否为所给微分方程的解。

（1）$y=\mathrm{e}^x$，$xy'-y\ln y=0$；

（2）$\arctan(x+y)=y$，$y'=(x+y)^{-2}$；

（3）$y=x$，$\mathrm{e}^{x-y}\frac{\mathrm{d}y}{\mathrm{d}x}=1$。

6. 函数 $y=\mathrm{e}^{-x}(x+C)$ 是微分方程 $y'+y=\mathrm{e}^{-x}$ 的通解，求满足初始条件 $y|_{x=0}=5$ 的特解。

本节导学

内容：（1）可分离变量的微分方程的概念及其解法；（2）齐次方程的概念及其求解方法。

重点：熟练掌握可分离变量的微分方程的求解方法。

难点：理解将齐次方程转化成可分离变量的微分方程的思路及要领。

第二节　可分离变量的微分方程

一、可分离变量微分方程的概念

形如 $\frac{\mathrm{d}y}{\mathrm{d}x}=f(x)g(y)$ 的微分方程称为**可分离变量的微分方程**。其主要特征是可以分离变量：即微分方程等号的一边只含关于 y 的函数 $g(y)$ 和 $\mathrm{d}y$，而等号的另一边只含关于 x 的函数 $f(x)$ 和 $\mathrm{d}x$。如将微分方程 $\frac{\mathrm{d}y}{\mathrm{d}x}=f(x)g(y)$ 分离变量，则得 $\frac{1}{g(y)}\mathrm{d}y=f(x)\mathrm{d}x$（这里 $g(y)\neq 0$）。

求解可分离变量的微分方程的步骤：

1. 分离变量；2. 两边积分。

想一想

微分方程 $\frac{\mathrm{d}y}{\mathrm{d}x}=x(y+1)$ 可以分离变量，但 $\frac{\mathrm{d}y}{\mathrm{d}x}=xy+1$ 却不可以分离变量，这是为什么？

例题解析

例 1　求微分方程 $\frac{\mathrm{d}y}{\mathrm{d}x}=2xy$ 的通解。

解　当 $y\neq 0$ 时，分离变量为 $\frac{\mathrm{d}y}{y}=2x\mathrm{d}x$，两边积分 $\int\frac{\mathrm{d}y}{y}=\int 2x\mathrm{d}x$，得 $\ln|y|=x^2+C_1$，$y=\pm\mathrm{e}^{C_1}\mathrm{e}^{x^2}$。即微分方程的通解为 $y=C\mathrm{e}^{x^2}$（其中 $C=\pm\mathrm{e}^{C_1}$ 为任意常数）。

显然 $y=0$ 是原方程的一个特解，这里允许 $C=0$，所以包含在通解之中。

练一练

将微分方程 $(x-1)\mathrm{d}y=(y+1)\mathrm{d}x$ 分离变量。

例 2　求微分方程 $x(y^2-1)\mathrm{d}x+y(x^2-1)\mathrm{d}y=0$ 的通解。

解　当 $y\neq\pm 1$，$x\neq\pm 1$ 时，可分离变量得

$\frac{y}{y^2-1}\mathrm{d}y=-\frac{x}{x^2-1}\mathrm{d}x$，两边积分 $\int\frac{y}{y^2-1}\mathrm{d}y=\int(-\frac{x}{x^2-1})\mathrm{d}x$，解得 $\ln|y^2-1|=-\ln|x^2-1|+\ln|C|$（$C$ 为任意非零常数）。即原微分方程的通解为 $(x^2-1)(y^2-1)=C$。

显然 $y=\pm 1$ 也是方程的两个特解，这里允许 $C=0$，所以 $y=\pm 1$ 也被包含在通解之中。

注　意

求解微分方程时，常用任意常数 C 来代替其他的任意常数，如 e^c、$\ln C$ 等。这样也就出现了在开始时把任意常数记为 e^c、$\ln C$ 等形式，其目的就是能使计算结果简洁明了。参看例1与例2。

例 3　求微分方程 $y^2\cos x\mathrm{d}x-\mathrm{d}y=0$ 的通解。

解　当 $y\neq 0$ 时，可分离变量得 $\frac{\mathrm{d}y}{y^2}=\cos x\mathrm{d}x$，再两边积分得 $\int\frac{\mathrm{d}y}{y^2}=\int\cos x\mathrm{d}x$，求解即得 $-\frac{1}{y}=\sin x+C$。于是原方程的通解为 $y=-\frac{1}{\sin x+C}$（C 为任意常数）。

提　示

例 2 把 y 与 x 的函数关系隐藏在 $(x^2-1)(y^2-1)=C$ 的通解形式中。这类通解称为微分方程的隐式通解。

另外，$y=0$ 显然也是例 3 的解，但它显然没有被包含在通解之中，

这种解被称为**奇解**，我们不讨论这类解。

通解不一定是一切解。如奇解是微分方程的解，但它不是通解。

二、齐次方程

形如$\frac{dy}{dx}=f\left(\frac{y}{x}\right)$或$\frac{dy}{dx}=f\left(\frac{x}{y}\right)$的微分方程称为**齐次方程**。这里$f\left(\frac{y}{x}\right)\left[或f\left(\frac{x}{y}\right)\right]$是关于以$\frac{y}{x}$$\left(或\frac{x}{y}\right)$为整体变量的一元连续函数。

齐次方程的求解思路：

将齐次方程转化成可分离变量的微分方程。

齐次方程$\frac{dy}{dx}=f\left(\frac{y}{x}\right)$转化为可分离变量的微分方程的具体方法是：

1. 作变量代换。令$u=\frac{y}{x}$，则有$y=ux$，$\frac{dy}{dx}=u+x\frac{du}{dx}$；

2. 代入与整理。将$\frac{dy}{dx}=u+x\frac{du}{dx}$、$u=\frac{y}{x}$代入齐次方程中，得$u+x\frac{du}{dx}=f(u)$，整理即得$x\frac{du}{dx}=f(u)-u$或$\frac{du}{f(u)-u}=\frac{dx}{x}$。

注 意

齐次方程$\frac{dy}{dx}=f\left(\frac{y}{x}\right)$中，$y$是$x$函数，令$u=\frac{y}{x}$后，也是一个关于$x$的函数。

这是一个以u为未知函数变量、x为自变量的可分离变量的微分方程，按照可分离变量的微分方程的求解方法即可求解，最后将u换回成$\frac{y}{x}$，即得原微分方程的通解。

提 示

齐次方程$\frac{dy}{dx}=f\left(\frac{x}{y}\right)$与$\frac{dy}{dx}=f\left(\frac{y}{x}\right)$转化为可分离变量的微分方程的具体方法类似，即令$u=\frac{x}{y}$。

例题解析

例 4 求微分方程$x^2\frac{dy}{dx}=xy-y^2$的通解。

解 原方程变形为$\frac{dy}{dx}=\frac{y}{x}-\left(\frac{y}{x}\right)^2$，这是一个齐次方程。令$u=\frac{y}{x}$，得$y=ux$，$\frac{dy}{dx}=u+x\frac{du}{dx}$。代入原微分方程中，得$u+x\frac{du}{dx}=u-u^2$，整理即得$x\frac{du}{dx}=-u^2$。当$u\neq 0$时，分离变量得$-\frac{du}{u^2}=\frac{dx}{x}$，两边积分得$\frac{1}{u}=\ln|x|+C$，即$u=\frac{1}{\ln|x|+C}$。将$u=\frac{y}{x}$代入，化简后即得原微分方程的通解为$y=\frac{x}{\ln|x|+C}$。而$u=0$也是方程的一个解，从而$y=0$也是原微分方程的解。

练一练

将齐次方程$x^2\frac{dy}{dx}=x^2+y^2$转化成可分离变量的微分方程。

习题5-2

1. 微分方程 $(x+1)\mathrm{d}y-(y-2)\mathrm{d}x=0$ 分离变量后为（　　）。

A. $(x+1)\mathrm{d}y=(y-2)\mathrm{d}x$；　　B. $\dfrac{1}{y-2}\mathrm{d}y=\dfrac{1}{x+1}\mathrm{d}x$；

C. $\dfrac{\mathrm{d}y}{\mathrm{d}x}=\dfrac{y-2}{x+1}$；　　D. $(x+1)\dfrac{\mathrm{d}y}{\mathrm{d}x}=y-2$。

2. 下列微分方程中是齐次方程的为（　　）。

A. $(x^2-y^2)\mathrm{d}x+xy\mathrm{d}y=0$；　　B. $x^2\mathrm{d}y-(y+2)\mathrm{d}x=0$；

C. $y'=2x+y$；　　D. $(x^2+y)\mathrm{d}y=(y-1)\mathrm{d}x$。

3. 可分离变量的微分方程的一般形式为____。

4. 求下列微分方程的通解。

（1）$x\dfrac{\mathrm{d}y}{\mathrm{d}x}=y\ln y$；　　（2）$\dfrac{\mathrm{d}y}{\mathrm{d}x}=\mathrm{e}^{x-y}$；

（3）$\sqrt{1-x^2}y'=\sqrt{1-y^2}$。

5. 求下列微分方程的通解。

（1）$xy\mathrm{d}y-(x^2-2y^2)\mathrm{d}x=0$；（2）$(x+2y)\mathrm{d}x-x\mathrm{d}y=0$。

6. 求下列微分方程满足所给初始条件的特解。

（1）$y'=\mathrm{e}^{2x-y}$，$y|_{x=0}=0$；

（2）$y'=\dfrac{x}{y}+\dfrac{y}{x}$，$y|_{x=1}=2$。

第三节　一阶线性微分方程

内容：（1）一阶线性微分方程及其相关概念；（2）一阶线性微分方程的求解方法：常数变易法、公式法、积分因子法。

重点：会利用通解公式求解一阶非齐次线性微分方程。

难点：理解常数变易法的思路，领悟常数变易这一步骤中蕴含的原理。

一、一阶线性微分方程的概念

形如 $\dfrac{\mathrm{d}y}{\mathrm{d}x}+P(x)y=Q(x)$ 的微分方程称为**一阶线性微分方程**。当 $Q(x)=0$ 时，微分方程 $\dfrac{\mathrm{d}y}{\mathrm{d}x}+P(x)y=0$ 称为**一阶齐次线性微分方程**。当 $Q(x)\neq 0$ 时，微分方程 $\dfrac{\mathrm{d}y}{\mathrm{d}x}+P(x)y=Q(x)$ 称为**一阶非齐次线性微分方程**。

通常方程 $\dfrac{\mathrm{d}y}{\mathrm{d}x}+P(x)y=0$ 称为方程 $\dfrac{\mathrm{d}y}{\mathrm{d}x}+P(x)y=Q(x)$ 所对应的一阶齐次线性微分方程。

二、一阶线性微分方程的常数变易法

一阶齐次线性方程 $\dfrac{\mathrm{d}y}{\mathrm{d}x}+P(x)y=0$ 同时还是一阶可分离变量的微分方程。

先求一阶齐次线性微分方程 $\dfrac{\mathrm{d}y}{\mathrm{d}x}+P(x)y=0$ 的通解。将微分方程分离变量，两边积分得 $y=C\mathrm{e}^{-\int P(x)\mathrm{d}x}$（$C$ 为任意常数）。

再求一阶非齐次线性微分方程 $\dfrac{\mathrm{d}y}{\mathrm{d}x}+P(x)y=Q(x)$ 的通解。把一阶齐次线性微分方程的通解中的任意常数 C 换成关于 x 的未知函数 $C(x)$，

即令 $y=C(x)\mathrm{e}^{-\int P(x)\mathrm{d}x}$。于是 $\frac{\mathrm{d}y}{\mathrm{d}x}=\mathrm{e}^{-\int P(x)\mathrm{d}x}C'(x)-C(x)\ P(x)\mathrm{e}^{-\int P(x)\mathrm{d}x}$，代入微分方程 $\frac{\mathrm{d}y}{\mathrm{d}x}+P(x)y=Q(x)$ 中，得 $[\mathrm{e}^{-\int P(x)\mathrm{d}x}C'(x)-C(x)P(x)\mathrm{e}^{-\int P(x)\mathrm{d}x}]+P(x)C(x)\mathrm{e}^{-\int P(x)\mathrm{d}x}=Q(x)$，从而 $\mathrm{e}^{-\int P(x)\mathrm{d}x}C'(x)=Q(x)$，所以 $C'(x)=Q(x)\mathrm{e}^{\int P(x)\mathrm{d}x}$。两边积分，得 $C(x)=\int Q(x)\mathrm{e}^{\int P(x)\mathrm{d}x}\mathrm{d}x+C$。将上式代入 $y=C(x)\mathrm{e}^{-\int P(x)\mathrm{d}x}$，得一阶非齐次线性微分方程 $\frac{\mathrm{d}y}{\mathrm{d}x}+P(x)y=Q(x)$ 的通解为 $y=\mathrm{e}^{-\int P(x)\mathrm{d}x}[\int Q(x)\mathrm{e}^{\int P(x)\mathrm{d}x}\mathrm{d}x+C]$。

想一想

一阶齐次线性微分方程的通解

$y=C\mathrm{e}^{-\int P(x)\mathrm{d}x}$

求导得

$y'=-CP(x)\mathrm{e}^{-\int P(x)\mathrm{d}x}$。

而常数变易后为

$y=C(x)\mathrm{e}^{-\int P(x)\mathrm{d}x}$，

求导时，有两项，即

$y'=-C(x)P(x)\mathrm{e}^{-\int P(x)\mathrm{d}x}+C'(x)\mathrm{e}^{-\int P(x)\mathrm{d}x}$。代入 $\frac{\mathrm{d}y}{\mathrm{d}x}+P(x)y$ 中就会多出一项 $C'(x)\mathrm{e}^{-\int P(x)\mathrm{d}x}$，正好就是等式右边的式子 $Q(x)$。

例题解析

例 1 求解微分方程 $\frac{\mathrm{d}y}{\mathrm{d}x}=x+y$ 的通解。

解 先求原微分方程所对应的齐次线性微分方程的通解，即由 $\frac{\mathrm{d}y}{\mathrm{d}x}-y=0$ 分离变量得 $\frac{\mathrm{d}y}{y}=\mathrm{d}x$，两边积分得 $y=C\mathrm{e}^x$。再用常数变易法求原方程的通解。令 $y=C(x)\mathrm{e}^x$，于是 $\frac{\mathrm{d}y}{\mathrm{d}x}=\mathrm{e}^xC'(x)+C(x)\mathrm{e}^x$，代入原微分方程 $\mathrm{e}^xC'(x)+C(x)\mathrm{e}^x=x+C(x)\mathrm{e}^x$，化简得 $C'(x)=x\mathrm{e}^{-x}$，两边积分得 $C(x)=-x\mathrm{e}^{-x}-\mathrm{e}^{-x}+C$。故原方程的通解为 $y=(-x\mathrm{e}^{-x}-\mathrm{e}^{-x}+C)\mathrm{e}^x=-x-1+C\mathrm{e}^x$。

三、一阶线性微分方程的通解公式法

一阶非齐次线性微分方程 $\frac{\mathrm{d}y}{\mathrm{d}x}+P(x)y=Q(x)$ 的通解为 $y=\mathrm{e}^{-\int P(x)\mathrm{d}x}[\int Q(x)\mathrm{e}^{\int P(x)\mathrm{d}x}\mathrm{d}x+C]$。

一阶齐次线性微分方程 $\frac{\mathrm{d}y}{\mathrm{d}x}+P(x)y=0$ 的通解为 $y=C\mathrm{e}^{-\int P(x)\mathrm{d}x}$。

例题解析

例 2 求微分方程 $\frac{\mathrm{d}y}{\mathrm{d}x}=\frac{2y}{x}+x$ 的通解。

解 由方程知 $P(x)=-\frac{2}{x}$，$Q(x)=x$，代入通解公式，得 $y=\mathrm{e}^{\int\frac{2}{x}\mathrm{d}x}(\int x\mathrm{e}^{-\int\frac{2}{x}\mathrm{d}x}\mathrm{d}x+C)=\mathrm{e}^{\ln x^2}\left[\int(x\cdot x^{-2})\mathrm{d}x+C\right]=x^2(\int\frac{\mathrm{d}x}{x}+C)=x^2(\ln x+C)$。即所求通解为 $y=x^2(\ln x+C)$。

练一练

用通解公式求解例1中微分方程 $\frac{\mathrm{d}y}{\mathrm{d}x}=x+y$ 的通解。

四、一阶线性微分方程的积分因子法

求解一阶线性微分方程，还可以用**积分因子法**。

用积分因子 $e^{\int P(x)dx}$ 同时乘以一阶非齐次线性微分方程 $\frac{dy}{dx}+P(x)y=Q(x)$ 的两边，得 $y'e^{\int P(x)dx}+yP(x)e^{\int P(x)dx}=Q(x)e^{\int P(x)dx}$。由乘法的导数公式知等式的左边是 $(ye^{\int P(x)dx})'$，由此可得 $(ye^{\int P(x)dx})'=Q(x)e^{\int P(x)dx}$，两边积分得 $ye^{\int P(x)dx}=\int Q(x)e^{\int P(x)dx}dx+C$。所以可得通解为 $y=e^{-\int P(x)dx}[\int Q(x)e^{\int P(x)dx}dx+C]$。

练一练

试用通解公式法求解例3中微分方程 $y'+y=x$ 的通解。

例题解析

例 3 求微分方程 $y'+y=x$ 的通解。

解 这里 $P(x)=1$，$Q(x)=x$。用积分因子 $e^{\int P(x)dx}=e^{\int dx}=e^x$ 同时乘以原微分方程的两边，得 $y'e^x+ye^x=xe^x$，即 $(ye^x)'=xe^x$。两边积分得 $ye^x=\int xe^x dx$，即 $ye^x=xe^x-e^x+C$。所以原微分方程的通解为 $y=x-1+Ce^{-x}$。

习题5-3

1. 下列微分方程中，是一阶线性微分方程的是（　　）。

A. $x(y')^2-2yy'+x=0$；　　B. $xy+2yy'-x=0$；

C. $y'+x^2y=0$；　　D. $(7x-6y)dx+(x+y)dy=0$。

2. 一阶非齐次微分方程 $xy'=y+x^2\sin x$ 所对应的一阶齐次微分方程为（　　）。

A. $xy'=y$；　　B. $y'=y+x^2\sin x$；

C. $y'=x\sin x$；　　D. $y'-\frac{y}{x}=x\sin x$。

3. 一阶齐次线性微分方程 $\frac{dy}{dx}+P(x)y=0$ 的通解为 $y=Ce^{-\int P(x)dx}$，常数变易后，可设 $y=$________。

4. 微分方程 $y'+P(x)y=Q(x)$ 的通解公式为________。

5. 求下列微分方程的通解。

（1）$y'+2xy=4x$；　　（2）$\frac{dy}{dx}+y=e^{-x}$；

（3）$xy'+y=x^2+3x+2$。

6. 求下列微分方程中满足初始条件的特解。

（1）$\frac{dy}{dx}+3y=8$，$y|_{x=0}=2$；

（2）$y'-y\tan x=\sec x$，$y|_{x=0}=0$；

（3）$y'+\frac{1}{x^2}y=e^{\frac{1}{x}}$，$y|_{x=1}=1$。

复习题五

一、选择题

1. 下列微分方程中是二阶微分方程的为（　　）。

A. $(x+y)\mathrm{d}x-(x-1)\mathrm{d}y=0$；　B. $(y')^2-y=0$；

C. $\dfrac{\mathrm{d}^2s}{\mathrm{d}t^2}=9.8$；　D. $yy'-y'''=\cos x$。

2. 微分方程$x+y-2+(1-x)y'=0$是（　　）。

A. 可分离变量的微分方程；　B. 一阶齐次微分方程；

C. 一阶齐次线性微分方程；　D. 一阶非齐次线性微分方程。

3. 下列微分方程中可分离变量的是（　　）。

A. $\sin(xy)\mathrm{d}x+\mathrm{e}^y\mathrm{d}y=0$；　B. $x\sin y\mathrm{d}x+y^2\mathrm{d}y=0$；

C. $(1+xy)\mathrm{d}x+y^2\mathrm{d}y=0$；　D. $\sin(x+y)\mathrm{d}x+\mathrm{e}^{xy}\mathrm{d}y=0$。

4. 下列微分方程是齐次微分方程的是（　　）。

A. $x^2y'-y=\sqrt{x^2-y^2}$；　B. $xy'-y=\sqrt{x^2+y^2}$；

C. $xy'+y^2=x^2-xy$；　D. $y'=x^3y^2+3$。

5. 微分方程$y'=y$的通解为（　　）。

A. $y=x$；　B. $y=Cx$；　C. $y=\mathrm{e}^x$；　D. $y=C\mathrm{e}^x$。

6. 给定一阶微分方程$\dfrac{\mathrm{d}y}{\mathrm{d}x}=2x$，下列结果正确的是（　　）。

A. 通解为$y=Cx^2$；

B. 通过点$(1,4)$的特解是$y=x^2-15$；

C. 满足$\int_0^1 y\mathrm{d}x=2$的解为$y=x^2+\dfrac{5}{3}$；

D. 与直线$y=2x+3$相切的解为$y=x^2+1$。

7. 下列微分方程中，以$y=\sin 2x$为特解的微分方程是（　　）。

A. $y''+y=0$；　B. $y''+2y=0$；

C. $y''+4y=0$；　D. $y''-4y=0$。

8. 一阶齐次线性微分方程$xy'-y=0$的通解为$y=Cx$，与之相对应的一阶非齐次线性微分方程$xy'-y=x$的通解通过常数变易法后，可令（　　）。

A. $y=x$；　B. $y=C(x)x$；　C. $y=C(x)x^2$；　D. $y=Cx^2$。

二、填空题

9. 微分方程$xy'''+2x^2y'^2+x^3y=x^4-1$的阶数为________。

10. 以函数$y=\mathrm{e}^{Cx^2}$（C为任意常数）为通解的微分方程可以是________。

11. 一阶非齐次线性微分方程$xy'+x^2y=1-x^2$中，$P(x)=$________，$Q(x)=$________。

12. 用积分因子法求解一阶非齐次线性微分方程$y'-y=x$时，积分因子为________。

13. 微分方程 $\frac{dy}{dx}=\frac{y}{x-y}$ 不是一阶线性微分方程。但将 x 看作因变量，而将 y 看作自变量，则可化为一阶非齐次线性微分方程________。

三、解答题

14. 求微分方程 $xy'-y\ln y=0$ 的通解。

15. 求微分方程 $(x+y)dx-xdy=0$ 的通解。

16. 求微分方程 $y'+2y=1$ 的通解。

17. 求微分方程 $y'+y\cos x=e^{-\sin x}$ 的通解。

18. 求微分方程 $(y+3)dx+\cot xdy=0$ 满足初始条件 $y|_{x=0}=1$ 的特解。

19. 求微分方程 $y'\sin^2 x=y\ln y$ 满足初始条件 $y|_{x=\frac{\pi}{2}}=e$ 的特解。

20. 求微分方程 $\frac{dy}{dx}-2y=x$ 满足初始条件 $y|_{x=0}=2$ 的特解。

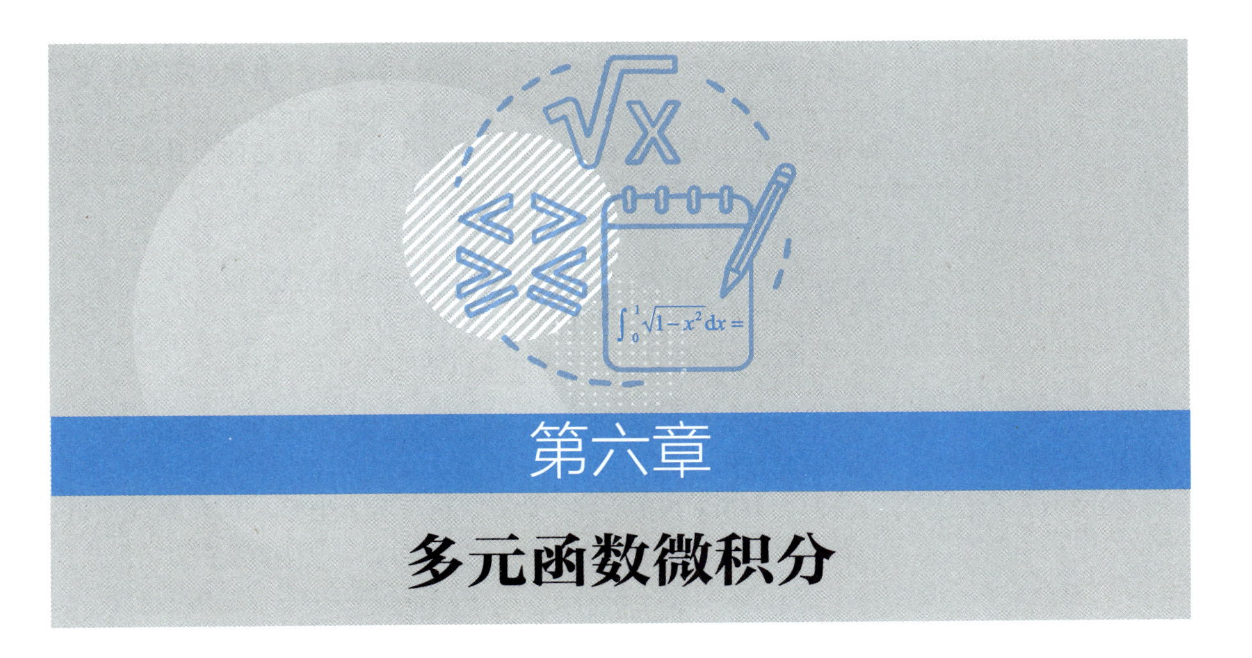

第六章 多元函数微积分

一元函数反映了一个变量依赖于另一变量的情形，而在许多实际问题中往往是一个变量依赖于多个变量的情形，从而产生了多元函数。多元函数微积分与一元函数微积分有许多相似之处，它是一元函数微积分的推广与完善。当然，它们在某些方面也存在差异。

本章中，我们将介绍多元函数的微分法及其应用，以及二元函数的积分法。

第一节 多元函数的极限和连续

本节导学

内容：（1）了解空间直角坐标系；（2）理解多元函数的相关概念；（3）会求二重极限；（4）了解二元函数的连续性。

重点：一元函数求极限的思想在二元函数求极限上的推广和应用。

难点：通过对比来理解平面直角坐标系下的一元函数与空间直角坐标系下的二元函数的相关概念。

一、空间直角坐标系

过空间一点 O 作两两相互垂直的三条数轴，依次记为 x **轴**（**横轴**）、y **轴**（**纵轴**）和 z **轴**（**竖轴**），统称为**坐标轴**。点 O 称为坐标原点。这样就构成了**空间直角坐标系**，记为 $Oxyz$ 坐标系。如图 6-1。

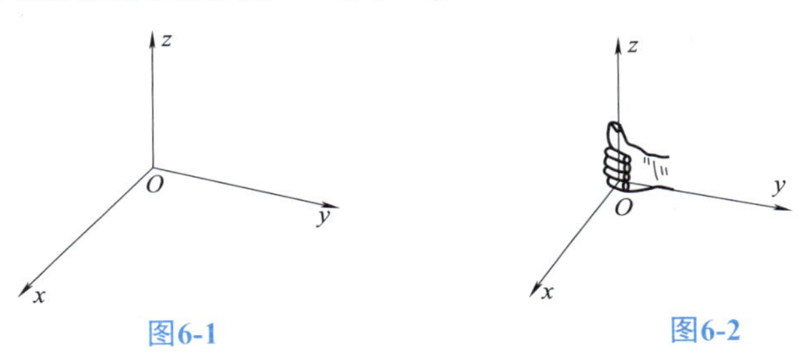

图6-1　　图6-2

三条坐标轴中的任意两条可以确定一个平面，称为**坐标面**，分别称为xOy平面、xOz平面、yOz平面。

三个坐标面将空间分成的八个部分，称为八个**卦限**。把含有三个坐标轴正半轴的那个卦限称为第Ⅰ卦限，在平面xOy上方的其他三个卦限依逆时针方向顺次称为第Ⅱ、Ⅲ、Ⅳ卦限。在这四个卦限对应平面xOy下方的卦限顺次称为第Ⅴ、Ⅵ、Ⅶ、Ⅷ卦限。

右手系规则

（1）伸开右手，让右手四指的指向为x轴的正方向；

（2）转动四指，让四指指向y轴的正方向；

（3）竖起大拇指，它所指的方向就是z轴的正方向。

通常情况下，规定空间直角坐标系满足右手系规则。如图 6-2。

练一练

对照空间两点间距离公式写出平面上两点间距离公式。

两点间距离公式

空间点M所对应的有序实数x、y、z称为**坐标**，记为$M(x,y,z)$。空间两点M_1 (x_1,y_1,z_1)、M_2 (x_2,y_2,z_2) 之间的距离d为：

$$d=\sqrt{(x_2-x_1)^2+(y_2-y_1)^2+(z_2-z_1)^2}$$

空间曲面

空间曲面S往往可用方程$F(x,y,z)=0$来表示。常见的几个曲面方程为：

（1）球面方程：$(x-a)^2+(y-b)^2+(z-c)^2=r^2$；

（2）平面方程：$Ax+By+Cz+D=0$；

（3）柱面方程：圆柱面方程$x^2+y^2=1$，抛物柱面方程 $y=x^2$ 等。

二、多元函数的概念

提 示

“元”指的是自变量。“一元”指的是只含有一个自变量。二元函数$z=f(x,y)$中，x、y是自变量，称为两个元，而z为因变量。

在实际问题中，往往会遇到多个变量之间的依赖关系，如：

（1）长方形的面积A与它的长a和宽b的关系为$A=ab$；

（2）长方体的体积V与它的长a和宽b及高c的关系为 $V=abc$。

像这样，当几个变量各取定了一个数值时，按照某种确定的对应关系，可以求得一个因变量的相应的值，这样的函数就是**多元函数**。比如：二元函数$z=f(x,y)$，三元函数$w=f(x,y,z)$，四元函数$u=f(x,y,z,w)$，…。二元及二元以上的函数都被称为多元函数。

对于二元函数$z=f(x,y)$来说，x、y称为**自变量**，z称为**因变量**（也叫函数变量）。自变量x、y的变化范围D称为**定义域**，而因变量的取值范围称为**值域**。

由xOy平面上的一条或几条曲线所围成的一部分平面或整个平面，称为平面区域，简称**区域**。围成区域的曲线称为区域的**边界**；边界上的点称为**边界点**；包含边界的区域称为**闭区域**；不包含边界的区域称为**开区域**。

如果区域能被包含在以原点为圆心的某圆内，该区域称为**有界区域**，否则称为**无界区域**。

二元函数 $z=f(x,y)$ 的定义域是指平面 xOy 上能让函数 $z=f(x,y)$ 有意义的所有点 (x,y) 的集合。从几何图形上看，函数 $z=f(x,y)$ 通常表示一张曲面，而定义域正是这张曲面在 xOy 平面上的投影曲线所围成的区域。如图 6-3。

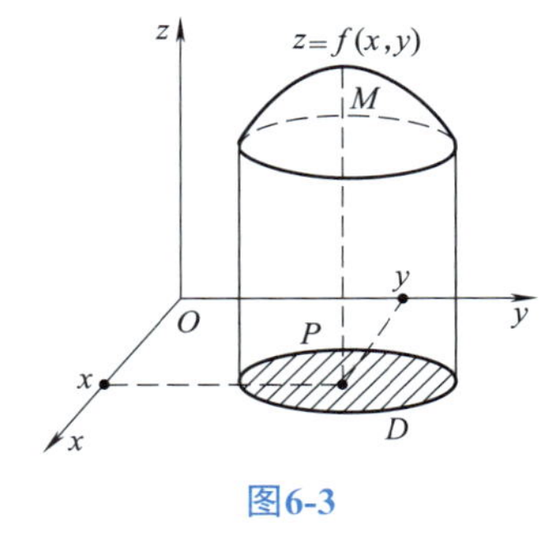

图6-3

提　示

曲面 $z=f(x,y)$ 在 xOy 平面上的投影曲线可表示为 $\begin{cases} f(x,y)=0 \\ z=0 \end{cases}$。

例题解析

例 1　求 $z=\ln(x+y)$ 的定义域。

解　函数 $z=\ln(x+y)$ 的定义域为 $\{(x,y)|x+y>0\}$。

例 2　求函数 $z=\ln(y-x)+\dfrac{\sqrt{x}}{\sqrt{1-x^2-y^2}}$ 的定义域。

解　所求定义域为 $\left\{(x,y)\middle|\begin{cases} y-x>0 \\ x\geqslant 0 \\ x^2+y^2<1 \end{cases}\right\}$。

例 3　已知函数 $z=\sqrt{9-x^2-y^2}$，求 $z(-2,1)$。

解　$z(-2,1)=\sqrt{9-(-2)^2-1^2}=2$。

例 4　已知 $f(x,y)=\dfrac{2xy}{x^2+y^2}$，求 $f\left(1,\dfrac{y}{x}\right)$。

解　$f\left(1,\dfrac{y}{x}\right)=\dfrac{2\times 1\times\dfrac{y}{x}}{1^2+\left(\dfrac{y}{x}\right)^2}=\dfrac{2xy}{x^2+y^2}$。

提　示

二元函数中的定义域用区域表示，代表的是许多点 (x,y) 组成的集合。

注　意

多元函数中最典型的是二元函数，而二元函数的微积分大多能从一元函数的微积分中推广得到。

三、二元函数的极限

定义　设函数 $z=f(x,y)$ 在点 $P_0(x_0,y_0)$ 的某一去心邻域内有定义，如果动点 $P(x,y)$ 以任意方式趋近于点 $P_0(x_0,y_0)$ 时，函数的对应值 $f(x,y)$ 总趋近于一个确定的常数 A，则称 A 为函数 $z=f(x,y)$ 当

$(x,y)\to(x_0,y_0)$时的**极限**。记作 $\lim\limits_{(x,y)\to(x_0,y_0)} f(x,y)=A$ 或 $\lim\limits_{\substack{x\to x_0\\ y\to y_0}} f(x,y)=A$。

二元函数的极限也被称为**二重极限**。

求二重极限的方法

一元函数求极限的方法可以一一引入到二重极限，但同时也要注意到多方向趋近固定点时是否为唯一的常数的问题。若有唯一的常数A，则有极限A。否则就没有极限。

注 意

一元函数$y=f(x)$中的动点x在x轴上趋近定点x_0时只有两个方向：一个是左方趋近，另一个是右方趋近。但是，二元函数$z=f(x,y)$中的动点(x,y)在xOy平面上趋近于定点(x_0,y_0)却有无数多个方向。

例题解析

例 5　求 $\lim\limits_{\substack{x\to 1\\ y\to 2}}\dfrac{x+y}{3x^2-2xy+y^2}$。

解　原式$=\dfrac{1+2}{3\times1^2-2\times1\times2+2^2}=1$。

例 6　求 $\lim\limits_{\substack{x\to 0\\ y\to 2}}\dfrac{\sin(xy)}{x}$。

解　原式$=\lim\limits_{\substack{x\to 0\\ y\to 2}}\left[\dfrac{\sin(xy)}{xy}y\right]=\lim\limits_{\substack{x\to 0\\ y\to 2}}\dfrac{\sin(xy)}{xy}\lim\limits_{y\to 2}y=1\times2=2$。

提 示

例6中将xy看成一个整体。此时应用重要极限 $\lim\limits_{X\to 0}\dfrac{\sin\square}{\square}=1$，得到 $\lim\limits_{\substack{x\to 0\\ y\to 2}}\dfrac{\sin(xy)}{xy}=1$。

例7中无穷小与有界函数的乘积仍然是无穷小。

例 7　设$f(x,y)=(x^2+y^2)\sin\dfrac{1}{x^2+y^2}$　$(x^2+y^2\neq0)$，求 $\lim\limits_{\substack{x\to 0\\ y\to 0}} f(x,y)$。

解　当$x\to0$，$y\to0$时，$x^2+y^2\to0$，x^2+y^2为无穷小，此时$\sin\dfrac{1}{x^2+y^2}$为有界函数。故 $\lim\limits_{\substack{x\to 0\\ y\to 0}} f(x,y)=\lim\limits_{\substack{x\to 0\\ y\to 0}}(x^2+y^2)\sin\dfrac{1}{x^2+y^2}=0$。

想一想

极限存在是指 $\lim\limits_{\substack{x\to x_0\\ y\to y_0}} f(x,y)$ 有唯一的常数。这里强调了唯一常数。

例 8　求 $\lim\limits_{\substack{x\to 0\\ y\to 0}}\dfrac{xy}{x^2+y^2}$。

解　令$y=kx$，于是原式$=\lim\limits_{x\to 0}\dfrac{x\times kx}{x^2+(kx)^2}=\dfrac{k}{1+k^2}$。

由于k的任意性，所以$\dfrac{k}{1+k^2}$不恒定。故 $\lim\limits_{\substack{x\to 0\\ y\to 0}}\dfrac{xy}{x^2+y^2}$ 无极限。

提 示

例8中，为什么这里设置的曲线是$y=kx$呢？请抓住两点：（1）以任意方向趋近于固定点的曲线必须要经过固定点。（2）同时代入极限式中，计算后能消去自变量，只留下关于k的代数式。

四、二元函数的连续性

定义　如果当$(x,y)\to(x_0,y_0)$时，函数$f(x,y)$的极限存在，且等于它在该点处的函数值$f(x_0,y_0)$，则称函数$f(x,y)$在点(x_0,y_0)处**连续**，点(x_0,y_0)也称为函数$f(x,y)$的一个**连续点**。否则就称为函数$f(x,y)$的**间断点**。

如果函数$f(x,y)$在区域D内的每一点都连续，那么就称函数在D内连续。一切多元初等函数在其定义域内都是连续的。在有界闭区间

D 上连续的多元函数必有最大值和最小值。

重要结论

函数 $f(x,y)$ 在 (x_0,y_0) 处连续 $\Leftrightarrow \lim\limits_{\substack{x\to x_0\\ y\to y_0}} f(x,y)=f(x_0,y_0)$。

习题6-1

1. 下列点中位于第Ⅶ卦限的是（　　）。

A. $(1,3,4)$；　　B. $(-1,3,4)$；

C. $(-1,-3,4)$；　　D. $(-1,-3,-4)$。

2. 已知 $f(x-2,y+1)=x^2-3xy-y^2+5$，则 $f(0,0)=$（　　）。

A. 5；　　B. 10；　　C. 14；　　D. 2。

3. 设 $f(x,y)=\dfrac{y}{x+y}$，则 $\lim\limits_{(x,y)\to(0,0)} f(x,y)=$（　　）。

A. 不存在；　　B. 0；　　C. $\dfrac{1}{2}$；　　D. ∞。

4. 空间上两点 P_1 $(1,1,1)$ 与 P_2 $(2,2,3)$ 的距离为______。

5. 方程 $x^2+y^2+z^2=1$ 所表示的曲面是______。

6. 方程 $z=0$ 所表示的曲面是______。

7. 求下列函数的定义域。

（1）$z=\dfrac{1}{\sqrt{2-x^2-y^2}}$；　　（2）$z=\arcsin(1-y)+\ln(x-y)$；

（3）$z=\ln(y^2-2x+1)$；　　（4）$z=\sqrt{1-x^2}+\sqrt{y^2-1}$。

8. 设 $f(x,y)=\dfrac{y}{x^2+y^2}$，求 $f(0,1)$。

9. 设 $f(x+y,x-y)=x^2-y^2$，求 $f(x,y)$。

10. 求 $\lim\limits_{\substack{x\to 1\\ y\to 2}}\dfrac{x+y}{x-y}$。　　11. 求 $\lim\limits_{\substack{x\to 0\\ y\to 0}}\dfrac{\sqrt{xy+1}-1}{xy}$。

12. 求 $\lim\limits_{\substack{x\to 0\\ y\to 2}}(1+xy)^{\frac{1}{x}}$。　　13. 求 $\lim\limits_{\substack{x\to 0\\ y\to 0}}\dfrac{x+y}{x-y}$。

第二节　多元函数的求导

本节导学

内容：（1）偏导数与高阶偏导数；（2）会求多元复合函数的偏导数；（3）会求隐函数的偏导数。

重点：会求偏导数或全导数。

难点：通过树杈图来理解多元复合函数的链式法则。

一、偏导数

1. 偏导数的定义

设函数 $z=f(x,y)$ 在点 (x_0,y_0) 的某一邻域内有定义，当 y 固定在 y_0 处，而 x 在 x_0 处有增量 Δx 时，相应的函数的增量为 $\Delta z_x=f(x_0+\Delta x,y_0)-f(x_0,y_0)$。如果 $\lim\limits_{\Delta x\to 0}\dfrac{\Delta z_x}{\Delta x}=\lim\limits_{\Delta x\to 0}\dfrac{f(x_0+\Delta x,y_0)-f(x_0,y_0)}{\Delta x}$ 存在，则称此极限为函数

注　意

偏导数记号 $\frac{\partial z}{\partial x}$ 是一个整体，不能孤立地分开成 ∂z 与 ∂x 去理解。

$z=f(x,y)$ 在点 (x_0,y_0) 处**对 x 的偏导数**，记作 $\left.\frac{\partial z}{\partial x}\right|_{(x_0,y_0)}$，$\left.\frac{\partial f}{\partial x}\right|_{(x_0,y_0)}$，$f'_x(x_0,y_0)$ 或 $z'_x(x_0,y_0)$。即 $f'_x(x_0,y_0)=\lim\limits_{\Delta x\to 0}\frac{f(x_0+\Delta x,y_0)-f(x_0,y_0)}{\Delta x}$。

类似地，可以定义函数 $z=f(x,y)$ 在点 (x_0,y_0) 处**对 y 的偏导数**，即 $f'_y(x_0,y_0)=\lim\limits_{\Delta y\to 0}\frac{f(x_0,y_0+\Delta y)-f(x_0,y_0)}{\Delta y}$，记作 $\left.\frac{\partial z}{\partial y}\right|_{(x_0,y_0)}$，$\left.\frac{\partial f}{\partial y}\right|_{(x_0,y_0)}$，$f'_y(x_0,y_0)$ 或 $z'_y(x_0,y_0)$。

如果函数 $z=f(x,y)$ 在点 (x_0,y_0) 处对 x 和 y 的偏导数都存在时，我们称 $f(x,y)$ 在点 (x_0,y_0) 处可偏导。

提　示

记号 $f'_x(x,y)$ 可以简写为 f'_x。即 $f'_x=f'_x(x,y)$。

如果函数 $z=f(x,y)$ 在区域 D 内每一点 (x,y) 都可偏导，$f(x,y)$ 关于 x 和 y 的偏导数仍然是 x、y 的函数，就称它们为 $f(x,y)$ 的**偏导函数**，记为 f'_x，$\frac{\partial z}{\partial x}$，$\frac{\partial f}{\partial x}$ 或 z'_x；f'_y，$\frac{\partial z}{\partial y}$，$\frac{\partial f}{\partial y}$ 或 z'_y。

想一想

三元函数 $u=f(x,y,z)$ 求偏导的方法是怎样的？

在不至于混淆的情况下，常把偏导函数简称为**偏导数**。

对于二元以上的函数，可以用同样的方法定义偏导数。例如三元函数 $w=f(x,y,z)$ 处对 x 的偏导数可定义为 $f'_x(x,y,z)=\lim\limits_{\Delta x\to 0}\frac{f(x+\Delta x,y,z)-f(x,y,z)}{\Delta x}$。

二元函数 $z=f(x,y)$ **求偏导数的方法：**

对 x 求偏导数，将变量 y 看为常数，只将 x 看为自变量去求导。
对 y 求偏导数，将变量 x 看为常数，只将 y 看为自变量去求导。

提　示

求固定点处的偏导数的步骤：

（1）求出流动点处的偏导数；

（2）代入固定点处的具体数值进行计算，从而得到固定点的偏导数。

例题解析

例 1　求 $z=x^2+3xy+y^2$ 在点 $(1,2)$ 处的偏导数。

解　$\frac{\partial z}{\partial x}=2x+3y$，$\frac{\partial z}{\partial y}=3x+2y$。

$\left.\frac{\partial z}{\partial x}\right|_{(1,2)}=2\times1+3\times2=8$，$\left.\frac{\partial z}{\partial y}\right|_{(1,2)}=3\times1+2\times2=7$。

例 2　设 $z=x^y\quad(x>0,x\neq1)$，求证：$\frac{x}{y}\frac{\partial z}{\partial x}+\frac{1}{\ln x}\frac{\partial z}{\partial y}=2z$。

证明　$\frac{\partial z}{\partial x}=yx^{y-1}$，$\frac{\partial z}{\partial y}=x^y\ln x$。

$\frac{x}{y}\frac{\partial z}{\partial x}+\frac{1}{\ln x}\frac{\partial z}{\partial y}=\frac{x}{y}yx^{y-1}+\frac{1}{\ln x}x^y\ln x=2x^y=2z$。

练一练

求 $f(x,y)=3x^2y-2xy^3+2x-y$ 的偏导数 $f'_x(x,y)$ 与 $f'_y(x,y)$。

例 3　求 $r=\sqrt{x^2+y^2+z^2}$ 的偏导数。

解　$\frac{\partial r}{\partial x}=\frac{2x}{2\sqrt{x^2+y^2+z^2}}=\frac{x}{\sqrt{x^2+y^2+z^2}}$；

$$\frac{\partial r}{\partial y}=\frac{2y}{2\sqrt{x^2+y^2+z^2}}=\frac{y}{\sqrt{x^2+y^2+z^2}};$$

$$\frac{\partial r}{\partial z}=\frac{2z}{2\sqrt{x^2+y^2+z^2}}=\frac{z}{\sqrt{x^2+y^2+z^2}}。$$

例 4 已知理想气体的状态方程 $PV=RT$（R 为常量）。求证：$\frac{\partial P}{\partial V}\frac{\partial V}{\partial T}\frac{\partial T}{\partial P}=-1$。

证明 因为 $P=\frac{RT}{V}$，$\frac{\partial P}{\partial V}=-\frac{RT}{V^2}$；$V=\frac{RT}{p}$，$\frac{\partial V}{\partial T}=\frac{R}{P}$；$T=\frac{PV}{R}$，$\frac{\partial T}{\partial P}=\frac{V}{R}$。所以 $\frac{\partial P}{\partial V}\frac{\partial V}{\partial T}\frac{\partial T}{\partial P}=-\frac{RT}{V^2}\times\frac{R}{P}\times\frac{V}{R}=-\frac{RT}{PV}=-1$。

提 示

例 4 中 $\frac{\partial P}{\partial V}$ 只能由 $P=\frac{RT}{V}$ 得到，因为这二者都是让 P 作函数变量。同样，$\frac{\partial V}{\partial T}$ 只能由 $V=\frac{RT}{p}$ 得到；$\frac{\partial T}{\partial P}$ 只能由 $T=\frac{PV}{R}$ 得到。

2. 二元函数偏导数的几何意义

设 $M_0\ \left(x_0,y_0,f(x_0,y_0)\right)$ 为曲面 $z=f(x,y)$ 上的一点，过点 M_0 作平面 $y=y_0$，截此曲面得一曲线 $\begin{cases}z=f(x,y)\\y=y_0\end{cases}$。偏导数 $f_x(x_0,y_0)$ 就是该曲线在点 M_0 处的切线对 x 轴的斜率。同样，偏导数 $f_y(x_0,y_0)$ 就是该曲线在点 M_0 处的切线对 y 轴的斜率。

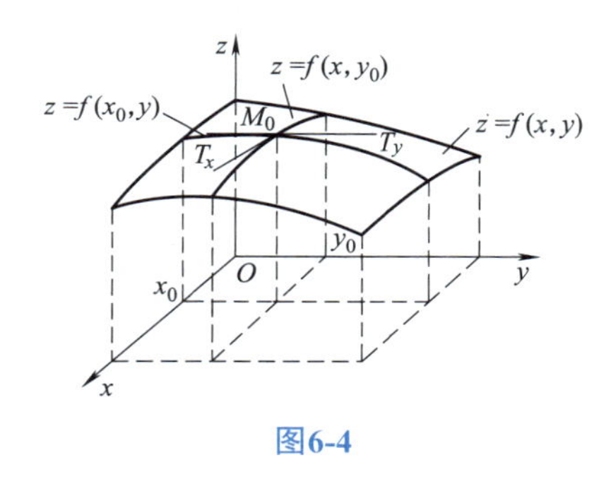

图6-4

3. 高阶偏导数

设函数 $z=f(x,y)$ 在区域 D 内具有偏导数 $\frac{\partial z}{\partial x}=f_x'(x,y)$，$\frac{\partial z}{\partial y}=f_y'(x,y)$。一般说来，在 D 内 $f_x'(x,y)$、$f_y'(x,y)$ 仍然是 x、y 的函数。如果这两个函数的偏导数也存在，则称它们是函数 $z=f(x,y)$ 的二阶偏导数。依照对变量求导的次序不同，二元函数有下列四个二阶偏导数：

$$\frac{\partial}{\partial x}\left(\frac{\partial z}{\partial x}\right)=\frac{\partial^2 z}{\partial x^2}=f_{xx}'';\quad \frac{\partial}{\partial y}\left(\frac{\partial z}{\partial x}\right)=\frac{\partial^2 z}{\partial x\partial y}=f_{xy}'';$$

$$\frac{\partial}{\partial x}\left(\frac{\partial z}{\partial y}\right)=\frac{\partial^2 z}{\partial y\partial x}=f_{yx}'';\quad \frac{\partial}{\partial y}\left(\frac{\partial z}{\partial y}\right)=\frac{\partial^2 z}{\partial y^2}=f_{yy}''。$$

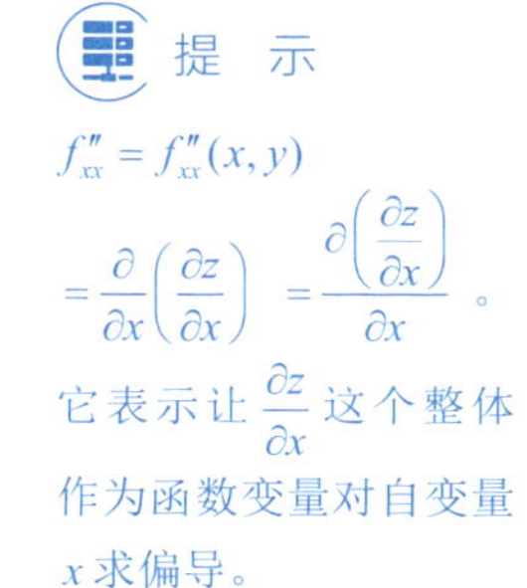

提 示

$f_{xx}''=f_{xx}''(x,y)$

$=\frac{\partial}{\partial x}\left(\frac{\partial z}{\partial x}\right)=\frac{\partial\left(\frac{\partial z}{\partial x}\right)}{\partial x}$。

它表示让 $\frac{\partial z}{\partial x}$ 这个整体作为函数变量对自变量 x 求偏导。

其中 f_{xy}'' 和 f_{yx}'' 称为**二阶混合偏导数**。

同样可得三阶、四阶以及 n 阶偏导数。

通常把二阶及二阶以上的各阶偏导数统称为**高阶偏导数**。而 f_x' 与

f'_y 又可称为函数 $z=f(x,y)$ 的**一阶偏导数**。

练一练

设 $z=x^2y^2-3x-y$，求 z''_{xy} 与 z''_{yx}。

注 意

二阶混合偏导数在连续的条件下与求导的次序无关，其结果都是相等的。

例题解析

例 5 设 $z=x^3y^2-3xy^2-xy+1$，求 $\dfrac{\partial^2 z}{\partial x^2}$、$\dfrac{\partial^2 z}{\partial x\partial y}$、$\dfrac{\partial^2 z}{\partial y\partial x}$、$\dfrac{\partial^2 z}{\partial y^2}$ 及 $\dfrac{\partial^3 z}{\partial x^3}$。

解 $\dfrac{\partial z}{\partial x}=3x^2y^2-3y^2-y$，$\dfrac{\partial z}{\partial y}=2x^3y-6xy-x$；$\dfrac{\partial^2 z}{\partial x^2}=6xy^2$，

$\dfrac{\partial^2 z}{\partial x\partial y}=6x^2y-6y-1$，$\dfrac{\partial^2 z}{\partial y\partial x}=6x^2y-6y-1$，$\dfrac{\partial^2 z}{\partial y^2}=2x^3-6x$，$\dfrac{\partial^3 z}{\partial x^3}=6y^2$。

二、多元复合函数的求导

1. 多元复合函数

前面我们学习过一元复合函数 $y=f[u(x)]$。同样，设 $z=f(u,v)$，$u=u(x,y)$，$v=v(x,y)$，则称 $z=f[u(x,y),v(x,y)]$ 是**二元复合函数**。其中 x、y 是自变量元，u、v 是中间变量。二元及二元以上的复合函数称为**多元复合函数**。多元复合函数的求导实际是一元复合函数求导的推广。

2. 树杈图

为了更好地掌握多元复合函数的结构图，我们常常形象地把它画成**树杈图**。比如：

（1）$z=f(u,v)$，$u=u(x,y)$，$v=v(x,y)$。如图 6-5。

（2）$w=f[u(x,y),v(x,y),z(x,y)]$。如图 6-6。

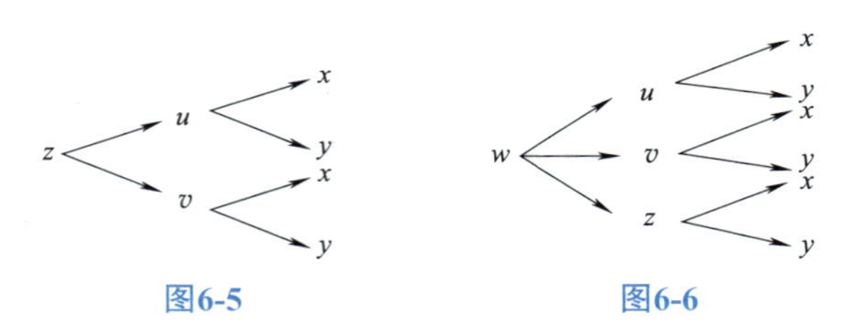

图6-5　　图6-6

注 意

由于函数 $v=v(x)$ 里只有一个自变量，所以就只有导数 $\dfrac{dv}{dx}$，而不存在偏导数 $\dfrac{\partial v}{\partial x}$。

（3）$w=f[u(x,y,z),v(x)]$。如图 6-7。

（4）$z=f[u(t),v(t),t]$。如图 6-8。

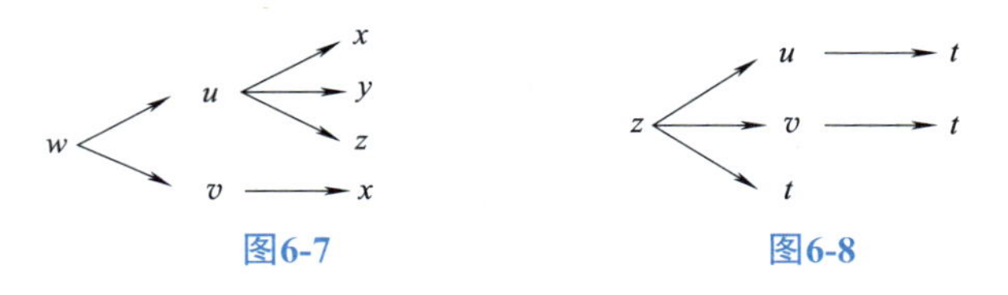

图6-7　　图6-8

从树杈图上可以清楚地看到哪些是中间变量，哪些是自变量，从

函数变量开始到每一个自变量各有几条路径。

3. 链式法则

多元复合函数对某个自变量的偏导数等于对这个自变量的各条路径的偏导数之和。

如二元复合函数 $z=f[u(x,y),v(x,y)]$ 的偏导数为：

$$\frac{\partial z}{\partial x}=\frac{\partial z}{\partial u}\frac{\partial u}{\partial x}+\frac{\partial z}{\partial v}\frac{\partial v}{\partial x}\ ;\quad \frac{\partial z}{\partial y}=\frac{\partial z}{\partial u}\frac{\partial u}{\partial y}+\frac{\partial z}{\partial v}\frac{\partial v}{\partial y}\text{。}$$

三元复合函数 $w=f[u(x,y,z),v(x)]$ 的偏导数为：

$$\frac{\partial w}{\partial x}=\frac{\partial w}{\partial u}\frac{\partial u}{\partial x}+\frac{\partial w}{\partial v}\frac{\partial v}{\partial x}\ ;\quad \frac{\partial w}{\partial y}=\frac{\partial w}{\partial u}\frac{\partial u}{\partial y}\ ;\quad \frac{\partial w}{\partial z}=\frac{\partial w}{\partial u}\frac{\partial u}{\partial z}\text{。}$$

我们形象地称这些多元复合函数的求偏导法则为**链式法则**。

当然，不同结构的多元复合函数的链式法则是不一样的，这点从它的树杈图上可以清楚地看出来。我们也能根据它的树杈图写出相应的链式法则。

例题解析

例 6 设 $z=\mathrm{e}^u\sin v$，而 $u=xy$，$v=x+y$，求 $\frac{\partial z}{\partial x}$ 和 $\frac{\partial z}{\partial y}$。

解 $\frac{\partial z}{\partial u}=\mathrm{e}^u\sin v$，$\frac{\partial z}{\partial v}=\mathrm{e}^u\cos v$；$\frac{\partial u}{\partial x}=y$，$\frac{\partial u}{\partial y}=x$；$\frac{\partial v}{\partial x}=1$，$\frac{\partial v}{\partial y}=1$。故 $\frac{\partial z}{\partial x}=\frac{\partial z}{\partial u}\frac{\partial u}{\partial x}+\frac{\partial z}{\partial v}\frac{\partial v}{\partial x}=\mathrm{e}^u\sin v\times y+\mathrm{e}^u\cos v\times 1=\mathrm{e}^{xy}[y\sin(x+y)+\cos(x+y)]$；$\frac{\partial z}{\partial y}=\frac{\partial z}{\partial u}\frac{\partial u}{\partial y}+\frac{\partial z}{\partial v}\frac{\partial v}{\partial y}=\mathrm{e}^u\sin v\times x+\mathrm{e}^u\cos v\times 1=\mathrm{e}^{xy}[x\sin(x+y)+\cos(x+y)]$。

例 7 设 $u=f(x,y,z)=\mathrm{e}^{x^2+y^2+z^2}$，而 $z=x^2\sin y$，求 $\frac{\partial u}{\partial x}$ 和 $\frac{\partial u}{\partial y}$。

解 $\frac{\partial f}{\partial x}=2x\mathrm{e}^{x^2+y^2+z^2}$，$\frac{\partial f}{\partial y}=2y\mathrm{e}^{x^2+y^2+z^2}$，$\frac{\partial f}{\partial z}=2z\mathrm{e}^{x^2+y^2+z^2}$；

$\frac{\partial z}{\partial x}=2x\sin y$，$\frac{\partial z}{\partial y}=x^2\cos y$。故 $\frac{\partial u}{\partial x}=\frac{\partial f}{\partial x}+\frac{\partial f}{\partial z}\cdot\frac{\partial z}{\partial x}=2x\mathrm{e}^{x^2+y^2+z^2}+2z\mathrm{e}^{x^2+y^2+z^2}\times 2x\sin y=\mathrm{e}^{x^2+y^2+z^2}(2x+4xz\sin y)$；$\frac{\partial u}{\partial y}=\frac{\partial f}{\partial y}+\frac{\partial f}{\partial z}\cdot\frac{\partial z}{\partial y}=2y\mathrm{e}^{x^2+y^2+z^2}+2z\mathrm{e}^{x^2+y^2+z^2}\times x^2\cos y=\mathrm{e}^{x^2+y^2+z^2}(2y+2x^2z\cos y)$。

例 8 设 $z=\mathrm{e}^u+\sin v$，而 $u=x^2+3y^2$，$v=2y^2-y$，求 $\frac{\partial z}{\partial x}$ 和 $\frac{\partial z}{\partial y}$。

解 $\frac{\partial z}{\partial u}=\mathrm{e}^u$，$\frac{\partial z}{\partial v}=\cos v$；$\frac{\partial u}{\partial x}=2x$，$\frac{\partial u}{\partial y}=6y$；$\frac{\mathrm{d}v}{\mathrm{d}y}=4y-1$。

练一练

设 $z=u^2v$，而 $u=xy$，$v=x-y$。求 $\frac{\partial z}{\partial v}$ 和 $\frac{\partial u}{\partial y}$。

注　意

例7中，区分整体对 x 或 y 的偏导与部分对 x 或 y 的偏导在记号上的差异：$\frac{\partial u}{\partial x}$ 代表整体对 x 的偏导，而 $\frac{\partial f}{\partial x}$ 仅仅只代表对 u 中的第一条路径为 x 的偏导。

练一练

请画出例8与例9的树杈图。

故 $\frac{\partial z}{\partial x}=\frac{\partial z}{\partial u}\frac{\partial u}{\partial x}=\mathrm{e}^{u}\times 2x=2x\mathrm{e}^{x^{2}+3y^{2}}$ ； $\frac{\partial z}{\partial y}=\frac{\partial z}{\partial u}\frac{\partial u}{\partial y}+\frac{\partial z}{\partial v}\frac{dv}{\mathrm{d}y}=\mathrm{e}^{u}\times 6y+\cos v(4y-1)=6y\mathrm{e}^{x^{2}+3y^{2}}+(4y-1)\cos(2y^{2}-y)$。

例 9 设 $z=uv+\sin t$，而 $u=\mathrm{e}^{t}$， $v=\cos t$，求全导数 $\frac{\mathrm{d}z}{\mathrm{d}t}$。

解 $\frac{\partial z}{\partial u}=v$， $\frac{\partial z}{\partial v}=u$， $\frac{\partial z}{\partial t}=\cos t$； $\frac{\mathrm{d}u}{\mathrm{d}t}=\mathrm{e}^{t}$， $\frac{\mathrm{d}v}{\mathrm{d}t}=-\sin t$。

故 $\frac{\mathrm{d}z}{\mathrm{d}t}=\frac{\partial z}{\partial u}\frac{\mathrm{d}u}{\mathrm{d}t}+\frac{\partial z}{\partial v}\frac{\mathrm{d}v}{\mathrm{d}t}+\frac{\partial z}{\partial t}=v\mathrm{e}^{t}+u(-\sin t)+\cos t=\mathrm{e}^{t}\cos t-\mathrm{e}^{t}\sin t+\cos t$。

复合函数 $z=f[u(t),v(t),w(t)]$ 实际上是 t 的一元函数，所以对 t 的导数 $\frac{\mathrm{d}z}{\mathrm{d}t}$ 称为**全导数**。

三、隐函数的求导公式

一元函数中我们学习了隐函数的求导方法。对于多元隐函数，我们可以应用多元复合函数的求导法则得到隐函数的求导公式。

设方程 $F(x,y,z)=0$ 确定了隐函数 $z=z(x,y)$。$F(x,y,z)$ 具有连续偏导数 F'_x、F'_y、F'_z，且 $F'_z\neq 0$。将 $z=z(x,y)$ 带入 $F(x,y,z)=0$ 中，得 $F[x,y,z(x,y)]=0$。两边都对 x 求偏导数得 $F'_x+F'_z\frac{\partial z}{\partial x}=0$，故 $\frac{\partial z}{\partial x}=-\frac{F'_x}{F'_z}$；两边都对 y 求偏导数得 $F'_y+F'_z\frac{\partial z}{\partial y}=0$，故 $\frac{\partial z}{\partial y}=-\frac{F'_y}{F'_z}$。

于是得到了二元隐函数 $F(x,y,z)=0$ 的**求偏导公式**：

$$\frac{\partial z}{\partial x}=-\frac{F'_x}{F'_z}，\quad \frac{\partial z}{\partial y}=-\frac{F'_y}{F'_z}。$$

同理可推广到多元隐函数中，如三元隐函数 $F(x,y,z,w)=0$ 的**求偏导公式**：

$$\frac{\partial w}{\partial x}=-\frac{F'_x}{F'_w}，\quad \frac{\partial w}{\partial y}=-\frac{F'_y}{F'_w}，\quad \frac{\partial w}{\partial z}=-\frac{F'_z}{F'_w}。$$

想一想

一元隐函数 $F(x,y)=0$ 的导数公式为 $\frac{\mathrm{d}y}{\mathrm{d}x}=-\frac{F'_x}{F'_y}$。

例题解析

例 10 设 $x^{2}+y^{2}+z^{2}-14z=0$，求 $\frac{\partial z}{\partial x}$ 和 $\frac{\partial z}{\partial y}$。

解 令 $F(x,y,z)=x^{2}+y^{2}+z^{2}-14z$，则 $F'_x=2x$， $F'_y=2y$， $F'_z=2z-14$。故 $\frac{\partial z}{\partial x}=-\frac{F'_x}{F'_z}=-\frac{2x}{2z-14}=\frac{x}{7-z}$， $\frac{\partial z}{\partial y}=-\frac{F'_y}{F'_z}=-\frac{2y}{2z-14}=\frac{y}{7-z}$。

例 11 给定方程$x^2+y^2=4$，求由此确定的y为x的函数的导数$\frac{\mathrm{d}y}{\mathrm{d}x}$。

解 令$F(x,y)=x^2+y^2-4$，则$F'_x=2x$，$F'_y=2y$。

故$\frac{\mathrm{d}y}{\mathrm{d}x}=-\frac{F'_x}{F'_y}=-\frac{2x}{2y}=-\frac{x}{y}$。

习题6-2

1. 设$z=f(x,y)$，则偏导数$\left.\frac{\partial z}{\partial y}\right|_{(x_0,y_0)}$等于（　　）。

A. $\lim\limits_{\Delta y\to 0}\frac{f(x_0+\Delta x,y_0+\Delta y)-f(x_0,y_0)}{\Delta y}$；

B. $\lim\limits_{\Delta y\to 0}\frac{f(x_0,y_0+\Delta y)-f(x_0,y_0)}{\Delta y}$；

C. $\lim\limits_{\Delta x\to 0}\frac{f(x_0+\Delta x,y_0)-f(x_0,y_0)}{\Delta x}$；

D. $\lim\limits_{\Delta y\to 0}\frac{f(x_0,y_0+\Delta y)}{\Delta y}$。

2. 设$z=f(x,v)$，$v=\varphi(x,y)$，其中f、φ都具有一阶连续偏导数，则$\frac{\partial z}{\partial x}$等于（　　）。

A. $\frac{\partial f}{\partial x}$；　　B. $\frac{\partial f}{\partial x}+\frac{\partial \varphi}{\partial x}$；

C. $\frac{\partial f}{\partial x}+\frac{\partial f}{\partial v}\frac{\partial \varphi}{\partial x}$；　　D. $\frac{\partial f}{\partial x}+\frac{\partial f}{\partial v}\frac{\partial \varphi}{\partial x}+\frac{\partial y}{\partial x}$。

3. 设$z=uv^2$，而$u=x^2-y^2$，$v=\frac{x}{y}$，则$\frac{\partial v}{\partial x}=$__________，$\frac{\partial u}{\partial y}=$__________。

4. 设函数$z=z(x,y)$由方程$\mathrm{e}^z-xyz=0$所确定，则$\frac{\partial z}{\partial x}=$__________，$\frac{\partial z}{\partial y}=$__________。

5. 求下列函数的偏导数。

（1）$z=x^3+2x^2y-xy^2+y^3$；　　（2）$f(x,y)=xy-\frac{x}{y}$；

（3）$f(x,y)=\arctan\frac{x}{y}$；　　（4）$u=\frac{xy}{z}$。

6. 设$f(x,y)=x^2y^2-2y+1$，求$f'_x(1,2)$，$f'_y(0,1)$。

7. 设函数$z=\ln(\sqrt{x}+\sqrt{y})$，验证$x\frac{\partial z}{\partial x}+y\frac{\partial z}{\partial y}=\frac{1}{2}$。

8. 求$f(x,y)=x^2y^2-2x$的二阶偏导数。

9. 求$z=x\ln(x+y)$的二阶偏导数。

10. 设$z=u^2+uv+v^2$，而$u=x+y$，$v=x-y$，求$\frac{\partial z}{\partial x}$和$\frac{\partial z}{\partial y}$。

11. 设$z=\mathrm{e}^{x-2y}$，而$x=\sin t$，$y=t^3$，求全导数$\frac{\mathrm{d}z}{\mathrm{d}t}$。

12. 设$x+2y+2z-2\sqrt{xyz}=0$，求$\frac{\partial z}{\partial x}$和$\frac{\partial z}{\partial y}$。

13. 设$x^2-4x+y^2-2z^2=0$，求$\frac{\partial x}{\partial y}$和$\frac{\partial x}{\partial z}$。

14. 设$xy-\ln y=a$，求$\frac{\mathrm{d}y}{\mathrm{d}x}$。

本节导学

内容：（1）理解全微分及其相关概念；（2）会求全微分；（3）会运用全微分求近似值。

重点：会求全微分。

难点：利用全微分进行近似计算。

第三节　全微分及其近似计算

一、全微分

设矩形铁板的长为x，宽为y，其面积$A=xy$。当铁板加热时膨胀，长增加了Δx，宽增加了Δy，如图6-9。称$(x+\Delta x)(y+\Delta y)-xy=y\Delta x+x\Delta y+\Delta x\Delta y$为面积$A$的**全增量**，记为$\Delta A$，即$\Delta A=(x+\Delta x)(y+\Delta y)-xy=y\Delta x+x\Delta y+\Delta x\Delta y$。

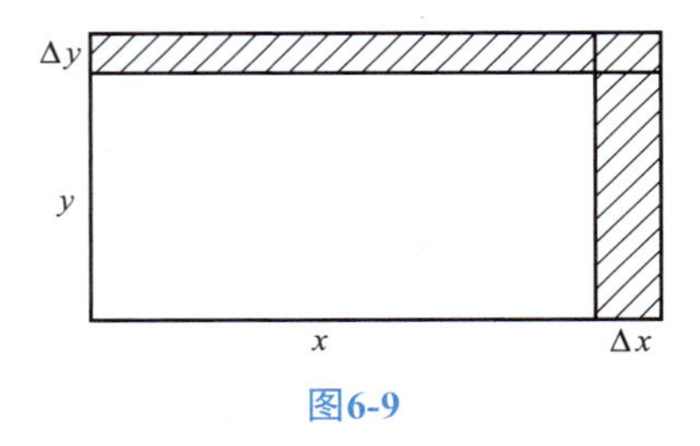

图6-9

想一想

一元函数中的函数的微分与增量是怎样的？它们之间有何关系？如何理解二元函数中的全微分是一元函数微分的推广？

显然全增量的主要部分为$y\Delta x+x\Delta y$。我们称它为函数$A=xy$在点(x,y)处的**全微分**，记为$\mathrm{d}A$，即$\mathrm{d}A=y\Delta x+x\Delta y$。

这里$y=\frac{\partial A}{\partial x}$，$x=\frac{\partial A}{\partial y}$，并记$\mathrm{d}x=\Delta x$，$\mathrm{d}y=\Delta y$，即全微分为$\mathrm{d}A=\frac{\partial A}{\partial x}\mathrm{d}x+\frac{\partial A}{\partial y}\mathrm{d}y$。而称$\frac{\partial A}{\partial x}\mathrm{d}x$为$x$方向上的**偏微分**，称$\frac{\partial A}{\partial y}\mathrm{d}y$为$y$方向上的偏微分。

提　示

二元函数$z=f(x,y)$中，$\frac{\partial z}{\partial x}\mathrm{d}x$为在$x$方向上的偏微分；$\frac{\partial z}{\partial y}\mathrm{d}y$为在$y$方向上的偏微分。

全增量与全微分之间的关系为$\Delta A\approx \mathrm{d}A$。

如果函数$z=f(x,y)$在点(x,y)处的某邻域内偏导数$\frac{\partial z}{\partial x}$、$\frac{\partial z}{\partial y}$都存在，则称函数$z=f(x,y)$在点$(x,y)$处**可微**。

求全微分的方法

全微分是函数在各个自变量方向上的偏微分之和。

二元函数 $z=f(x,y)$ 的全微分为 $\mathrm{d}z=\dfrac{\partial z}{\partial x}\mathrm{d}x+\dfrac{\partial z}{\partial y}\mathrm{d}y$，三元函数 $w=f(x,y,z)$ 全微分为 $\mathrm{d}w=\dfrac{\partial w}{\partial x}\mathrm{d}x+\dfrac{\partial w}{\partial y}\mathrm{d}y+\dfrac{\partial w}{\partial z}\mathrm{d}z$。

例题解析

例 1 求函数 $z=4xy^2+5x^2y$ 在点 $(1,2)$ 处的全微分。

解 $\dfrac{\partial z}{\partial x}=4y^2+10xy$，$\dfrac{\partial z}{\partial y}=8xy+5x^2$；

$\dfrac{\partial z}{\partial x}\Big|_{(1,2)}=4\times2^2+10\times1\times2=36$，$\dfrac{\partial z}{\partial y}\Big|_{(1,2)}=8\times1\times2+5\times1^2=21$。

所以 $\mathrm{d}z\,|_{(1,2)}=36\mathrm{d}x+21\mathrm{d}y$。

例 2 求函数 $w=x+\sin\dfrac{y}{2}+\mathrm{e}^{yz}$ 的全微分。

解 $\dfrac{\partial w}{\partial x}=1$，$\dfrac{\partial w}{\partial y}=\dfrac{1}{2}\cos\dfrac{y}{2}+z\mathrm{e}^{yz}$，$\dfrac{\partial w}{\partial z}=y\mathrm{e}^{yz}$。

所以 $\mathrm{d}w=\mathrm{d}x+\left(\dfrac{1}{2}\cos\dfrac{y}{2}+z\mathrm{e}^{yz}\right)\mathrm{d}y+y\mathrm{e}^{yz}\mathrm{d}z$。

练一练

求函数 $f(x,y)=x^2\sin y-y\cos x$ 的全微分。

提 示

求解全微分的步骤：

（1）先求出各个自变量方向上的偏导数；

（2）然后求各个自变量方向上的偏微分的和，即得到全微分。

二、全微分在近似计算中的应用

当二元函数 $z=f(x,y)$ 在点 (x,y) 处的两个偏导数 f'_x、f'_y 连续，并且 $|\Delta x|$、$|\Delta y|$ 都较小时，有近似等式 $\Delta z\approx\mathrm{d}z=f'_x\mathrm{d}x+f'_y\mathrm{d}y=f'_x\Delta x+f'_y\Delta y$。由于 $\Delta z=f(x+\Delta x,y+\Delta y)-f(x,y)$，所以 $f(x+\Delta x,y+\Delta y)\approx f(x,y)+f'_x\Delta x+f'_y\Delta y$。

我们常常用上式来计算函数的近似值。

注 意

多元函数的近似计算中，要求自变量的增量幅度都较小，即 $|\Delta x|$、$|\Delta y|$ … 都较小。此时，计算的近似值才更精确。

例题解析

例 3 求 $\sqrt{1.02^3+1.97^3}$ 的近似值。

解 设 $f(x,y)=\sqrt{x^3+y^3}$，这里 $x=1$，$y=2$，$\Delta x=0.02$，$\Delta y=-0.03$。

$f'_x=\dfrac{3x^2}{2\sqrt{x^3+y^3}}$，$f'_y=\dfrac{3y^2}{2\sqrt{x^3+y^3}}$。

$$\mathrm{d}f=\frac{3x^2}{2\sqrt{x^3+y^3}}\mathrm{d}x+\frac{3y^2}{2\sqrt{x^3+y^3}}\mathrm{d}y=\frac{3x^2}{2\sqrt{x^3+y^3}}\Delta x+\frac{3y^2}{2\sqrt{x^3+y^3}}\Delta y。$$

$$\mathrm{d}f(1,2)=\frac{3\times1^2}{2\sqrt{1^3+2^3}}\times0.02+\frac{3\times2^2}{2\sqrt{1^3+2^3}}\times(-0.03)=-0.05。$$

想一想

例3中，为什么取值是让 $x=1$，$y=2$，而不是让 $x=2$，$y=3$，或者是其他取值？

$f(1.02,1.97)=\sqrt{1.02^3+1.97^3}\approx f(1,2)+\mathrm{d}f(1,2)=\sqrt{1^3+2^3}+(-0.05)=2.95$。

例 4 要做一个无盖的圆柱形容器，其内径为 2m，高为 4m，厚度为 0.01m。求需用材料多少 m^3？

解 设圆柱体的底面半径为 r（m），高为 h（m），体积为 V（m^3）。则 $V=\pi r^2 h$，这里 $r=1\text{m}$，$h=4\text{m}$，$\Delta r=\Delta h=0.01\text{m}$。$\dfrac{\partial V}{\partial r}=2\pi rh$，$\dfrac{\partial V}{\partial h}=\pi r^2$。$dV=2\pi rh\mathrm{d}r+\pi r^2\mathrm{d}h$，$\Delta V\approx \mathrm{d}V$。$\Delta V\Big|_{\substack{r=1\\h=4\\\Delta r=0.01\\\Delta h=0.01}}\approx \mathrm{d}V\Big|_{\substack{r=1\\h=4\\\mathrm{d}r=0.01\\\mathrm{d}h=0.01}}=$ $2\pi\times1\times4\times0.01+\pi\times1^2\times0.01=0.09\pi$（$m^3$）。即需用材料 0.09π m^3。

习题6-3

1. 设函数 $z=\mathrm{e}^x\sin y$，则有 $\mathrm{d}z=$（　　）。

A. $\mathrm{e}^x(\sin y\mathrm{d}x+\cos y\mathrm{d}y)$；　　B. $\mathrm{e}^x\cos y\mathrm{d}x\mathrm{d}y$；

C. $\mathrm{e}^x\sin y\mathrm{d}x$；　　D. $\mathrm{e}^x\cos y\mathrm{d}y$。

2. 如果函数 $z=f(x,y)$ 在点 (x,y) 处的某邻域内偏导数 $\dfrac{\partial z}{\partial x}$、$\dfrac{\partial z}{\partial y}$ 都存在，则称函数 $z=f(x,y)$ 在点 (x,y) 处________。

3. 设函数 $z=\dfrac{x}{y}$，则 $\mathrm{d}z=$________。

4. 设函数 $f(x,y)=x^2y^3$，则 $\mathrm{d}f\Big|_{\substack{x=1\\y=-2}}=$________。

5. 设函数 $z=x^2+y^2$，当 $x=1$，$y=2$，$\Delta x=0.1$，$\Delta y=0.2$ 时，则有 $\Delta z=$________，$\mathrm{d}z=$________。

6. 设 $z=xy+\sin x$，求全微分 $\mathrm{d}z$。

7. 求函数 $z=\ln(1+x^2+y^2)$ 当 $x=1$，$y=2$ 时的全微分。

8. 设 $u=xyz$，求全微分 $\mathrm{d}u$。

9. 计算 $1.97^{1.05}$ 的近似值 $(\ln 2\approx 0.693)$。

10. 一个底半径为 2.01m，高为 1.01m 的圆锥形铁坯，经精确加工后变成底半径为 2m，高为 1m 的圆锥形成品。问削去的铁屑有多大质量？（铁的密度为 7.8t/m^3）。

内容：（1）求解二元函数的极值；（2）求解二元函数的最值；（3）了解拉格朗日乘数法。

重点：会求解二元函数的极值与最值。

难点：理解求二元函数的极值的步骤。

第四节　多元函数的极值与最值

一、多元函数的极值

定义 设函数 $z=f(x,y)$ 在 $P_0(x_0,y_0)$ 的某个邻域内有定义，如果对

于该邻域内异于点 $P_0(x_0,y_0)$ 的任何点 (x,y)，都有 $f(x,y)<f(x_0,y_0)$ [或 $f(x,y)>f(x_0,y_0)$] 成立，则称函数 $f(x,y)$ 在点 $P_0(x_0,y_0)$ 处有**极大值**（或**极小值**）$f(x_0,y_0)$。极大值与极小值统称为**极值**。而点 (x_0,y_0) 称为 $f(x,y)$ 的**极值点**。

求极值的方法

定理 1（极值存在的必要条件）设函数 $z=f(x,y)$ 在点 (x_0,y_0) 处可微，且在 (x_0,y_0) 处有极值，则该点处的两个偏导数都为零，即 $\begin{cases}f'_x(x_0,y_0)=0\\f'_y(x_0,y_0)=0\end{cases}$。

二元函数与一元函数的极值点、驻点的区别。

习惯上，人们把满足 $\begin{cases}f'_x(x_0,y_0)=0\\f'_y(x_0,y_0)=0\end{cases}$ 的点 (x_0,y_0) 也称为**驻点**。显然，在可微的条件下，极值点藏身于驻点之中。

定理 2（极值存在的充分条件）设函数 $z=f(x,y)$ 在点 (x_0,y_0) 的某个邻域内具有一阶及二阶连续偏导数，且 (x_0,y_0) 为驻点，即 $\begin{cases}f'_x(x_0,y_0)=0\\f'_y(x_0,y_0)=0\end{cases}$。记 $A=f''_{xx}(x_0,y_0)$，$B=f''_{xy}(x_0,y_0)$，$C=f''_{yy}(x_0,y_0)$，则在点 (x_0,y_0) 处有：

可从图像上去理解：二元函数可微时，极值点一定是驻点。此时，两个偏导数的值都为零。

（1）当 $B^2-AC<0$ 时有极值，且当 $A<0$ 时，有极大值；当 $A>0$ 时，有极小值；

（2）当 $B^2-AC>0$ 时无极值；

（3）当 $B^2-AC=0$ 时，极值或有或无。

求二元函数极值的步骤

（1）求驻点。解方程组 $\begin{cases}f'_x=0\\f'_y=0\end{cases}$，所有实数解即为驻点 (x_0,y_0)；

（2）计算各驻点处的 A、B、C。先求出 f''_{xx}、f''_{xy}、f''_{yy}，再代入到驻点 (x_0,y_0) 中，求得 $A=f''_{xx}(x_0,y_0)$，$B=f''_{xy}(x_0,y_0)$，$C=f''_{yy}(x_0,y_0)$；

（3）辨别 B^2-AC 的符号，得结论（各驻点是否为极值点）；

（4）算极值（是极值点的要计算出极值）。

例题解析

例 1 求函数 $f(x,y)=x^3-y^3+3x^2+3y^2-9x$ 的极值。

注 意

二元函数求极值时，须将每一个驻点逐一进行判断，确定是否是极值点。

解 解方程组 $\begin{cases}f'_x=3x^2+6x-9=0\\f'_y=-3y^2+6y=0\end{cases}$，得四个驻点：$(1,0)$、$(1,2)$、$(-3,0)$、$(-3,2)$。$f''_{xx}=6x+6$，$f''_{xy}=0$，$f''_{yy}=-6y+6$。在点 $(1,0)$ 处，$B^2-AC=-72<0$，且 $A=12>0$，所以有极小值 $f(1,0)=-5$；在点 $(1,2)$ 处，$B^2-AC=72>0$，所以无极值；在点 $(-3,0)$ 处，$B^2-AC=72>0$，所以无极值；在点 $(-3,2)$ 处，$B^2-AC=-72<0$，且 $A=-12<0$，所以有极大值 $f(-3,2)=31$。

很多时候，条件极值转化为无条件极值是很困难的，甚至是不可能的。

二、条件极值

像前面极值问题的讨论中，除了对自变量在定义域之内的条件外，再没有其他任何限制条件，这类极值称为**无条件极值**；对还有其他附加条件的极值，我们称之为**条件极值**。

条件极值$\begin{cases} z=f(x,y) \\ \varphi(x,y)=0 \end{cases}$通常有两种解决方案：其一是将$\varphi(x,y)=0$中解出$x$或$y$，再代入$z=f(x,y)$中，使之转化为一个无条件极值问题；其二是用拉格朗日乘数法。

拉格朗日乘数法求极值的步骤

（1）构造拉格朗日函数$L(x,y,\lambda)=f(x,y)+\lambda\varphi(x,y)$，参数$\lambda$称为**拉格朗日乘子**；

（2）让函数$L(x,y,\lambda)$分别对x、y、λ求偏导数，并解方程组$\begin{cases} L'_x=f'_x+\lambda\varphi_x=0 \\ L'_y=f'_y+\lambda\varphi_y=0 \\ L'_\lambda=\varphi(x,y)=0 \end{cases}$，得到驻点$(x_0,y_0)$；

（3）判断驻点(x_0,y_0)是否为极值点并求出极值。

例题解析

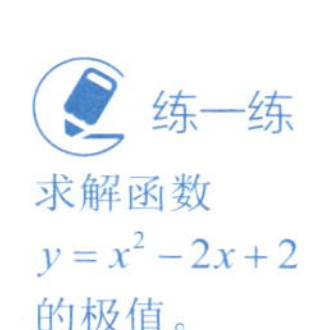

练一练

求解函数$y=x^2-2x+2$的极值。

例2 求函数$z=x^2+xy+y^2$在附加条件$x+y=1$下的极小值。

解 附加条件$x+y=1$可化为$y=1-x$，代入函数$z=x^2+xy+y^2$中，得$z=x^2-x+1$。此时$z'_x=2x-1$，有驻点$x=\frac{1}{2}$。$z''_{xx}=2>0$，有极小值。附加条件$x+y=1$下$x=\frac{1}{2}$时，有$y=\frac{1}{2}$。所求极小值$z\left(\frac{1}{2},\frac{1}{2}\right)=\left(\frac{1}{2}\right)^2+\frac{1}{2}\times\frac{1}{2}+\left(\frac{1}{2}\right)^2=\frac{3}{4}$。

三、多元函数的最值

同一元函数类似，在有界闭区域上连续的二元函数的最值同样只存在于边界线上或极值点之中。有时从实际问题本身的特征中知道，函数在特定的开区域D内一定有最值，如果此时恰好也只有唯一的驻点，那么该驻点处的函数值就是所求的最值，可以不再进行检验。

例题解析

例3 求函数$f(x,y)=\sqrt{4-x^2-y^2}$在圆域$x^2+y^2\leqslant 1$的最大值与最小值。

解 解方程组 $\begin{cases}\dfrac{\partial f}{\partial x}=-\dfrac{x}{\sqrt{4-x^2-y^2}}=0\\ \dfrac{\partial f}{\partial y}=-\dfrac{y}{\sqrt{4-x^2-y^2}}=0\end{cases}$，得唯一驻点 $(0,0)$，且 $f(0,0)=2$。函数 $f(x,y)=\sqrt{4-x^2-y^2}$ 在圆域的边界 $x^2+y^2=1$ 上的任一点的函数值都为 $\sqrt{3}$。比较边界线上点的函数值与驻点的函数值的大小，有最大值 $f(0,0)=2$，最小值为 $\sqrt{3}$。

例 4 求表面积为 $6a^2$ 而体积为最大的长方体的体积。

解 设长方体三棱长分别为 x、y、z，体积为 V，则有 $\begin{cases}V=xyz & (x>0,y>0,z>0)\\ \varphi(x,y,z)=2(xy+yz+xz)-6a^2=0\end{cases}$。作拉格朗日函数 $L(x,y,z,\lambda)=V(x,y,z)+\lambda\varphi(x,y,z)=xyz+2\lambda(xy+yz+xz)-6\lambda a^2$。

分别对 x、y、z、λ 求偏导数，并解方程组

$$\begin{cases}L'_x=yz+2\lambda(y+z)=0\\ L'_y=xz+2\lambda(x+z)=0\\ L'_z=xy+2\lambda(x+y)=0\\ L'_\lambda=2(xy+yz+xz)-6a^2=0\end{cases}$$

，得唯一驻点 (a,a,a)。

由于实际问题本身有最大值，则该驻点就是最大值点。所以当 $x=y=z=a$ 时，长方体体积最大，且最大值为 $V(a,a,a)=a^3$。

习题6-4

1. 设函数 $f(x,y)$ 在驻点 (x_0,y_0) 的某一邻域内有连续的二阶偏导数，$A=f''_{xx}(x_0,y_0)$，$B=f''_{xy}(x_0,y_0)$，$C=f''_{yy}(x_0,y_0)$，$\Delta=B^2-AC$。则函数值 $f(x_0,y_0)$ 是极大值的充分条件为（　　）。

A. $\Delta>0$，$A>0$；　　B. $\Delta>0$，$A<0$；

C. $\Delta<0$，$A>0$；　　D. $\Delta<0$，$A<0$。

2. 函数 $f(x,y)=xy$ 上，点 $(0,0)$ 会（　　）。

A. 不是驻点；　　B. 是驻点却非极值点；

C. 是极大值点；　　D. 是极小值点。

3. 二元函数 $z=\mathrm{e}^{2x}(x+y^2+2y)$ 的驻点为（　　）。

A. $\left(\dfrac{1}{2},1\right)$；　B. $\left(\dfrac{7}{2},1\right)$；　C. $\left(\dfrac{7}{2},-1\right)$；　D. $\left(\dfrac{1}{2},-1\right)$。

4. 二元函数 $z=1-x^2-y^2$ 的极大值点为______。

5. 求函数 $f(x,y)=(6x-x^2)(4y-y^2)$ 的极值。

6. 求函数 $z=xy+\dfrac{1}{x}+\dfrac{1}{y}\ (x>0,y>0)$ 的极值。

7. 求函数 $f(x,y)=xy$ 在附加条件 $x+y=1$ 下的极值。

8. 求函数$f(x,y)=4x-4y-x^2-y^2$在区域$x^2+y^2\leqslant 18$上的最大值和最小值。

9. 求函数$f(x,y)=x^2+2xy+3y^2$在区域D上的最大值和最小值。其中D是以点$P(-1,2)$、$Q(-1,1)$、$R(2,1)$为顶点的三角形闭区域（如图6-10）。

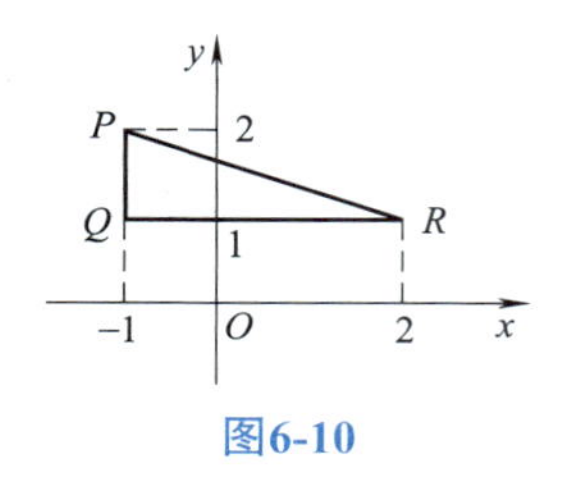

图6-10

10. 在斜边长为$\sqrt{2}$的所有直角三角形中，求周长最大的直角三角形。

第五节　二重积分的概念和性质

本节导学

内容：（1）曲顶柱体的体积；（2）二重积分的概念；（3）二重积分的性质。

重点：理解二重积分的概念与记录方式。

难点：理解二重积分的性质。

一、二重积分的概念

1. 曲顶柱体的体积

如图6-11，在空间直角坐标系下有这样的一个空间立方体，它是以二元函数$z=f(x,y)$定义的有界闭区域D为底，以在D上的二元函数$z=f(x,y)$为顶，侧面是以D的边界曲线为准线，而母线平行z轴的柱面而形成的空间体，其体积为V。我们称这样的空间体为**曲顶柱体**。

如同前面所讲的曲边梯形一样，我们也可以用“四步骤”来求曲顶柱体的体积V（如图6-12）。

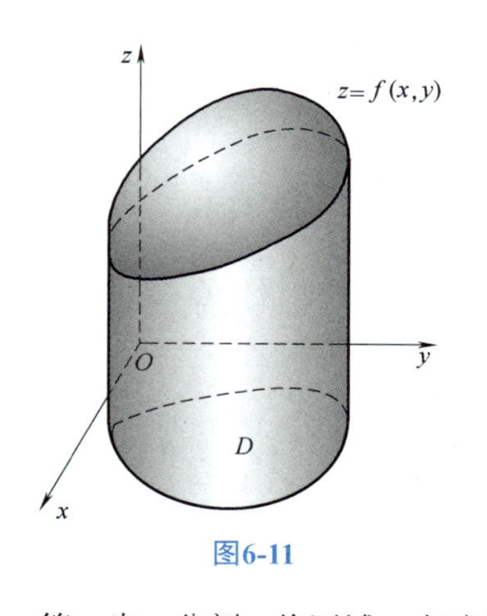

图6-11

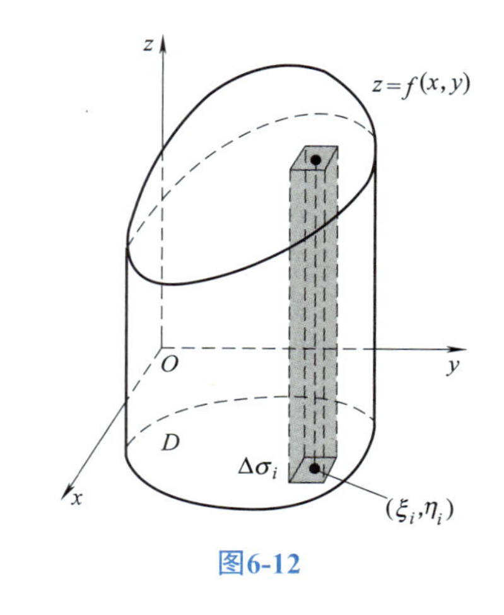

图6-12

想一想

平面直角坐标系下求曲边梯形的四个步骤是怎样的。

第一步：分割。将区域D任意地分割成n个小区域$\Delta\sigma_i(i=1,2,\cdots,n)$，并以这些小区域为底，其边界曲线为准线，作母线平行于z轴的柱面。这样的柱面将原来的曲顶柱体分割成n个小曲顶柱体，其体积可记为

$\Delta V_i(i=1,2,\cdots,n)$。显然 $V=\sum_{i=1}^{n}\Delta V_i$。

第二步：近似替代。由于每一个小区域 $\Delta\sigma_i$ 面积都很小很小，因此它所对应的顶部曲面可近似看成是平面。这样的平顶柱体就取代了曲顶柱体。平顶柱体的底还是 $\Delta\sigma_i$，高是 $f(\xi_i,\eta_i)$，所以 $\Delta V_i\approx f(\xi_i,\eta_i)\Delta\sigma_i$。

第三步：求和。整个曲顶柱体的体积 V 的近似值为 $V=\sum_{i=1}^{n}\Delta V_i\approx\sum_{i=1}^{n}f(\xi_i,\eta_i)\Delta\sigma_i$。显然，区域 D 分割得越细，就越接近于真实值。

第四步：取极限。把 D 无限细分，以至于达到最大的小区域的面积 $\lambda\to 0$（即此时每一个小区域的面积都趋于 0）。此时若和式 $\sum_{i=1}^{n}f(\xi_i,\eta_i)\Delta\sigma_i$ 的极限存在，则该极限就是所求曲顶柱体的体积 V，即 $V=\lim_{\lambda\to 0}\sum_{i=1}^{n}f(\xi_i,\eta_i)\Delta\sigma_i$。

类似于曲边梯形，曲顶柱体也可以看成是许许多多的微小的平顶柱体堆积而成的。

显然，曲顶柱体和曲边梯形一样，它们都归结于一个求和式的极限。

2. 二重积分的定义

定义　设 $z=f(x,y)$ 是定义在有界闭区域 D 上的有界函数。将区域 D 任意地分割成 n 个小区域 $\Delta\sigma_i$ $(i=1,2,\cdots,n)$。在每个 $\Delta\sigma_i$ 上任取一点 (ξ_i,η_i)，作乘积 $f(\xi_i,\eta_i)\Delta\sigma_i$（$i=1,2,\cdots,n$），并作和 $\sum_{i=1}^{n}f(\xi_i,\eta_i)\Delta\sigma_i$，记 λ 为 $\Delta\sigma_i$ 中面积最大的一个。若极限 $\lim_{\lambda\to 0}\sum_{i=1}^{n}f(\xi_i,\eta_i)\Delta\sigma_i$ 存在，则称此极限值为函数 $f(x,y)$ 在区域 D 上的**二重积分**，记为 $\iint_D f(x,y)\mathrm{d}\sigma$，即 $\iint_D f(x,y)\mathrm{d}\sigma=\lim_{\lambda\to 0}\sum_{i=1}^{n}f(\xi_i,\eta_i)\Delta\sigma_i$。其中 $f(x,y)$ 称为**被积函数**，$f(x,y)\mathrm{d}\sigma$ 称为**被积表达式**，$\mathrm{d}\sigma$ 称为**面积元素**，x 与 y 为**积分变量**，D 为**积分区域**。

注　意

$\iint_D f(x,y)\mathrm{d}\sigma$ 中的面积元素 $\mathrm{d}\sigma$ 象征和式中的 $\Delta\sigma_i$，在定义中对区域 D 的划分是任意的。但如果是用平行于坐标轴的直线来划分 D，则有 $\Delta\sigma_i=\Delta x_i\Delta y_i$，因此，在直角坐标系下，面积元素 $\mathrm{d}\sigma=\mathrm{d}x\mathrm{d}y$。二重积分也可以记为 $\iint_D f(x,y)\mathrm{d}x\mathrm{d}y$。

3. 二重积分几何意义

当 $f(x,y)\geqslant 0$ 时，二重积分 $\iint_D f(x,y)\mathrm{d}\sigma$ 表示曲顶柱体体积的正值；当 $f(x,y)<0$ 时，二重积分 $\iint_D f(x,y)\mathrm{d}\sigma$ 表示曲顶柱体体积的负值；当 $f(x,y)$ 在 D 上有正有负时，$\iint_D f(x,y)\mathrm{d}\sigma$ 表示在 D 上 $f(x,y)\geqslant 0$ 时曲顶柱体体积的正值与在 D 上 $f(x,y)<0$ 时曲顶柱体体积的负值的代数和。

二、二重积分的性质

二重积分同定积分一样有类似的性质。

性质 1　**（线性性质）**设 α、β 为常数，则

$$\iint_D[\alpha f(x,y)\pm\beta g(x,y)]\mathrm{d}\sigma=\alpha\iint_D f(x,y)\mathrm{d}\sigma\pm\beta\iint_D g(x,y)\mathrm{d}\sigma。$$

性质 2　**（积分区域可加性）**设 $D=D_1+D_2$，则

$$\iint_D f(x,y)\mathrm{d}\sigma=\iint_{D_1} f(x,y)\mathrm{d}\sigma+\iint_{D_2} f(x,y)\mathrm{d}\sigma。$$

性质 3 $\iint_D \mathrm{d}\sigma=\sigma$，其中 σ 为区域 D 的面积。

性质 4 在 D 上设有 $f(x,y)\leqslant g(x,y)$，则有

$$\iint_D f(x,y)\mathrm{d}\sigma\leqslant\iint_D g(x,y)\mathrm{d}\sigma,$$

$$\left|\iint_D f(x,y)\mathrm{d}\sigma\right|\leqslant\iint_D |f(x,y)|\mathrm{d}\sigma。$$

性质 5 （估值定理） 设 M、m 分别是函数 $f(x,y)$ 在有界闭区域 D 上的最大值和最小值，σ 是 D 的面积，则有

$$m\sigma\leqslant\iint_D f(x,y)\mathrm{d}\sigma\leqslant M\sigma。$$

性质 6 （中值定理） 设 $f(x,y)$ 在闭区域 D 上连续，则在 D 上至少存在一点 (ξ,η)，使得 $\iint_D f(x,y)\mathrm{d}\sigma=f(\xi,\eta)\cdot\sigma$。

练一练

求在矩形区域 D（$1\leqslant x\leqslant 3$、$2\leqslant y\leqslant 6$）上的二重积分 $\iint_D \mathrm{d}\sigma$ 的值。

练一练

比较大小：

$\iint_D 2\mathrm{d}\sigma$_____$\iint_D 3\mathrm{d}\sigma$。

例题解析

例 1 设 D 是由 $\{(x,y)|1\leqslant x^2+y^2\leqslant 9\}$ 所确定的闭区域，求 $\iint_D \mathrm{d}x\mathrm{d}y$。

解 由于 D 的面积为 8π，故 $\iint_D \mathrm{d}x\mathrm{d}y=8\pi$。

例 2 估计二重积分 $I=\iint_D (x^2+4y^2+9)\mathrm{d}\sigma$ 的值，其中 $D=\{(x,y)|x^2+y^2\leqslant 4\}$。

解 由于 $x^2+y^2+9\leqslant x^2+4y^2+9\leqslant 4(x^2+y^2)+9$，在 D 上则有 $0\leqslant x^2+y^2\leqslant 4$，故 $9\leqslant x^2+4y^2+9\leqslant 25$。又区域 D 的面积 $\sigma=4\pi$，由估值定理，有 $9\sigma\leqslant I\leqslant 25\sigma$，即 $36\pi\leqslant\iint_D (x^2+4y^2+9)\mathrm{d}\sigma\leqslant 100\pi$。

提 示

例1中二重积分 $\iint_D \mathrm{d}x\mathrm{d}y$ 代表的是一个底面积为 8π，高为 1 的平顶柱体的体积。

习题6-5

1. 设 D 是由 $\{(x,y)|x^2+y^2\leqslant 1\}$ 所确定的闭区域，则 $\iint_D \sqrt{1-x^2-y^2}\mathrm{d}\sigma=$（　　）。

A. 0；　B. 1；　C. π；　D. $\frac{2}{3}\pi$。

2. 设 D 是由 $\{(x,y)|x^2+y^2\leqslant 1\}$ 所确定的闭区域，则 $\iint_D \mathrm{d}x\mathrm{d}y=$（　　）。

A. 2π；　B. π^2；　C. π；　D. $\frac{4}{3}\pi$。

3. 设 D 是由直线 $y=x$，$y=\frac{1}{2}x$，$y=2$ 所围成的闭区域，则

$\iint\limits_{D} \mathrm{d}x\mathrm{d}y =$（　　）。

A. $\frac{1}{4}$；　　B. 1；　　C. $\frac{1}{2}$；　　D. 2。

4. 已知区域 D 的面积为10，则二重积分 $\iint\limits_{D} 10\mathrm{d}x\mathrm{d}y =$________。

5. 比较大小 $\iint\limits_{D} \mathrm{d}\sigma$________$\iint\limits_{D} 2\mathrm{d}\sigma$。

6. 比较大小 $\int\limits_{D} (x^2+1)(y^2+1)\mathrm{d}\sigma$________$\iint\limits_{D} x^2y^2\mathrm{d}\sigma$。

7. 在 xoy 平面的闭区域 D 上有一平面薄片，如果薄片上分布着面密度为 $\rho(x,y)$ 的电荷，且在 D 上连续，则该薄片上的全部电荷 Q 可用二重积分表示为________。

8. 利用二重积分的性质估计二重积分 $I=\iint\limits_{D}(x+y+1)\mathrm{d}\sigma$ 的值，其中矩形区域 D 为：$0\leqslant x\leqslant 1$，$0\leqslant y\leqslant 2$。

第六节　二重积分的计算

> **本节导学**
> **内容：**（1）能区分 X 型与 Y 型区域；（2）会化二重积分为二次积分；（3）会改变二次积分的积分次序。
> **重点：**利用二次积分计算二重积分。
> **难点：**能将区域化为 X 型或 Y 型区域，并会用具体表达式表达出来。

一、X 型区域与 Y 型区域

首先我们来看 X 型区域与 Y 型区域。

如图6-13，区域 D 可表示为 $\begin{cases} a\leqslant x\leqslant b \\ f_1(x)\leqslant y\leqslant f_2(x) \end{cases}$，这种区域称为 **$X$ 型区域**。

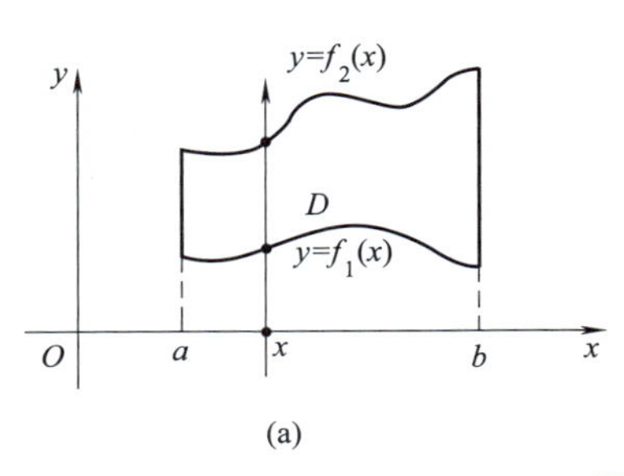

(a)

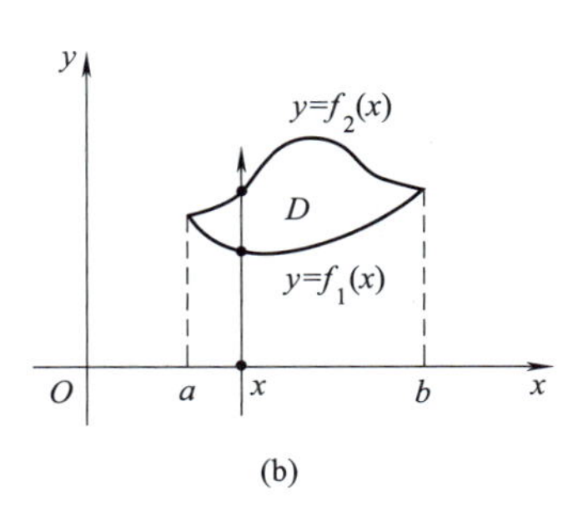

(b)

图6-13

X 型区域的特点：穿越区域内部且垂直 x 轴的直线与该区域的上下两条边界线的交点不超过两个。

如图6-14，区域 D 可表示为 $\begin{cases} \varphi_1(y)\leqslant x\leqslant \varphi_2(y) \\ c\leqslant y\leqslant d \end{cases}$，这种区域称为 **$Y$ 型区域**。

Y 型区域的特点：穿越区域内部且垂直 y 轴的直线与该区域的左右两条边界线的交点不超过两个。

> **提　示**
> 如何写出 X 型区域的具体表达式：（1）根据“四线两平行”确定是 X 型区域；（2）画一条既要穿越区域又要垂直 x 轴的直线，标明和 x 轴、区域的下边界、区域的上边界的交点；（3）让该直线整体从左边向右边移动。显然只能有 $a\leqslant x\leqslant b$；（4）再看该直线本身的点，在区域内的点的纵坐标肯定是介于上下边界的两个交点之间，即 $f_1(x)\leqslant y\leqslant f_2(x)$。于是有区域表达式为 $\begin{cases} a\leqslant x\leqslant b \\ f_1(x)\leqslant y\leqslant f_2(x) \end{cases}$。如图6-13。

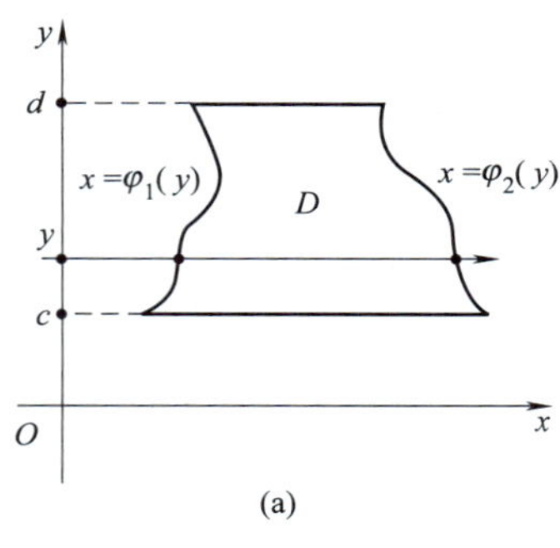

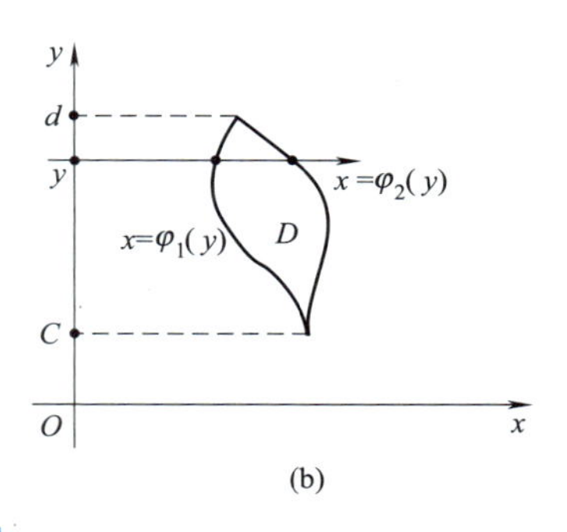

图6-14

二、化二重积分为二次积分

再来看看二重积分所表达的曲顶柱体。

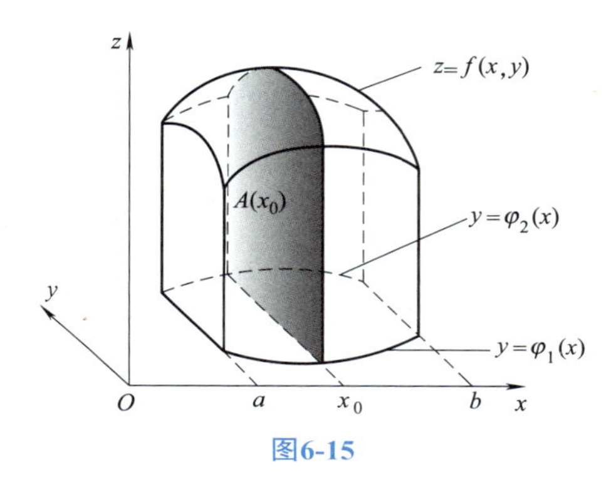

图6-15

注 意

$A(x)=\int_{\varphi_1(x)}^{\varphi_2(x)} f(x,y)\mathrm{d}y$ 它只对y进行积分，而把x看成是常量。

如果二重积分的区域D为X型区域$\begin{cases}a\leqslant x\leqslant b\\ \varphi_1(x)\leqslant y\leqslant \varphi_2(x)\end{cases}$，把曲顶柱体想象成萝卜，我们用刀把它切成许许多多的小萝卜片（当然，它们每一片都非常薄，都趋近于0），如图6-15。刀面所在的平面垂直于x轴（这样与区域D相交的直线就是X型区域中的穿越直线）。显然，曲顶柱体的体积可以看成是在x轴上对这些许许多多的小萝卜片的定积分，即$V=\int_a^b A(x)\mathrm{d}x$。这里$A(x)$是其中一小片的截面面积，在这个截面上，横坐标$x$都相同，为不变化的量，而$y$与$f(x,y)$才是变化的量。该截面是一个曲边梯形，所以有 $A(x)=\int_{\varphi_1(x)}^{\varphi_2(x)} f(x,y)\mathrm{d}y$。

想一想

二重积分的计算方法是化二重积分为二次积分。

由此可见，该曲顶柱体的体积为$V=\int_a^b A(x)\mathrm{d}x=\int_a^b\left[\int_{\varphi_1(x)}^{\varphi_2(x)} f(x,y)\mathrm{d}y\right]\mathrm{d}x$。

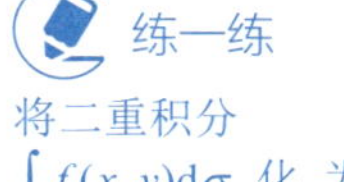

练一练

将二重积分$\iint\limits_D f(x,y)\mathrm{d}\sigma$化为二次积分，其中区域$D$为$\begin{cases}1\leqslant x\leqslant 3\\ x\leqslant y\leqslant 2x\end{cases}$。

习惯上可简记为$\int_a^b\left[\int_{\varphi_1(x)}^{\varphi_2(x)} f(x,y)\mathrm{d}y\right]\mathrm{d}x=\int_a^b\mathrm{d}x\int_{\varphi_1(x)}^{\varphi_2(x)} f(x,y)\mathrm{d}y$。

它表示的积分次序是先对y的积分，后才是对x的积分。这样就将二重积分化为了二次积分。

对于积分区域D是Y型区域$\begin{cases}\varphi_1(y)\leqslant x\leqslant \varphi_2(y)\\ c\leqslant y\leqslant d\end{cases}$的二重积分也可同理

得到：$\iint\limits_D f(x,y)\mathrm{d}\sigma=\int_c^d\left[\int_{\varphi_1(y)}^{\varphi_2(y)}f(x,y)\mathrm{d}x\right]\mathrm{d}y=\int_c^d\mathrm{d}y\int_{\varphi_1(y)}^{\varphi_2(y)}f(x,y)\mathrm{d}x$。

只不过这次的积分次序是先对x进行积分，后才是对y进行积分。

如果积分区域D既不是X型区域，也不是Y型区域，则我们可用分割的方法将区域D分成若干部分，使得每个部分区域要么是X型，要么是Y型，最后再利用二重积分对积分区域的可加性即可求得。

提 示

求二重积分的步骤：（1）画出区域D的图形，确定选取X型区域还是Y型区域，并写出具体表达式；（2）化二重积分为二次积分；（3）依次计算各个积分。

例题解析

例 1 将二重积分$\iint\limits_D f(x,y)\mathrm{d}\sigma$表示二次积分，式中$D$由直线$y=1$、$x=2$及$y=x$围成。

解 如图 6-16。

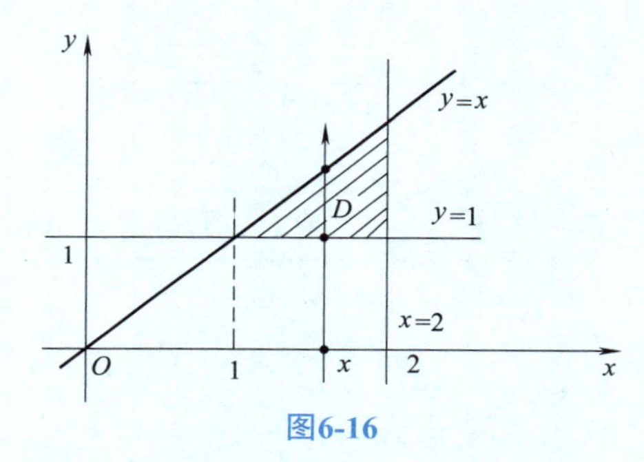

图6-16

想一想

例1中，如果将D选为Y型，又会怎样？

注 意

例1中，紧紧抓住“围成”两字，找准相关区域的图形，不要张冠李戴。

D为$\begin{cases}1\leqslant x\leqslant 2\\1\leqslant y\leqslant x\end{cases}$。$\iint\limits_D f(x,y)\mathrm{d}\sigma=\int_1^2\mathrm{d}x\int_1^x f(x,y)\mathrm{d}y$。

例 2 计算积分$\iint\limits_D\dfrac{x^2}{1+y^2}\mathrm{d}\sigma$，$D$为$\begin{cases}1\leqslant x\leqslant 2\\0\leqslant y\leqslant 1\end{cases}$。

解 $\iint\limits_D\dfrac{x^2}{1+y^2}\mathrm{d}\sigma=\int_1^2\mathrm{d}x\int_0^1\dfrac{x^2}{1+y^2}\mathrm{d}y=\int_1^2x^2\arctan y\Big|_0^1\mathrm{d}x=\dfrac{\pi}{4}\int_1^2x^2\mathrm{d}x=\dfrac{\pi}{4}\times\dfrac{x^3}{3}\Big|_1^2=\dfrac{7\pi}{12}$。

例 3 计算$\iint\limits_D\dfrac{x^2}{y^2}\mathrm{d}x\mathrm{d}y$。其中$D$是由直线$x=2$、$y=x$及曲线$xy=1$围成的区域。

解法 1 如图 6-17。解方程组$\begin{cases}y=x\\xy=1\end{cases}$，得交点$(1,1)$。

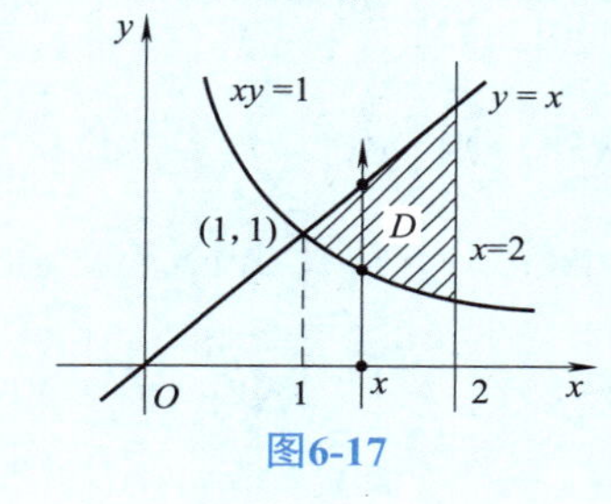

图6-17

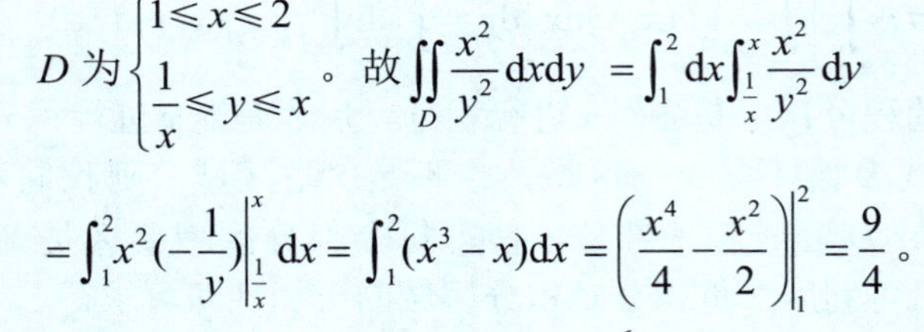

D 为 $\begin{cases}1\leqslant x\leqslant 2\\ \dfrac{1}{x}\leqslant y\leqslant x\end{cases}$。故 $\iint\limits_{D}\dfrac{x^2}{y^2}\mathrm{d}x\mathrm{d}y=\int_1^2\mathrm{d}x\int_{\frac{1}{x}}^{x}\dfrac{x^2}{y^2}\mathrm{d}y$

$$=\int_1^2 x^2\left(-\frac{1}{y}\right)\Bigg|_{\frac{1}{x}}^{x}\mathrm{d}x=\int_1^2(x^3-x)\mathrm{d}x=\left(\frac{x^4}{4}-\frac{x^2}{2}\right)\Bigg|_1^2=\frac{9}{4}。$$

解法 2 如图 6-18。解方程组 $\begin{cases}y=x\\ xy=1\end{cases}$，得交点 $(1,1)$；解方程组 $\begin{cases}y=x\\ x=2\end{cases}$，得交点 $(2,2)$；解方程组 $\begin{cases}x=2\\ xy=1\end{cases}$，得交点 $(2,\frac{1}{2})$。

> **想一想**
>
> 例3中，合理选取对 x、y 的积分次序，有时会使得计算较为简单。

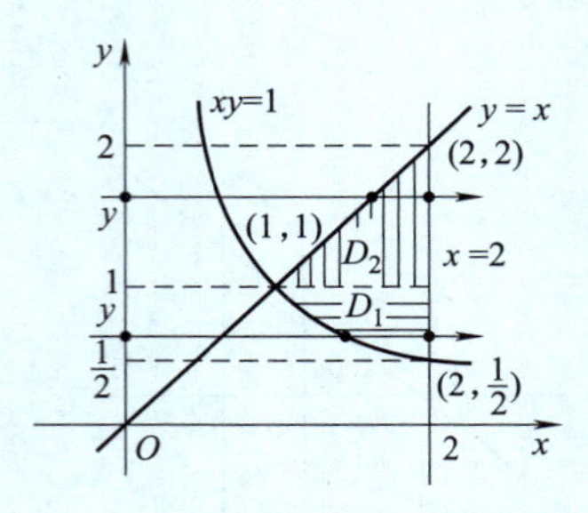

图6-18

$$D=D_1+D_2,\quad D_1 \text{ 为 } \begin{cases}\dfrac{1}{y}\leqslant x\leqslant 2\\ \dfrac{1}{2}\leqslant y\leqslant 1\end{cases},\quad D_2 \text{ 为 } \begin{cases}y\leqslant x\leqslant 2\\ 1\leqslant y\leqslant 2\end{cases}。$$

> **注 意**
>
> 改变二次积分次序的步骤：（1）根据已有的二次积分确定使用的区域类型是 X 型（或是 Y 型）；（2）画出区域 D 的图形；（3）改用 Y 型（或是 X 型），并写出其具体表达式；（4）改变积分次序写出新的二次积分。

$$\iint\limits_{D}\frac{x^2}{y^2}\mathrm{d}x\mathrm{d}y=\iint\limits_{D_1}\frac{x^2}{y^2}\mathrm{d}x\mathrm{d}y+\iint\limits_{D_2}\frac{x^2}{y^2}\mathrm{d}x\mathrm{d}y$$

$$=\int_{\frac{1}{2}}^{1}\mathrm{d}y\int_{\frac{1}{y}}^{2}\frac{x^2}{y^2}\mathrm{d}x+\int_1^2\mathrm{d}y\int_y^2\frac{x^2}{y^2}\mathrm{d}x=\int_{\frac{1}{2}}^{1}\frac{x^3}{3y^2}\Bigg|_{\frac{1}{y}}^{2}\mathrm{d}y+\int_1^2\frac{x^3}{3y^2}\Bigg|_y^2\mathrm{d}y$$

$$=\int_{\frac{1}{2}}^{1}\left(\frac{8}{3y^2}-\frac{1}{3y^5}\right)\mathrm{d}y+\int_1^2\left(\frac{8}{3y^2}-\frac{y}{3}\right)\mathrm{d}y$$

$$=\left(-\frac{8}{3y}+\frac{1}{12y^4}\right)\Bigg|_{\frac{1}{2}}^{1}+\left(-\frac{8}{3y}-\frac{y^2}{6}\right)\Bigg|_1^2=\frac{17}{12}+\frac{5}{6}=\frac{9}{4}。$$

例 4 变更积分次序，则 $\int_0^1\mathrm{d}x\int_{1-x}^{1}f(x,y)\mathrm{d}y=$（　　）。

A. $\int_{1-x}^{1}\mathrm{d}y\int_0^1 f(x,y)\mathrm{d}x$； B. $\int_0^1\mathrm{d}y\int_{1-x}^{1}f(x,y)\mathrm{d}x$；

C. $\int_0^1\mathrm{d}y\int_0^1 f(x,y)\mathrm{d}x$； D. $\int_0^1\mathrm{d}y\int_{1-y}^{1}f(x,y)\mathrm{d}x$。

解 选 D。因为 $\int_0^1 dx\int_{1-x}^1 f(x,y)dy = \iint\limits_{\substack{0\leqslant x\leqslant 1\\ 1-x\leqslant y\leqslant 1}} f(x,y)dxdy =$

$\iint\limits_{\substack{1-y\leqslant x\leqslant 1\\ 0\leqslant y\leqslant 1}} f(x,y)dxdy = \int_0^1 dy\int_{1-y}^1 f(x,y)dx$。

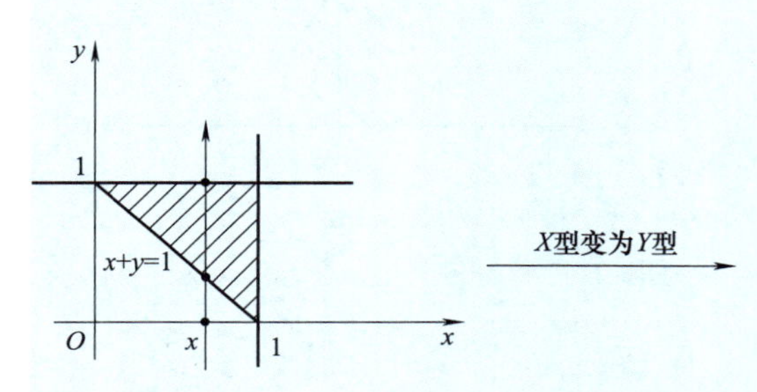

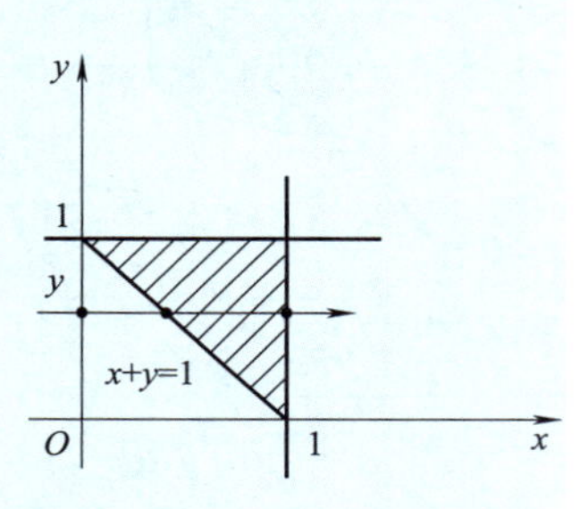

图6-19

例5中，由于 $\int \sin y^2 dy$ 不能用初等函数表达，因此 $\int_x^1 \sin y^2 dy$ 就不好计算。但如果将区域 D：$\begin{cases}0\leqslant x\leqslant 1\\ x\leqslant y\leqslant 1\end{cases}$ 由 X 型区域改换成 Y 型区域 $\begin{cases}0\leqslant x\leqslant y\\ 0\leqslant y\leqslant 1\end{cases}$ 后，$\int_0^y \sin y^2 dx$ 就比较好计算。这就说明合理恰当地选择积分次序有时是计算二重积分的关键。

例 5 求二次积分 $\int_0^1 dx\int_x^1 \sin y^2 dy$。

解 如图 6-20。

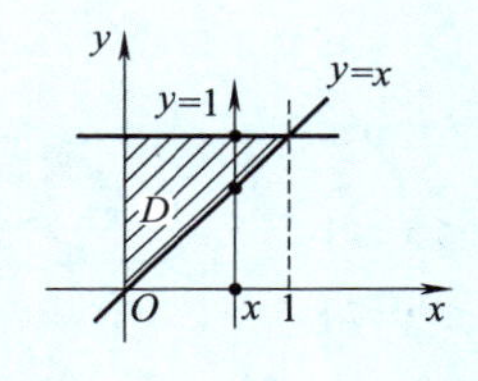

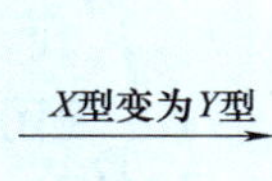

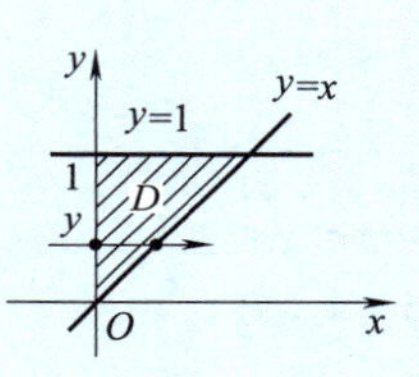

图6-20

将区域 D 由 X 型区域 $\begin{cases}0\leqslant x\leqslant 1\\ x\leqslant y\leqslant 1\end{cases}$ 改换成 Y 型区域 $\begin{cases}0\leqslant x\leqslant y\\ 0\leqslant y\leqslant 1\end{cases}$，则会有 $\int_0^1 dx\int_x^1 \sin y^2 dy = \int_0^1 dy\int_0^y \sin y^2 dx = \int_0^1 \sin y^2 \times x\Big|_0^y dy = \int_0^1 y\sin y^2 dy=$

$-\dfrac{1}{2}\cos y^2\Big|_0^1 = \dfrac{1}{2}-\dfrac{1}{2}\cos 1$。

例 6 求两个底圆半径相等的直交圆柱所围成立体的体积。

解 设圆柱底圆半径为 R，两个圆柱面分别为 $x^2+z^2=R^2$ 及 $x^2+y^2=R^2$。由于立体对坐标面的对称性，所求体积是位于第 I 卦限的体积的 8 倍，第 I 卦限的立体的积分区域 D 为

$\begin{cases}0\leqslant x\leqslant R\\ 0\leqslant y\leqslant \sqrt{R^2-x^2}\end{cases}$，它的曲顶为 $z=\sqrt{R^2-x^2}$。如图 6-21。

于是 $V=8\iint\limits_D \sqrt{R^2-x^2}d\sigma = 8\int_0^R dx\int_0^{\sqrt{R^2-x^2}} \sqrt{R^2-x^2}dy =$

$8\int_0^R \sqrt{R^2-x^2}\,y\Big|_0^{\sqrt{R^2-x^2}} dx = 8\int_0^R (R^2-x^2)dx = 8\left(R^2x-\dfrac{x^3}{3}\right)\Big|_0^R = \dfrac{16}{3}R^3$。

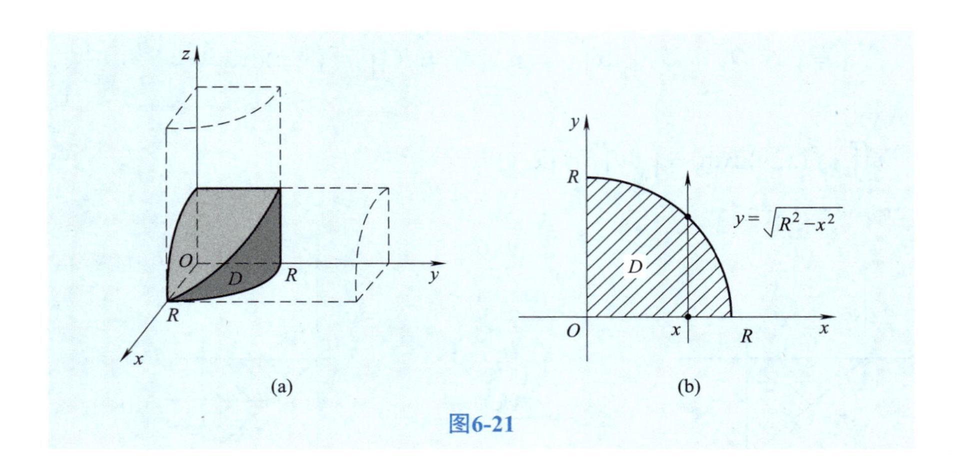

图6-21

习题6-6

1. 区域 D 由直线 $x=3$，$y=3$，$y=1-x$ 所围成，用 X 型区域表示 D，则可为（　　）。

A. $\begin{cases}-2\leqslant x\leqslant 3\\ 1-x\leqslant y\leqslant 3\end{cases}$；　　B. $\begin{cases}-2\leqslant x\leqslant 3\\ -2\leqslant y\leqslant 3\end{cases}$；

C. $\begin{cases}1-y\leqslant x\leqslant 3\\ -2\leqslant y\leqslant 3\end{cases}$；　　D. $\begin{cases}0\leqslant x\leqslant 1\\ 0\leqslant y\leqslant 1\end{cases}$。

2. 设积分区域 D 为 $\begin{cases}1\leqslant x\leqslant y\\ 2\leqslant y\leqslant 3\end{cases}$，化二重积分 $\iint\limits_D f(x,y)\mathrm{d}\sigma$ 为二次积分，则为（　　）。

A. $\int_2^3 f(x,y)\mathrm{d}y\int_1^y \mathrm{d}x$；　　B. $\int_2^3 \mathrm{d}x\int_1^y f(x,y)\mathrm{d}y$；

C. $\int_2^3 f(x,y)\mathrm{d}x\int_1^y \mathrm{d}y$；　　D. $\int_2^3 \mathrm{d}y\int_1^y f(x,y)\mathrm{d}x$。

3. 设积分区域 D 是由直线 $y=x$，$y=0$，$x=1$ 围成，则有 $\iint\limits_D \mathrm{d}x\mathrm{d}y=$（　　）。

A. $\int_0^1 \mathrm{d}x\int_0^x \mathrm{d}y$；　　B. $\int_0^1 \mathrm{d}y\int_0^y \mathrm{d}x$；

C. $\int_0^1 \mathrm{d}x\int_x^0 \mathrm{d}y$；　　D. $\int_0^1 \mathrm{d}x\int_x^y \mathrm{d}y$。

4. 交换积分次序，则 $\int_0^1 \mathrm{d}x\int_0^{1-x} f(x,y)\mathrm{d}y=$（　　）。

A. $\int_0^{1-x} \mathrm{d}y\int_0^1 f(x,y)\mathrm{d}x$；　　B. $\int_0^1 \mathrm{d}y\int_0^{1-x} f(x,y)\mathrm{d}x$；

C. $\int_0^1 \mathrm{d}y\int_0^1 f(x,y)\mathrm{d}x$；　　D. $\int_0^1 \mathrm{d}y\int_0^{1-y} f(x,y)\mathrm{d}x$。

5. 交换积分次序，则 $\int_0^1 \mathrm{d}x\int_{x^2}^x f(x,y)\mathrm{d}y=$（　　）。

A. $\int_x^{x^2} \mathrm{d}y\int_0^1 f(x,y)\mathrm{d}x$；　　B. $\int_0^1 \mathrm{d}y\int_x^{x^2} f(x,y)\mathrm{d}x$；

C. $\int_0^1 dy\int_0^1 f(x,y)dx$；　　D. $\int_0^1 dy\int_y^{\sqrt{y}} f(x,y)dx$。

6. 设积分区域 D 为 $\begin{cases}1\leqslant x\leqslant 4\\2\leqslant y\leqslant 5\end{cases}$，化二重积分为二次积分，则 $\iint\limits_D f(x,y)d\sigma=$________。

7. 设 D 是由直线 $x+y=1$ 及 $y=\sqrt{1-x^2}$ 所围成的闭区域，化二重积分为二次积分，则 $\iint\limits_D dxdy=$________。

8. 计算 $\iint\limits_D (2x-y)d\sigma$。其中 D 为 $\begin{cases}1\leqslant x\leqslant 2\\0\leqslant y\leqslant 1\end{cases}$。

9. 计算 $\int_0^1 dx\int_0^x (5x+2y)dy$。

10. 计算二重积分 $\iint\limits_D 2xydxdy$。其中 D 是由抛物线 $y=x^2$，直线 $x=2$、$y=2-x$ 所围成的闭区域。

复习题六

一、选择题

1. 设 $z=\cos x^2y$，则 $\dfrac{\partial z}{\partial y}=$（　　）。

A. $\sin x^2y$；　B. $x^2\sin x^2y$；　C. $-\sin x^2y$；　D. $-x^2\sin x^2y$。

2. 设 $u=xe^{yz}$，则 $du=$（　　）。

A. $e^{yz}dx$；　　B. $xze^{yz}dy$；

C. $xye^{yz}dz$；　　D. $e^{yz}(dx+xzdy+xydz)$。

3. 若 $x+\ln y-\ln z=0$，则 $\dfrac{\partial z}{\partial x}=$（　　）。

A. 1；　B. e^x；　C. ye^x；　D. y。

4. 设二元函数 $f(x,y)$ 在 (x_0,y_0) 处有极值，且两个一阶偏导数都存在，则必有（　　）。

A. $f'_x(x_0,y_0)>0$，$f'_y(x_0,y_0)>0$；

B. $f'_x(x_0,y_0)=0$，$f'_y(x_0,y_0)=0$；

C. $f'_x(x_0,y_0)>0$，$f'_y(x_0,y_0)=0$；

D. $f'_x(x_0,y_0)=0$，$f'_y(x_0,y_0)>0$。

5. 设 D 是平面区域 $\{1\leqslant x\leqslant 2,1\leqslant y\leqslant e\}$，则二重积分 $\iint\limits_D dxdy=$（　　）。

A. 1；　B. 2e；　C. e；　D. $e-1$。

6. 设积分区域 D 是由直线 $y=1-x$，$y=0$，$x=0$ 围成，则 $\iint\limits_D dxdy=$（　　）。

A. $\int_0^1 dx\int_0^1 dy$；　　B. $\int_0^1 dy\int_0^y dx$；

C. $\int_0^1 dx\int_x^0 dy$；　　D. $\int_0^1 dx\int_0^{1-x} dy$。

二、填空题

7. 设函数$z=|xy-1|+\frac{y-2}{x}$，则$z(1,1)=$________。

8. 设$f(x+y,x-y)=x^2-y^2$，则$f(x,y)=$________。

9. 函数$z=\ln(y^2-2x+1)$的定义域为________。

10. 若$z=5x^2y^3$，则$\frac{\partial z}{\partial y}\Big|_{(1,-1)}=$________。

11. 设$z=uv+\sin t$，而$u=\mathrm{e}^t$，$v=\cos t$，则$\frac{\mathrm{d}z}{\mathrm{d}t}=$________。

12. 设D是平面区域$\{a^2\leqslant x^2+y^2\leqslant b^2\}$，其中（$0<a<b$），则$\iint\limits_D \mathrm{d}x\mathrm{d}y=$________。

13. 二重积分$I=\int_0^2\mathrm{d}x\int_{\frac{x}{2}}^{3-x}f(x,y)\mathrm{d}y$，交换积分次序，则$I=$______。

三、解答题

14. 求二重极限$\lim\limits_{(x,y)\to(0,0)}\frac{2-\sqrt{xy+4}}{xy}$。

15. 设$z=x^4+y^4-4x^2y^2$，求$\frac{\partial z}{\partial x}$、$\frac{\partial z}{\partial y}$。

16. 设$f(x,y)=x^2y^2-2y$，求$f''_{yy}(1,1)$。

17. 设$z=xy+\frac{x}{y}$，求$\mathrm{d}z$。

18. 设$z(x,y)$是由方程$x^2+y^2+z^2=4z$所确定的隐函数，求$\frac{\partial z}{\partial x}$。

19. 求$f(x,y)=x^2+3y^2+4x-9y+3$的极值。

20. 更换二重积分$\int_0^1\mathrm{d}y\int_y^1\mathrm{e}^{-x^2}\mathrm{d}x$的次序，并计算其值。

四、综合题

21. 计算$\iint\limits_D(1-x-y)\mathrm{d}x\mathrm{d}y$。其中$D$是由$y=0$，$x=0$及$x+y=1$围成的闭区域。

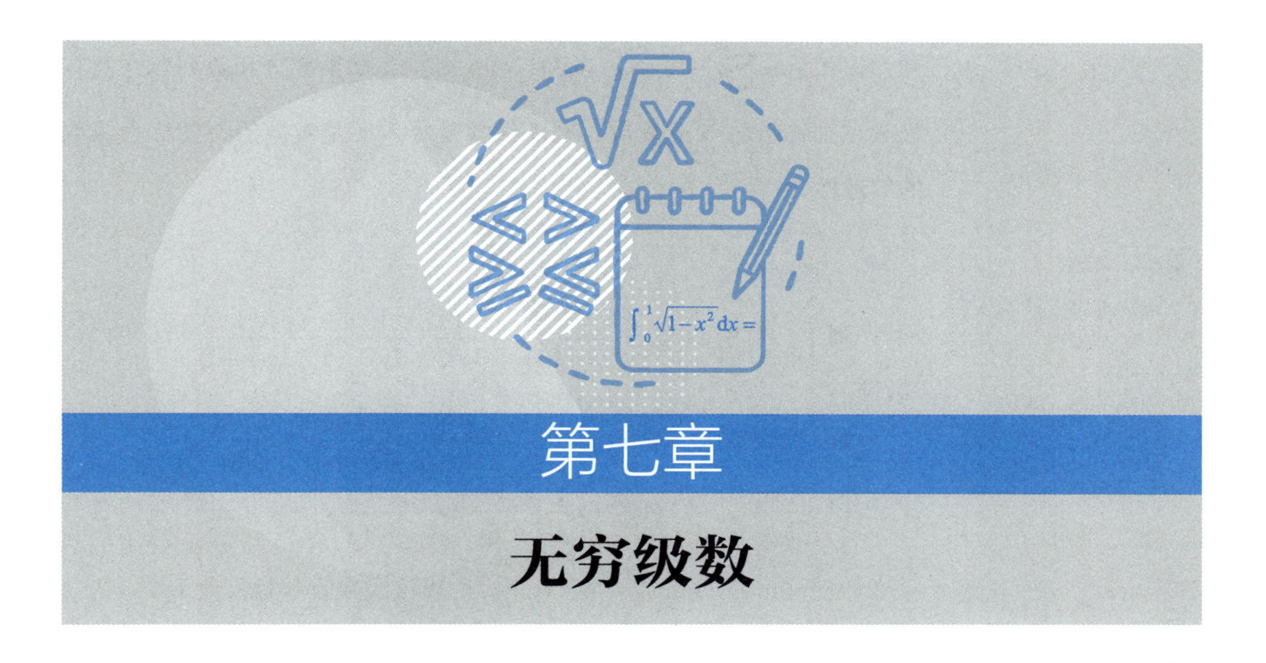

第七章 无穷级数

无穷级数是高等数学的重要组成部分，是研究函数以及进行数值计算的一种有力工具。本章主要是在极限理论的基础上，重点介绍常数项级数的基本知识，并由此推出幂级数的基本理论。

第一节 常数项级数的概念和性质

一、常数项级数的概念

定义 如果给定一个数列 $u_1,u_2,u_3,\cdots,u_n,\cdots$，则称 $\sum_{n=1}^{\infty}u_n=u_1+u_2+u_3+\cdots+u_n+\cdots$ 为**常数项无穷级数**，简称**数项级数**，其中第 n 项 u_n 称为级数的**一般项**或**通项**。

定义 一般地，把级数前 n 项的和 $s_n=u_1+u_2+u_3+\cdots+u_n=\sum_{k=1}^{n}u_k$ 称为级数 $\sum_{n=1}^{\infty}u_n$ 的前 n 项**部分和**。当 n 依次取 $1,2,3,\cdots$ 时，它们构成一个新数列 $s_1=u_1$，$s_2=u_1+u_2$，$s_3=u_1+u_2+u_3$，$\cdots$，$s_n=u_1+u_2+u_3+\cdots+u_n$，$\cdots$，称为级数 $\sum_{n=1}^{\infty}u_n$ 的**部分和数列**，记作 $\{s_n\}$。

定义 如果级数 $\sum_{n=1}^{\infty}u_n$ 的部分和数列 $\{s_n\}$ 有极限，即存在常数 s，

本节导学

内容：（1）常数项级数的定义与性质，敛散性的定义；（2）判别级数的敛散性。

重点：常数项级数的定义与性质，以及敛散性的定义。

难点：根据定义和性质判别级数的敛散性。

注 意

级数的特征为：
（1）无穷多项；
（2）连续求和。

想一想

根据级数收敛和发散的定义，可以得出判断级数敛散性的方法吗？

使得 $\lim\limits_{n\to\infty}s_n=s$，则称级数 $\sum\limits_{n=1}^{\infty}u_n$ **收敛**，且收敛于 s，并称 s 为该级数的和，记作 $s=\sum\limits_{n=1}^{\infty}u_n=u_1+u_2+u_3+\cdots+u_n+\cdots$。如果部分和数列 $\{s_n\}$ 没有极限，则称级数 $\sum\limits_{n=1}^{\infty}u_n$ **发散**。判断级数是收敛还是发散的特性称为级数的**敛散性**。

注 意

例1中，将通项拆成两项的差。求和时，消去中间各项，只剩下首尾项，则 s_n 可求。这种方法叫拆项法。

例题解析

例 1 判别级数 $\sum\limits_{n=1}^{\infty}\dfrac{1}{n(n+1)}=\dfrac{1}{1\times2}+\dfrac{1}{2\times3}+\cdots+\dfrac{1}{n(n+1)}+\cdots$ 的敛散性。

解 级数的前 n 项的部分和 $s_n=\dfrac{1}{1\times2}+\dfrac{1}{2\times3}+\cdots+\dfrac{1}{n(n+1)}=\left(1-\dfrac{1}{2}\right)+\left(\dfrac{1}{2}-\dfrac{1}{3}\right)+\cdots+\left(\dfrac{1}{n}-\dfrac{1}{n+1}\right)=1-\dfrac{1}{n+1}$。

由于 $\lim\limits_{n\to\infty}s_n=\lim\limits_{n\to\infty}\left(1-\dfrac{1}{n+1}\right)=1$，所以该级数收敛且收敛于 1。

提 示

利用定义来判断级数的敛散性，关键在判断它的部分和数列的极限是否存在。其步骤是：

（1）先计算部分和 s_n；

（2）再计算 $\lim\limits_{n\to\infty}s_n$，从而判断敛散性。

例 2 讨论几何级数（等比级数）$\sum\limits_{n=1}^{\infty}aq^{n-1}=a+aq+aq^2+\cdots+aq^{n-1}+\cdots$ 的敛散性，其中 $a\neq0$，$q\neq0$，q 叫做级数的公比。

解 （1）当 $|q|\neq1$ 时，部分和 $s_n=a+aq+aq^2+\cdots+aq^{n-1}=\dfrac{a(1-q^n)}{1-q}$。

若 $|q|<1$，则由 $\lim\limits_{n\to\infty}q^n=0$，得 $s=\lim\limits_{n\to\infty}s_n=\dfrac{a}{1-q}$，从而级数收敛，其和为 $s=\dfrac{a}{1-q}$。

若 $|q|>1$，则由 $\lim\limits_{n\to\infty}q^n=\infty$，得 $\lim\limits_{n\to\infty}s_n=\infty$，从而级数发散。

（2）当 $|q|=1$，若 $q=1$，则级数为 $a+a+a+\cdots+a+\cdots$，此时 $s_n=na$，故 $\lim\limits_{n\to\infty}s_n=\infty$，从而级数发散。

若 $q=-1$，则级数为 $a-a+a-\cdots+(-1)^{n-1}a+\cdots$，此时 $s_n=\begin{cases}a & (n为奇数)\\0 & (n为偶数)\end{cases}$，从而 $\lim\limits_{n\to\infty}s_n$ 不存在，所以级数发散。

练一练

写出下列级数的部分和 s_n，并说明其敛散性。

（1）$\sum\limits_{n=1}^{\infty}(\sqrt{n+1}-\sqrt{n})$；

（2）$1+\dfrac{1}{3}+\dfrac{1}{9}+\cdots+\dfrac{1}{3^{n-1}}+\cdots$。

综上所述，等比级数 $\sum\limits_{n=1}^{\infty}aq^{n-1}$，若公比 $|q|<1$ 时收敛，其和为 $\dfrac{a}{1-q}$；若公比 $|q|\geqslant1$ 时发散。

二、常数项级数的基本性质

性质 1 若两个级数 $\sum\limits_{n=1}^{\infty}u_n$、$\sum\limits_{n=1}^{\infty}v_n$ 分别收敛于 s、t，则级数

$\sum_{n=1}^{\infty}(u_n \pm v_n)$ 收敛于 $s \pm t$。

性质 2 若级数 $\sum_{n=1}^{\infty}u_n$ 收敛于 s，k 是常数，则级数 $\sum_{n=1}^{\infty}ku_n$ 收敛于 ks。

性质 3 在收敛级数 $\sum_{n=1}^{\infty}u_n$ 中任意添加括号，不改变收敛性与级数的和。

此性质可等价叙述为：如果一个级数添加括号后所形成的级数发散，那么原级数也发散。

性质 4 增加、去掉、改变有限项，不影响级数的敛散性。

性质 5 （级数收敛的必要条件）若级数 $\sum_{n=1}^{\infty}u_n$ 收敛，则通项 u_n 的极限为零，即 $\lim_{n\to\infty}u_n = 0$。

此性质的逆否命题可叙述如下：

推论：如果 $\lim_{n\to\infty}u_n \neq 0$，则级数 $\sum_{n=1}^{\infty}u_n$ 发散。

上述推论很重要，是判断级数发散的一种常用方法。

注　意

性质3中特别强调是收敛级数。因为一个级数加括号后所形成的级数收敛，但原级数不一定收敛。如 $\sum_{n=1}^{\infty}(-1)^n$ 发散，但它的相邻两项都加上括号后的新级数 $(-1+1)+(-1+1)+\cdots$ 却是收敛的。

想一想

性质5中通项趋于零仅是级数收敛的必要条件，不是充分条件，即虽有 $\lim_{n\to\infty}u_n = 0$，但级数 $\sum_{n=1}^{\infty}u_n$ 未必一定收敛。如调和级数 $\sum_{n=1}^{\infty}\frac{1}{n}$ 的通项 $\frac{1}{n}$ 趋于零，但该级数却是发散的。

例题解析

例 3 判断级数 $\sum_{n=1}^{\infty}\left(\frac{1}{2^n}-\frac{100}{3^n}\right)$ 的敛散性。

解 根据几何级数敛散性的判定结果，级数 $\sum_{n=1}^{\infty}\frac{1}{2^n}$ 与级数 $\sum_{n=1}^{\infty}\frac{1}{3^n}$ 收敛，根据性质 2，$\sum_{n=1}^{\infty}\frac{100}{3^n}$ 也收敛，再根据性质 1，即得级数 $\sum_{n=1}^{\infty}\left(\frac{1}{2^n}-\frac{100}{3^n}\right)$ 收敛。

例 4 讨论级数 $\sum_{n=1}^{\infty}\frac{n}{2n-1}$ 的敛散性。

解 因为 $u_n = \frac{n}{2n-1}$，而 $\lim_{n\to\infty}u_n = \lim_{n\to\infty}\frac{n}{2n-1} = \frac{1}{2} \neq 0$，所以级数 $\sum_{n=1}^{\infty}\frac{n}{2n-1}$ 一定发散。

练一练

判定下列级数的敛散性。

（1）$\left(\frac{1}{3}+\frac{1}{4}\right)+\left(\frac{1}{3^3}+\frac{1}{4^2}\right)+\left(\frac{1}{3^5}+\frac{1}{4^3}\right)+\left(\frac{1}{3^7}+\frac{1}{4^4}\right)+\cdots$；

（2）$\sum_{n=1}^{\infty}\frac{2n}{3n-1}$。

习题7-1

1. $\lim_{n\to\infty}u_n = 0$ 是级数 $\sum_{n=1}^{\infty}u_n$ 收敛的（　　）。

A. 必要条件；　B. 充分条件；　C. 充要条件；　D. 无关条件。

2. 下列说法正确的是（　　）。

A. 若级数 $\sum_{n=1}^{\infty}u_n$ 发散，k 为常数，则级数 $\sum_{n=1}^{\infty}ku_n$ 发散；

B. 若级数 $\sum_{n=1}^{\infty}a_n$ 发散，$\sum_{n=1}^{\infty}b_n$ 收敛，则 $\sum_{n=1}^{\infty}(a_n+b_n)$ 发散；

C. 若级数$\sum_{n=1}^{\infty}a_n$和$\sum_{n=1}^{\infty}b_n$均发散，则$\sum_{n=1}^{\infty}(a_n+b_n)$必发散；

D. 若级数$\sum_{n=1}^{\infty}(a_n+b_n)$收敛，则级数$\sum_{n=1}^{\infty}a_n$和$\sum_{n=1}^{\infty}b_n$均收敛。

3. 级数$\sum_{n=1}^{\infty}q^n$收敛，则q应满足的条件为________。

4. 级数$\sum_{n=1}^{\infty}(\frac{2}{3})^n$的和$s=$________。

5. 用写出前五项来表示下列级数。

（1）$\sum_{n=1}^{\infty}\frac{n}{1+n^3}$；（2）$\sum_{n=1}^{\infty}\frac{(-1)^{n+1}}{n!}$。

6. 写出下列级数的一般项。

（1）$1+\frac{1}{3}+\frac{1}{5}+\frac{1}{7}+\cdots$；（2）$1-\frac{6}{2^2}+\frac{12}{2^3}-\frac{20}{2^4}+\frac{30}{2^5}-\cdots$。

7. 用级数收敛和发散的定义，判断下列级数的敛散性。

（1）$\frac{1}{1\times3}+\frac{1}{3\times5}+\frac{1}{5\times7}+\cdots+\frac{1}{(2n-1)\cdot(2n+1)}+\cdots$；

（2）$1-\frac{1}{3}+\frac{1}{9}-\frac{1}{27}+\cdots+(-1)^{n-1}\frac{1}{3^{n-1}}+\cdots$；

（3）$\ln\frac{2}{1}+\ln\frac{3}{2}+\ln\frac{4}{3}+\cdots+\ln\frac{n+1}{n}+\cdots$。

8. 利用级数的基本性质，判断下列级数的敛散性。

（1）$\sum_{n=1}^{\infty}\frac{3}{10^n}$；（2）$\sum_{n=1}^{\infty}(-1)^n\frac{n}{n+1}$；（3）$\sum_{n=1}^{\infty}\frac{2+(-1)^n}{2^n}$。

第二节　常数项级数的判敛法

本节导学

内容：（1）正项级数判敛法；（2）莱布尼茨交错级数判敛法；（3）绝对收敛。

重点：会运用比值法判别正项级数的敛散性。

难点：判断正项级数敛散性，条件收敛与绝对收敛。

一、正项级数及其敛散性判别法

如果级数$\sum_{n=1}^{\infty}u_n$的一般项$u_n\geqslant0$，即级数的各项都是正数或者零，这种级数叫**正项级数**。正项级数的部分和数列是单调增加的，只要其部分和数列$\{s_n\}$有界，则$\lim\limits_{n\to\infty}s_n$一定存在，即级数收敛，反之亦然。

定理　正项级数收敛的充分必要条件是其部分和数列$\{s_n\}$有界。

定理（比较判敛法）

设$\sum_{n=1}^{\infty}u_n$和$\sum_{n=1}^{\infty}v_n$都是正项级数，且$u_n\leqslant v_n$（$n=1,2,\cdots$），

则（1）若级数$\sum_{n=1}^{\infty}v_n$收敛，则级数$\sum_{n=1}^{\infty}u_n$也收敛；

（2）若级数$\sum_{n=1}^{\infty}u_n$发散，则级数$\sum_{n=1}^{\infty}v_n$也发散。

注　意

此定理简而言之：若“大”级数收敛，则“小”级数也收敛；若“小”级数发散，则“大”级数也发散。

例题解析

例 1 证明调和级数 $\sum_{n=1}^{\infty}\frac{1}{n}$ 是发散的。

解 把级数按如下方法添加括号：

$$\sum_{n=1}^{\infty}\frac{1}{n}=1+\frac{1}{2}+\left(\frac{1}{3}+\frac{1}{4}\right)+\left(\frac{1}{5}+\cdots+\frac{1}{8}\right)+\left(\frac{1}{9}+\cdots+\frac{1}{16}\right)+\cdots>1+\frac{1}{2}+$$

$$\left(\frac{1}{4}+\frac{1}{4}\right)+\left(\underbrace{\frac{1}{8}+\cdots+\frac{1}{8}}_{4个}\right)+\left(\underbrace{\frac{1}{16}+\cdots+\frac{1}{16}}_{8个}\right)+\cdots=1+\frac{1}{2}+\frac{1}{2}+\frac{1}{2}+\cdots\to\infty。$$

由于每个括号内最小的项是 $\frac{1}{2^k}$（$k=1,2,\cdots$），而项数不少于 2^{k-1} 项，因而每个括号内各项的和一定大于 $\frac{1}{2}$，因此加括号后的级数的各项均大于级数 $\sum_{n=1}^{\infty}\frac{1}{2}$ 的对应项，而级数 $\sum_{n=1}^{\infty}\frac{1}{2}$ 是发散的，因此由比较判敛法可知，加括号后的级数是发散的。再由级数性质 3 可知，调和级数是发散的。

例 2 判断级数 $\sum_{n=2}^{\infty}\frac{1}{\sqrt{n(n-1)}}$ 的敛散性。

解 因为 $\frac{1}{\sqrt{n(n-1)}}>\frac{1}{\sqrt{n\times n}}=\frac{1}{n}$，而级数 $\sum_{n=1}^{\infty}\frac{1}{n}$ 发散，从而级数 $\sum_{n=2}^{\infty}\frac{1}{n}$ 发散，所以级数 $\sum_{n=2}^{\infty}\frac{1}{\sqrt{n(n-1)}}$ 也发散。

例 3 判断级数 $\sum_{n=1}^{\infty}\frac{1}{1+a^n}(a>0)$ 的敛散性。

解 当 $a>1$ 时，$\frac{1}{1+a^n}<\frac{1}{a^n}$，$\sum_{n=1}^{\infty}\frac{1}{a^n}=\sum_{n=1}^{\infty}\left(\frac{1}{a}\right)^n(a>0)$ 为等比级数，公比为 $\frac{1}{a}<1$，故 $\sum_{n=1}^{\infty}\frac{1}{a^n}$ 级数收敛，所以 $\sum_{n=1}^{\infty}\frac{1}{1+a^n}$ 级数收敛。当 $0<a\leqslant 1$ 时，$\frac{1}{2}<\frac{1}{1+a^n}$，而级数 $\sum_{n=1}^{\infty}\frac{1}{2}$ 发散，所以 $\sum_{n=1}^{\infty}\frac{1}{1+a^n}$ 也发散。

比较判别法的基本思想是需要寻求一个敛散性已知的级数与所要判定的级数作比较。一般常用几何级数、p 级数、调和级数这几个重要级数作比较对象。

定理（比值判别法，达朗贝尔比值判敛法）

设 $\sum_{n=1}^{\infty}u_n$ 为正项级数，$\lim_{n\to\infty}\frac{u_{n+1}}{u_n}=\rho$，则（1）当 $\rho<1$ 时，级数收敛；（2）当 $\rho>1$（或 $\rho=+\infty$）时，级数发散；（3）当 $\rho=1$ 时，级数可能收敛，也可能发散。

想一想

$\sum_{n=1}^{\infty}u_n$ 和 $\sum_{n=1}^{\infty}v_n$ 都是正项级数，且 $u_n\leqslant v_n$，若 $\sum_{n=1}^{\infty}v_n$ 发散，则 $\sum_{n=1}^{\infty}u_n$ 的敛散性会怎样？

提 示

调和级数是 p 级数的特例。

提 示

p 级数 $\sum_{n=0}^{\infty}\frac{1}{n^p}$ 的敛散性：当 $0<p\leqslant 1$ 时，此级数发散（$p=1$ 时是调和级数）；当 $p>1$ 时，级数收敛。

注 意

记住几何级数与 p 级数两个重要级数的敛散性结论，可直接运用于解题中。

想一想

比较法中要合理地选取放大法或是缩小法：

（1）放大或缩小时，一定要将级数中的一般项简化，最好能成为几个常见级数中的某一个；

（2）变化后的级数与原级数必须能用得上比较法。

练一练

用比值判敛法判断级数 $\sum_{n=1}^{\infty}\frac{3^n}{n2^n}$ 的敛散性。

想一想

判断正项级数敛散性的一般思路：首先研究 $\lim\limits_{n\to\infty}u_n$ 是否等于零，若 $\lim\limits_{n\to\infty}u_n\neq0$，则级数发散；若 $\lim\limits_{n\to\infty}u_n=0$，则用比值法判别敛散性。如果仍无法判定，则用比较法或定义求 $\lim\limits_{n\to\infty}s_n$。

提　示

例5中，当 $\rho=1$ 时，虽然不能用比值法判定，但却可以用比较判敛法判定该级数是收敛的。

提　示

判定正项级数敛散性的方法通常有：（1）比较法；（2）比值法；（3）根值法。

例题解析

例 4　判断下列级数的敛散性。

（1）$\sum_{n=1}^{\infty}\frac{n}{2^{n-1}}$；　　（2）$\sum_{n=1}^{\infty}\frac{n!}{10^n}$。

解　（1）$\rho=\lim\limits_{n\to\infty}\frac{u_{n+1}}{u_n}=\lim\limits_{n\to\infty}\frac{\frac{n+1}{2^n}}{\frac{n}{2^{n-1}}}=\lim\limits_{n\to\infty}\frac{n+1}{2n}=\frac{1}{2}<1$，

所以级数 $\sum_{n=1}^{\infty}\frac{n}{2^{n-1}}$ 收敛。

（2）$\rho=\lim\limits_{n\to\infty}\frac{u_{n+1}}{u_n}=\lim\limits_{n\to\infty}\left[\frac{(n+1)!}{10^{n+1}}\times\frac{10^n}{n!}\right]=\lim\limits_{n\to\infty}\frac{n+1}{10}=+\infty>1$，故级数发散。

例 5　说明能否利用比值判敛法判断级数 $\sum_{n=1}^{\infty}\frac{1}{(n+1)(n+2)}$ 的敛散性。

解　因为 $\rho=\lim\limits_{n\to\infty}\frac{u_{n+1}}{u_n}=\lim\limits_{n\to\infty}\frac{(n+1)(n+2)}{(n+2)(n+3)}=\lim\limits_{n\to\infty}\frac{n+1}{n+3}=1$，所以不能用比值判敛法确定 $\sum_{n=1}^{\infty}\frac{1}{(n+1)(n+2)}$ 的敛散性。

定理（根值判敛法，柯西根值判敛法）

设 $\sum_{n=1}^{\infty}u_n$ 为正项级数，如果 $\lim\limits_{n\to\infty}\sqrt[n]{u_n}=\rho$，则

（1）当 $\rho<1$ 时，级数收敛；

（2）当 $\rho>1$（或 $\lim\limits_{n\to\infty}\sqrt[n]{u_n}=+\infty$）时，级数发散；

（3）当 $\rho=1$ 时，级数可能收敛，也可能发散。

例题解析

例 6　证明级数 $\sum_{n=1}^{\infty}\left(\frac{2n+1}{3n-5}\right)^n$ 收敛。

证明：因为 $\rho=\lim\limits_{n\to\infty}\sqrt[n]{u_n}=\lim\limits_{n\to\infty}\frac{2n+1}{3n-5}=\frac{2}{3}<1$，由根值判敛法可知，级数 $\sum_{n=1}^{\infty}\left(\frac{2n+1}{3n-5}\right)^n$ 收敛。

二、交错级数及其敛散性的判别法

形如 $\sum_{n=1}^{\infty}(-1)^{n-1}u_n$ 或 $\sum_{n=1}^{\infty}(-1)^n u_n$ ［其中 $u_n>0(n=1,2,\cdots)$］的级数称之为**交错级数**。

定理（莱布尼茨判敛法） 如果交错级数 $\sum_{n=1}^{\infty}(-1)^{n-1}u_n$ 满足条件（1）$u_n \geqslant u_{n+1}(n=1,2,\cdots)$，（2）$\lim\limits_{n\to\infty}u_n=0$；则级数收敛，且其和 $s\leqslant u_1$。

例题解析

例题 7 判别级数 $\sum_{n=1}^{\infty}(-1)^{n-1}\dfrac{1}{n}$ 的敛散性。

解 这是交错级数。由于 $u_n=\dfrac{1}{n}>\dfrac{1}{n+1}=u_{n+1}$，且 $\lim\limits_{n\to\infty}u_n=\lim\limits_{n\to\infty}\dfrac{1}{n}=0$，由莱布尼茨判敛法可知原级数收敛。

练一练

判定下列级数的敛散性：

（1）$\sum_{n=1}^{\infty}\dfrac{(-1)^{n-1}}{3^n}$；

（2）$\sum_{n=1}^{\infty}\dfrac{(-1)^n}{3\sqrt{n}}$。

三、任意项级数的绝对收敛和条件收敛

如果级数 $\sum_{n=1}^{\infty}u_n$ 中各项可以是正数、负数或零，则级数 $\sum_{n=1}^{\infty}u_n$ 称为**任意项级数**。将任意项级数各项取绝对值后得到的级数 $\sum_{n=1}^{\infty}|u_n|$ 为**正项级数**。

如果 $\sum_{n=1}^{\infty}u_n$ 收敛，且 $\sum_{n=1}^{\infty}|u_n|$ 收敛，则称级数 $\sum_{n=1}^{\infty}u_n$ **绝对收敛**；

如果 $\sum_{n=1}^{\infty}u_n$ 收敛，但 $\sum_{n=1}^{\infty}|u_n|$ 发散，则称级数 $\sum_{n=1}^{\infty}u_n$ **条件收敛**。

定理 如果级数 $\sum_{n=1}^{\infty}|u_n|$ 收敛，则级数 $\sum_{n=1}^{\infty}u_n$ 也收敛。

注 意

（1）此定理的逆命题不成立，即绝对收敛的级数一定收敛，但收敛级数却不一定绝对收敛；

（2）此定理使得许多任意项级数的收敛性问题转化为正项级数的收敛性判别问题。

例题解析

例 8 判断级数 $\sum_{n=1}^{\infty}\dfrac{\sin na}{n^2}$ 的敛散性。

解 由于 $\left|\dfrac{\sin na}{n^2}\right|\leqslant\dfrac{1}{n^2}$，而级数 $\sum_{n=1}^{\infty}\dfrac{1}{n^2}$ 收敛，所以级数 $\sum_{n=1}^{\infty}\left|\dfrac{\sin na}{n^2}\right|$ 也收敛。再由定理可知，级数 $\sum_{n=1}^{\infty}\dfrac{\sin na}{n^2}$ 收敛，且绝对收敛。

例 9 判断级数 $1-\dfrac{1}{3}+\dfrac{1}{5}-\dfrac{1}{7}+\cdots$ 的敛散性。

解 这是交错级数，$u_n=\dfrac{1}{2n-1}$，$u_n>u_{n+1}$，且 $\lim\limits_{n\to\infty}u_n=0$，由莱布尼茨判敛法，可知原级数收敛；

又因为 $\left|(-1)^{n-1}\dfrac{1}{2n-1}\right|=\dfrac{1}{2n-1}>\dfrac{1}{2n}$，而级数 $\sum_{n=1}^{\infty}\dfrac{1}{2n}=\dfrac{1}{2}\sum_{n=1}^{\infty}\dfrac{1}{n}$ 发散，由比较判敛法知级数 $\sum_{n=1}^{\infty}\dfrac{1}{2n-1}$ 发散，所以原级数条件收敛。

练一练

判别下列级数的敛散性。若收敛，指明是绝对收敛还是条件收敛。

（1）$\sum_{n=1}^{\infty}\dfrac{\cos nx}{n\sqrt{n}}$；

（2）$\sum_{n=1}^{\infty}\dfrac{(-1)^{n-1}}{\sqrt{2n-1}}$。

提 示

判定级数敛散性的方法和步骤：

（1）首先研究 $\lim\limits_{n\to\infty}u_n$ 是否等于零，若 $\lim\limits_{n\to\infty}u_n\neq 0$，则级数发散。

（2）若 $\lim\limits_{n\to\infty}u_n=0$ 或 $\lim\limits_{n\to\infty}u_n$ 不易求出，则判定绝对值级数 $\sum_{n=1}^{\infty}|u_n|$ 是否

收敛(其判定法为正项级数的各种判敛法)。若收敛，则原级数绝对收敛；若发散，进一步利用莱布尼茨判敛法判定 $\sum_{n=1}^{\infty}u_n$ 是否收敛，或用定义求 $\lim_{n\to\infty}s_n$。若是，则 $\sum_{n=1}^{\infty}u_n$ 条件收敛，若否，则 $\sum_{n=1}^{\infty}u_n$ 发散。

（3）若级数既不条件收敛，也不绝对收敛，则级数发散。

习题7-2

1. 下列级数中收敛的是（　　）。

A. $\sum_{n=1}^{\infty}\frac{1}{\sqrt{n-1}}$；　　B. $\sum_{n=1}^{\infty}\frac{n}{3n+1}$；

C. $\sum_{n=1}^{\infty}\frac{1}{q^n}$　$(|q|<1)$；　　D. $\sum_{n=1}^{\infty}\frac{2^{n-1}}{3^n}$。

2. 下列正项级数发散的是（　　）。

A. $\sum_{n=1}^{\infty}\frac{n+1}{3^n}$；　　B. $\sum_{n=1}^{\infty}\frac{3^n n!}{n^n}$；

C. $\sum_{n=1}^{\infty}\frac{1}{n!}$；　　D. $\sum_{n=1}^{\infty}\frac{\sin^2\frac{n\pi}{2}}{2^n}$。

3. 下列级数条件收敛的是（　　）。

A. $\sum_{n=1}^{\infty}\frac{(-1)^{n-1}}{\sqrt{n}}$；　　B. $\sum_{n=1}^{\infty}(-1)^{n-1}(\frac{2}{3})^n$；

C. $\sum_{n=1}^{\infty}\frac{(-1)^{n-1}}{2^n}$；　　D. $\sum_{n=1}^{\infty}\frac{(-1)^{n-1}}{n^3}$。

4. 填空题。

（1）若 $u_n\geqslant 0$（$n=1,2,\cdots$），则称 $\sum_{n=1}^{\infty}u_n$ 为________级数；

若 $u_{2n-1}\geqslant 0$，$u_{2n}<0$（$n=1,2,\cdots$），则称 $\sum_{n=1}^{\infty}u_n$ 为________级数。

（2）级数 $\sum_{n=1}^{\infty}\frac{1}{n^p}$（$p>0$），当 p_______时级数收敛；当 p_______时级数发散。

（3）若 $\sum_{n=1}^{\infty}u_n$ 绝对收敛，则 $\sum_{n=1}^{\infty}|u_n|$________；若 $\sum_{n=1}^{\infty}u_n$ 条件收敛，则 $\sum_{n=1}^{\infty}|u_n|$________。

5. 用比较判敛法判定下列级数的敛散性。

（1）$1+\frac{1}{3}+\frac{1}{5}+\cdots+\frac{1}{2n-1}+\cdots$；（2）$\sum_{n=1}^{\infty}\frac{1}{n(n+1)}$；（3）$\sum_{n=1}^{\infty}\frac{1}{1+3^n}$。

6. 用比值判敛法判定下列级数的敛散性。

（1）$\frac{1}{2}+\frac{3}{2^2}+\frac{5}{2^3}+\cdots+\frac{2n-1}{2^n}+\cdots$；　　（2）$\sum_{n=1}^{\infty}\frac{n!}{5^n}$；

（3）$\sum_{n=1}^{\infty}\frac{4^n}{n^2}$；　　（4）$\sum_{n=1}^{\infty}2^n\sin\frac{1}{3^n}$。

7. 用根值判敛法判定下列级数的敛散性。

（1）$\sum_{n=1}^{\infty}(\frac{n}{2n+1})^n$；　　（2）$\sum_{n=1}^{\infty}(\frac{n}{3n-1})^{2n}$。

8. 判别下列级数的敛散性。若收敛，指明是绝对收敛还是条件收敛。

（1）$\sum_{n=1}^{\infty}\frac{(-1)^{n-1}}{\sqrt{n}}$；　　（2）$\sum_{n=1}^{\infty}(-1)^{n+1}\frac{2^n}{n!}$；

（3）$\sum_{n=1}^{\infty}(-1)^{n+1}\frac{n+1}{2n+1}$；　　（4）$\sum_{n=2}^{\infty}(-1)^{n}\frac{1}{\ln n}$。

第三节　幂级数

本节导学

内容：（1）幂级数的概念、性质、收敛半径、收敛区间及收敛域；（2）幂级数的和函数；（3）常见函数的幂级数的展开式。

重点：求幂级数的收敛半径和收敛区间。

难点：收敛域，和函数，函数的幂级数展开式。

前面学习了常数项级数，它的每一项都是常数，现在学习函数项级数，它的每一项都是函数。形如 $\sum_{n=1}^{\infty}u_n(x)=u_1(x)+u_2(x)+\cdots+u_n(x)+\cdots$ 的级数称为**函数项级数**。显然，函数项级数如果给定了 x 的值，则得到一个常数项级数，如级数 $\sum_{n=1}^{\infty}u_n(x_0)=u_1(x_0)+u_2(x_0)+\cdots+u_n(x_0)+\cdots$。

如果级数 $\sum_{n=1}^{\infty}u_n(x_0)$ 收敛，则称级数 $\sum_{n=1}^{\infty}u_n(x_0)$ 在点 x_0 **收敛**，称 x_0 为这个级数的**收敛点**；如果级数 $\sum_{n=1}^{\infty}u_n(x_0)$ 发散，则称级数 $\sum_{n=1}^{\infty}u_n(x_0)$ 在点 x_0 **发散**，称 x_0 为这个级数的**发散点**。收敛点的全体构成的集合，称为级数 $\sum_{n=1}^{\infty}u_n(x)$ 的**收敛域**。

对于收敛域内的每一确定点 x，级数 $\sum_{n=1}^{\infty}u_n(x)$ 都收敛于一个确定的和 s。这样，级数在收敛域内的和仍是 x 的函数，并能够用唯一的初等函数表示出来，称这个函数为级数 $\sum_{n=1}^{\infty}u_n(x)$ 的**和函数**，记作 $s(x)$，即 $s(x)=\sum_{n=1}^{\infty}u_n(x)$。

在函数项级数中，幂级数是较为简单而又应用广泛的一类级数。

一、幂级数的概念

定义　形如 $\sum_{n=0}^{\infty}a_n(x-x_0)^n=a_0+a_1(x-x_0)+a_2(x-x_0)^2+\cdots+a_n(x-x_0)^n+\cdots$（1）的函数项级数称为**幂级数**，其中常数 $a_n(n=0,1,2,\cdots)$ 称为幂级数的**系数**。当 $x_0=0$ 时，幂级数具有更简单的形式：

$$\sum_{n=0}^{\infty}a_nx^n=a_0+a_1x+a_2x^2+\cdots+a_nx^n+\cdots \qquad (2)$$

下面着重讨论这种形式的幂级数。因为只要将（2）式中的 x 换成 $x-x_0$，就得到（1）式。

当 $x=x_0$ 时，式（2）就得到一个常数项级数

$$\sum_{n=0}^{\infty}a_nx_0^{\ n}=a_0+a_1x_0+a_2x_0^{\ 2}+\cdots+a_nx_0^{\ n}+\cdots \qquad (3)$$

对于幂级数，要考虑的也是它的敛散性问题。为此，我们先看一

提 示

让幂级数中的幂的底数等于0得到的点就是收敛中心点。

提 示

收敛区间和收敛域是不同的。收敛区间是开区间，收敛域是所有收敛点的集合。若收敛半径为R，则收敛区间为$(-R,R)$，而收敛域还需在求收敛区间的基础上讨论区间的端点$x=\pm R$时的收敛情况。

个例子。幂级数$\sum_{n=0}^{\infty}x^n=1+x+x^2+\cdots+x^n+\cdots$是一个公比为$x$的等比级数，当$|x|<1$时，幂级数$\sum_{n=0}^{\infty}x^n$收敛，且其和函数为$s(x)=\frac{1}{1-x}$；当$|x|\geqslant 1$时，幂级数$\sum_{n=0}^{\infty}x^n$发散。所以此幂级数的收敛域为$(-1,1)$，其收敛中心点为$x=0$。

对于幂级数$\sum_{n=0}^{\infty}a_n x^n$，必然存在一个正数$R>0$，使得对一切满足$|x|<R$的$x$，都能使幂级数绝对收敛，从而幂级数收敛；而对于$|x|>R$的$x$，都有幂级数发散。我们就称$R$为该幂级数的**收敛半径**，而称开区间$(-R,R)$为该幂级数的**收敛区间**。幂级数在区间端点$x=-R$和$x=R$处可能收敛，也可能发散，需另行确定。分别考虑$x=-R$和$x=R$处的敛散性后，就得到幂级数的**收敛域**。幂级数$\sum_{n=0}^{\infty}a_n x^n$的收敛域可能是$(-R,+R)$，$[-R,R)$，$(-R,R]$或$[-R,R]$。

求收敛半径的方法

（1）级数是$\sum_{n=1}^{\infty}a_n x^n$型，或是$\sum_{n=1}^{\infty}a_n(x-x_0)^n$型。

先求出$\rho=\lim\limits_{n\to\infty}\left|\frac{a_{n+1}}{a_n}\right|$，后求出$R=\frac{1}{\rho}$。

（2）级数是$\sum_{n=1}^{\infty}a_n x^{kn}$，或是$\sum_{n=1}^{\infty}a_n(x-x_0)^{kn}$型。

先求出$\rho=\lim\limits_{n\to\infty}\left|\frac{a_{n+1}}{a_n}\right|$，后求$R=\sqrt[k]{\frac{1}{\rho}}$。

规定：当$\rho=0$时，收敛半径$R=+\infty$；当$\rho=+\infty$时，收敛半径$R=0$。

例题解析

例 1 求幂级数$\sum_{n=1}^{\infty}(-1)^{n-1}\frac{2^n}{n}x^n$的收敛半径、收敛区间和收敛域。

解 因为$\rho=\lim\limits_{n\to\infty}\left|\frac{a_{n+1}}{a_n}\right|=\lim\limits_{n\to\infty}\frac{\frac{2^{n+1}}{n+1}}{\frac{2^n}{n}}=2$，所以幂级数的收敛半径$R=\frac{1}{\rho}=\frac{1}{2}$，收敛区间为$\left(-\frac{1}{2},\frac{1}{2}\right)$。当$x=\frac{1}{2}$时，幂级数变为交错级数$\sum_{n=1}^{\infty}(-1)^{n-1}\frac{1}{n}$，收敛（由莱布尼茨判敛法）；当$x=-\frac{1}{2}$时，幂级数变为级数$\sum_{n=1}^{\infty}\left(-\frac{1}{n}\right)$，发散（由调和级数的敛散性）。所以幂级数$\sum_{n=1}^{\infty}(-1)^{n-1}\frac{2^n}{n}x^n$

练一练

求幂级数$\sum_{n=1}^{\infty}\frac{x^n}{n}$的收敛半径和收敛区间。

的收敛域为$\left(-\frac{1}{2},\frac{1}{2}\right]$。

例 2 求幂级数$\sum_{n=0}^{\infty}\frac{x^n}{n!}$的收敛域。

解 因为$\rho=\lim_{n\to\infty}\left|\frac{a_{n+1}}{a_n}\right|=\lim_{n\to\infty}\frac{n!}{(n+1)!}=\lim_{n\to\infty}\frac{1}{n+1}=0$，

所以幂级数的收敛半径$R=\frac{1}{\rho}=+\infty$，收敛域为$(-\infty,+\infty)$。

例 3 求幂级数$\sum_{n=0}^{\infty}n!x^n$的收敛域。

解 因为$\rho=\lim_{n\to\infty}\left|\frac{a_{n+1}}{a_n}\right|=\lim_{n\to\infty}\frac{(n+1)!}{n!}=\lim_{n\to\infty}(n+1)=+\infty$，所以幂级数的收敛半径$R=\frac{1}{\rho}=0$，收敛域为$\{x\,|\,x=0\}$，即只在$x=0$点处收敛。

例 4 求幂级数$\sum_{n=0}^{\infty}(-1)^n\frac{x^{2n}}{2^n}$的收敛域。

解 $\rho=\lim_{n\to\infty}\left|\frac{(-1)^{n+1}\cdot 2^n}{(-1)^n 2^{n+1}}\right|=\frac{1}{2}$，$R=\sqrt{\frac{1}{\rho}}=\sqrt{2}$。

当$x=\pm\sqrt{2}$时，原级数变为$\sum_{n=0}^{\infty}(-1)^n\frac{x^{2n}}{2^n}=\sum_{n=0}^{\infty}(-1)^n$，发散。

所以原幂级数$\sum_{n=0}^{\infty}(-1)^n\frac{x^{2n}}{2^n}$的收敛域为$(-\sqrt{2},\sqrt{2})$。

例 5 求幂级数$\sum_{n=1}^{\infty}(-1)^{n-1}\frac{(x-1)^n}{n}$的收敛域。

解 $\rho=\lim_{n\to\infty}\left|\frac{a_{n+1}}{a_n}\right|=\lim_{n\to\infty}\left|\frac{\frac{(-1)^n}{n+1}}{\frac{(-1)^{n-1}}{n}}\right|=\lim_{n\to\infty}\frac{n}{n+1}=1$，

幂级数$\sum_{n=1}^{\infty}(-1)^{n-1}\frac{(x-1)^n}{n}$的收敛半径$R=\frac{1}{\rho}=1$，收敛区间为$(0,2)$。当$x=0$时，原幂级数变为$\sum_{n=1}^{\infty}\frac{(-1)^{2n-1}}{n}=-\sum_{n=1}^{\infty}\frac{1}{n}$，发散；当$x=2$时，原幂级数变为$\sum_{n=1}^{\infty}\frac{(-1)^{n-1}}{n}$，收敛。所以原幂级数$\sum_{n=1}^{\infty}(-1)^{n-1}\frac{(x-1)^n}{n}$的收敛域为$(0,2]$。

注 意

例5中，幂级数收敛中心点$x=1$，收敛半径为$R=1$，即$-1<x-1<1$，因此，收敛区间为$0<x<2$。

练一练

求下列幂级数的收敛半径和收敛域。

(1) $\sum_{n=1}^{\infty}\frac{1}{2^n n!}x^n$；

(2) $\sum_{n=1}^{\infty}\frac{2^n}{n^2+1}x^n$。

二、幂级数的性质

性质 1 幂级数$\sum_{n=0}^{\infty}ax^n$的和函数$s(x)$在其收敛域上连续。

注 意

幂级数在收敛的条件下，并且能用某一个初等函数表示出来，才能有和函数$s(x)$。

想一想

求幂级数的和函数是一个十分困难的问题，我们已知的只有几何级数的和函数为 $\sum\limits_{n=0}^{\infty}ax^n=\dfrac{a}{1-x}$ $(-1<x<1)$。应用幂级数逐项积分或逐项求导的性质，可以把一些幂级数求和函数的问题转化为几何级数求和函数的问题。

性质 2　幂级数 $\sum\limits_{n=0}^{\infty}a_nx^n$ 的和函数 $s(x)$ 在其收敛区间 $(-R,R)$ 内可导，且能逐项求导。

$$s'(x)=(\sum_{n=0}^{\infty}a_nx^n)'=\sum_{n=0}^{\infty}(a_nx^n)'=\sum_{n=0}^{\infty}na_nx^{n-1}\text{。}$$

逐项求导后所得到的幂级数和原级数有相同的收敛半径。

性质 3　幂级数 $\sum\limits_{n=0}^{\infty}a_nx^n$ 的和函数 $s(x)$ 在其收敛区间 $(-R,R)$ 内可积，且能逐项积分。

$$\int_0^x s(t)\mathrm{d}t=\int_0^x(\sum_{n=0}^{\infty}a_nt^n)\mathrm{d}t=\sum_{n=0}^{\infty}\int_0^x a_nt^n\mathrm{d}t=\sum_{n=0}^{\infty}\frac{a_n}{n+1}x^{n+1}\text{。}$$

逐项积分后所得到的幂级数和原级数有相同的收敛半径。

提　示

求和函数的步骤：（1）找到一个相近的幂级数，并能使它通过逐项积分或求导后，转化为常见的幂级数的和函数；（2）通过相近的幂级数来转换原幂级数，从而求得原幂级数的和函数；（3）对求得的幂级数的和函数都要注明其收敛域。

例题解析

例 6　求幂级数 $\sum\limits_{n=1}^{\infty}\dfrac{x^n}{n}$ 的和函数 $S(x)$。

解　$(\sum\limits_{n=1}^{\infty}\dfrac{x^n}{n})'=\sum\limits_{n=1}^{\infty}x^{n-1}=\sum\limits_{n=0}^{\infty}x^n=\dfrac{1}{1-x}$　$(-1<x<1)$，

$$S(x)=\sum_{n=1}^{\infty}\frac{x^n}{n}=\int_0^x\frac{1}{1-x}\mathrm{d}x=-\ln(1-x)\quad(-1\leqslant x<1)\text{。}$$

例 7　求幂级数 $\sum\limits_{n=0}^{\infty}(2n+1)x^{2n}$ 在收敛域 $(-1,1)$ 内的和函数 $s(x)$。

解　因为 $\int_0^x[\sum\limits_{n=0}^{\infty}(2n+1)x^{2n}]\mathrm{d}x=\sum\limits_{n=0}^{\infty}\int_0^x(2n+1)x^{2n}\mathrm{d}x=\sum\limits_{n=0}^{\infty}x^{2n+1}=\dfrac{x}{1-x^2}$ $(-1<x<1)$，所以 $S(x)=\sum\limits_{n=0}^{\infty}(2n+1)x^{2n}=(\dfrac{x}{1-x^2})'=\dfrac{1+x^2}{(1-x^2)^2}$　$(-1<x<1)$。

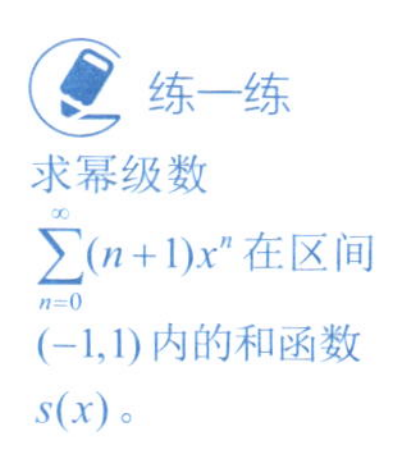

练一练

求幂级数 $\sum\limits_{n=0}^{\infty}(n+1)x^n$ 在区间 $(-1,1)$ 内的和函数 $s(x)$。

三、函数的幂级数展开式

前面讨论了幂级数在某收敛域内收敛，且收敛于它的和函数的问题。与之相反的问题是，对于给定的函数 $f(x)$，是否存在一个幂级数以 $f(x)$ 为它的和函数，若这样的幂级数存在，我们就说函数 $f(x)$ 在收敛域内能展开成幂级数，或简单地说函数 $f(x)$ 能展开成幂级数。

几个常见函数的幂级数展开式

（1）$\mathrm{e}^x=\sum\limits_{n=0}^{\infty}\dfrac{x^n}{n!}=1+x+\dfrac{x^2}{2!}+\cdots+\dfrac{x^n}{n!}+\cdots$ $(-\infty<x<+\infty)$；

（2）$\sin x=\sum\limits_{n=0}^{\infty}\dfrac{(-1)^n}{(2n+1)!}x^{2n+1}=x-\dfrac{x^3}{3!}+\dfrac{x^5}{5!}-\cdots+(-1)^n\dfrac{x^{2n+1}}{(2n+1)!}+\cdots$ $(-\infty<x<+\infty)$；

(3) $\cos x=\sum_{n=0}^{\infty}\frac{(-1)^n}{(2n)!}x^{2n}=1-\frac{x^2}{2!}+\frac{x^4}{4!}-\cdots+(-1)^{n-1}\frac{x^{2n}}{(2n)!}+\cdots$ $(-\infty<x<+\infty)$；

(4) $\frac{1}{1-x}=\sum_{n=0}^{\infty}x^n=1+x+x^2+\cdots+x^n+\cdots\quad(-1<x<1)$；

(5) $\frac{1}{1+x}=\sum_{n=0}^{\infty}(-1)^n x^n=1-x+x^2-\cdots+(-1)^n x^n+\cdots\quad(-1<x<1)$；

(6) $\ln(1+x)=\sum_{n=0}^{\infty}(-1)^n\frac{x^{n+1}}{n+1}=x-\frac{x^2}{2}+\frac{x^3}{3}-\frac{x^4}{4}+\cdots+(-1)^n\frac{x^{n+1}}{n+1}+\cdots$ $(-1<x\leqslant 1)$；

(7) $(1+x)^m=\sum_{n=0}^{\infty}\frac{m(m-1)\cdots(m-n+1)}{n!}x^n=1+mx+\frac{m(m-1)}{2!}x^2+\cdots+\frac{m(m-1)\cdots\cdots(m-n+1)}{n!}x^n+\cdots\quad(-1<x<1)$。

特殊地，当m为正整数时，公式（7）为x的m次多项式。这就是代数学中的牛顿二项式定理。

间接展开法

我们可以根据函数的幂级数展开式的唯一性，利用一些已知幂级数的展开式，再通过幂级数的代数运算或逐项求导、逐项积分运算等，求出给定函数的幂级数展开式，这种方法称为**间接展开法**。

例题解析

例 8 将函数$f(x)=\frac{1}{1+x^2}$展开成x的幂级数。

解 因为$\frac{1}{1-x}=1+x+x^2+\cdots+x^n+\cdots\quad(-1<x<1)$，把$x$换成$-x^2$，得$f(x)=\frac{1}{1+x^2}=1-x^2+x^4-\cdots+(-1)^n x^{2n}+\cdots\quad(-1<x<1)$。

例 9 将函数$f(x)=\ln(1+x)$展开成为x的幂级数。

解 因为$f'(x)=\frac{1}{1+x}$，而$\frac{1}{1+x}=1-x+x^2-x^3+\cdots+(-1)^n x^n+\cdots$ $(-1<x<1)$，两边逐项积分，得$\ln(1+x)=x-\frac{x^2}{2}+\frac{x^3}{3}-\frac{x^4}{4}+\cdots+(-1)^n\frac{x^{n+1}}{n+1}+\cdots\ (-1<x\leqslant 1)$。

想一想

当$x=1$时，通过例9可以得到$\ln 2=1-\frac{1}{2}+\frac{1}{3}-\frac{1}{4}+\cdots+(-1)^n\frac{1}{n}+\cdots$。

例 10 将函数$f(x)=\sin x$展开成$\left(x-\frac{\pi}{4}\right)$的幂级数。

解 因为$\sin x=\sin\left[\frac{\pi}{4}+\left(x-\frac{\pi}{4}\right)\right]=\frac{\sqrt{2}}{2}\left[\cos\left(x-\frac{\pi}{4}\right)+\sin\left(x-\frac{\pi}{4}\right)\right]$，由于有

$$\cos\left(x-\frac{\pi}{4}\right)=1-\frac{\left(x-\frac{\pi}{4}\right)^2}{2!}+\frac{\left(x-\frac{\pi}{4}\right)^4}{4!}-\cdots\quad(-\infty<x<+\infty)；$$

练一练

（1）将函数$f(x)=\frac{x^2}{x-3}$展开成x的幂级数；

（2）将函数$f(x)=\frac{1}{4-x}$展开成$(x-2)$的幂级数。

注 意

展开后的幂级数的收敛域，是由前面用到的幂级数的收敛域对应的，是通过计算得到的，而不是直接照搬来的。例如，例11中函数的收敛域是由 $-1<\dfrac{x-2}{5}<1$ 计算得到的。

$$\sin\left(x-\frac{\pi}{4}\right)=\left(x-\frac{\pi}{4}\right)-\frac{\left(x-\frac{\pi}{4}\right)^3}{3!}+\frac{\left(x-\frac{\pi}{4}\right)^5}{5!}-\cdots\quad(-\infty<x<+\infty)\text{。}$$

所以

$$\sin x=\frac{\sqrt{2}}{2}\left[1+\left(x-\frac{\pi}{4}\right)-\frac{\left(x-\frac{\pi}{4}\right)^2}{2!}-\frac{\left(x-\frac{\pi}{4}\right)^3}{3!}+\cdots\right]\quad(-\infty<x<+\infty)\text{。}$$

例 11 将函数 $f(x)=\dfrac{1}{3+x}$ 展开成 $(x-2)$ 的幂级数。

解 $f(x)=\dfrac{1}{3+x}=\dfrac{1}{5+(x-2)}=\dfrac{1}{5}\times\dfrac{1}{1+\dfrac{x-2}{5}}$

$$=\frac{1}{5}\sum_{n=0}^{\infty}\left(-\frac{x-2}{5}\right)^n=\sum_{n=0}^{\infty}(-1)^n\frac{(x-2)^n}{5^{n+1}}\quad(-3<x<7)\text{。}$$

习题7-3

1. 幂级数 $\sum\limits_{n=1}^{\infty}a_n\left(\dfrac{x-1}{2}\right)^n$ 的系数为（　　）。

A. a_n；　　B. $a_1,a_2,a_3,\cdots$；

C. $\dfrac{a_n}{2^n}$；　　D. $\dfrac{a_1}{2},\dfrac{a_2}{2^2},\dfrac{a_3}{2^3},\cdots$。

2. 幂级数 $\sum\limits_{n=1}^{\infty}a_nx^{kn}$（$k$ 是大于 1 的正整数）满足条件 $\lim\limits_{n\to\infty}\left|\dfrac{a_{n+1}}{a_n}\right|=b$，则其收敛半径 $R=$（　　）。

A. b；　　B. $\sqrt[k]{b}$；　　C. $\dfrac{1}{b}$；　　D. $\dfrac{1}{\sqrt[k]{b}}$。

3. 幂级数 $1\times2x+2\times3x^2+3\times4x^3+\cdots$ 的收敛区间是（　　）。

A. $(-1,1)$；　　B. $(-2,2)$；　　C. $\left(-\dfrac{3}{2},\dfrac{3}{2}\right)$；　　D. $\left(-\dfrac{1}{2},\dfrac{1}{2}\right)$。

4. 当 $-1<x\leqslant1$ 时，幂级数 $\sum\limits_{n=0}^{\infty}\dfrac{(-1)^n}{n+1}x^{n+1}$ 的和函数是（　　）。

A. e^x；　　B. $\ln(1+x)$；　　C. $(1+x)^a$；　　D. $\sin x$。

5. 设 $\sum\limits_{n=1}^{\infty}a_nx^n$ 的系数满足 $\lim\limits_{n\to\infty}\left|\dfrac{a_{n+1}}{a_n}\right|=\rho$，若 $\rho\neq0$ 时，则收敛半径 $R=\dfrac{1}{\rho}$；若 $\rho=$____时，则 $R=+\infty$；若 $\rho=$____时，则 $R=0$。

6. 写出下列常见函数在 $x=0$ 点处的幂级数展开式。

$e^x=$________；　$\sin x=$________；

7. 求下列幂级数的收敛半径和收敛区间。

（1）$x+2x^2+3x^3+\cdots+nx^n+\cdots$；

(2) $\sum_{n=1}^{\infty}\frac{x^n}{n^2}$；

(3) $\sum_{n=1}^{\infty}\frac{3^n}{n!}x^n$；

(4) $\sum_{n=0}^{\infty}(-1)^n\frac{x^n}{5^n\sqrt{n+1}}$；

(5) $\sum_{n=0}^{\infty}\frac{(x-2)^n}{3^n n}$。

8. 求下列幂级数的和函数。

(1) $\sum_{n=1}^{\infty}nx^{n-1}$；

(2) $\sum_{n=0}^{\infty}\frac{1}{n+1}x^{n+1}$。

9. 将函数$f(x)=\ln(3+x)$展开成x的幂级数。

10. 将函数$f(x)=\frac{1}{5-x}$展开成$(x+1)$的幂级数。

复习题七

一、选择题

1. 已知级数$\sum_{n=1}^{\infty}u_n$收敛，s_n是它的前n项部分和，则该级数的和是（　　）。

A. s_n；　B. u_n；　C. $\lim_{n\to\infty}s_n$；　D. $\lim_{n\to\infty}u_n$。

2. 若级数$\sum_{n=1}^{\infty}u_n=5$，$\sum_{n=1}^{\infty}v_n=1$，则$\sum_{n=1}^{\infty}(u_n-2v_n)=$（　　）。

A. 6；　B. 4；　C. 9；　D. 3。

3. 下列级数中发散的是（　　）。

A. $\sum_{n=1}^{\infty}\frac{1}{n\sqrt{n}}$；　B. $\sum_{n=1}^{\infty}\frac{1}{n^2}$；　C. $\sum_{n=1}^{\infty}\sqrt{\frac{n}{n+1}}$；　D. $\sum_{n=1}^{\infty}(\frac{1}{2})^n$。

4. 下列级数中收敛的是（　　）。

A. $\sum_{n=1}^{\infty}(-1)^{n-1}$；　B. $\sum_{n=1}^{\infty}\frac{5}{\sqrt{n}}$；　C. $\sum_{n=1}^{\infty}\frac{n}{2n+1}$；　D. $\sum_{n=1}^{\infty}\frac{(-1)^n}{3^n}$。

5. 下列级数中，绝对收敛的级数是（　　）。

A. $\sum_{n=1}^{\infty}(-1)^{n-1}\frac{1}{\sqrt{2n+3}}$；　B. $\sum_{n=1}^{\infty}(-1)^n(\frac{3}{2})^n$；

C. $\sum_{n=1}^{\infty}(-1)^{n-1}\frac{1}{\sqrt{n^3+1}}$；　D. $\sum_{n=1}^{\infty}(-1)^n\frac{n-1}{n^2}$。

6. 级数$\sum_{n=1}^{\infty}\frac{x^n}{n}$的收敛域是（　　）。

A. $[-1,1]$；　B. $(-1,1)$；　C. $[-1,1)$；　D. $(-1,1]$。

7. 幂级数$\sum_{n=1}^{\infty}a_nx^n$在$x=2$处收敛，则在$x=-1$处（　　）。

A. 发散；　B. 条件收敛；

C. 绝对收敛；　D. 收敛性不能判断。

8. 函数 $\frac{1}{1-x^2}$ 展开成 x 的幂级数为（　　）。

A. $\sum_{n=0}^{\infty}x^{2n}$（$|x|<1$）；　　B. $\sum_{n=1}^{\infty}x^{2n}$（$|x|<1$）；

C. $\sum_{n=0}^{\infty}x^{2n}$（$-1<x\leqslant 1$）；　　D. $\sum_{n=1}^{\infty}x^{2n}$（$-1<x\leqslant 1$）。

二、填空题

9. 调和级数是指________________。

10. 级数 $\sum_{n=1}^{\infty}u_n$ 收敛的必要条件是________________。

11. p 级数 $\sum_{n=1}^{\infty}\frac{1}{n^p}$，当 p 满足条件________________时收敛。

12. 级数 $1-\frac{1}{3}+\frac{1}{5}-\frac{1}{7}+\cdots+(-1)^{n-1}\frac{1}{2n-1}+\cdots$ 的敛散性为__________。

13. 级数 $\sum_{n=1}^{\infty}(\frac{1}{2})^n$ 的和 $s=$________________。

14. 级数 $\sum_{n=1}^{\infty}a_nx^n$ 的收敛半径为 R，级数 $\sum_{n=1}^{\infty}a_nx^{2n}$ 的收敛半径为________________。

15. 函数 $f(x)=\mathrm{e}^x$ 展开为 x 的幂级数是________________。

16. 级数 $\sum_{n=1}^{\infty}nx^n$（$-1<x<1$）的和函数是________________。

三、解答题

17. 判断级数的敛散性。

（1）$\sum_{n=1}^{\infty}\frac{1}{n^3+1}$；　　（2）$\sum_{n=1}^{\infty}\frac{(\sqrt{2})^n}{2n-1}$。

18. 判别下列级数的敛散性。若收敛，指明是绝对收敛还是条件收敛。

（1）$\sum_{n=1}^{\infty}(-1)^n\frac{n}{2^{n-1}}$；　　（2）$\sum_{n=1}^{\infty}(-1)^{n+1}\frac{1}{\ln(n+1)}$。

19. 求幂级数的收敛区间。

（1）$\sum_{n=1}^{\infty}\frac{3^nx^n}{n(n+1)}$；　　（2）$\sum_{n=1}^{\infty}\frac{(x-1)^n}{n}$。

20. 求 $\sum_{n=0}^{\infty}(n+2)x^{n+3}$ 的和函数。

21. 将 $y=\frac{1}{x+1}$ 展开为 $(x+4)$ 的幂级数。

22. 已知级数 $\sum_{n=1}^{\infty}\frac{a^n}{n^3}$ 收敛，求 a 的取值范围。

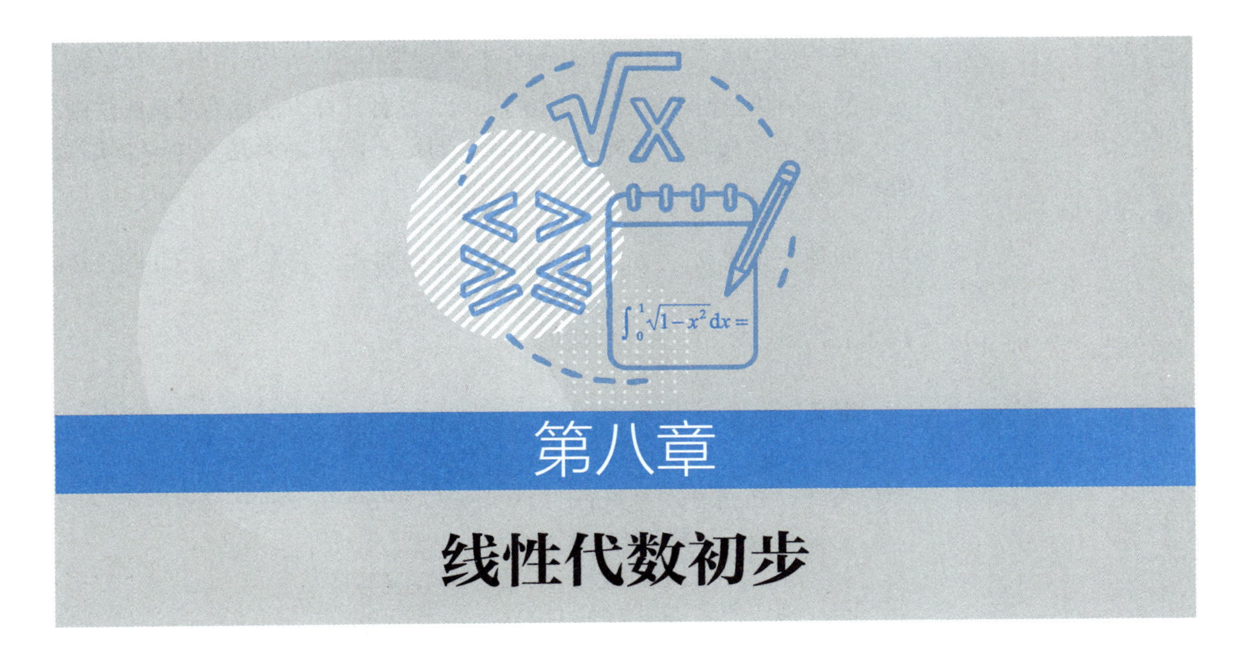

第八章

线性代数初步

线性代数是数学的一个重要分支，在科学技术及各个领域中都有着广泛的应用。本章将介绍线性代数的核心内容——行列式和矩阵的概念及其运算，并用它们求解线性方程组，解决一些实际问题。

第一节　行列式

本节导学

内容：行列式的概念、性质、计算方法、克莱姆法则。

重点：行列式的计算。

难点：熟练运用各种方法求解行列式。

一、行列式的概念

1. 二阶、三阶行列式

记号$\begin{vmatrix} a_{11} & a_{12} \\ a_{21} & a_{22} \end{vmatrix}$称为**二阶行列式**。

行列式通常记作 D。其中横排为**行**，用 r 表示；竖排为**列**，用 c 表示。习惯上，用 r_i 表示第 i 行，用 c_j 表示第 j 列。

数字 a_{11}、a_{12}、a_{21}、a_{22} 称为**行列式的元素**，每一个元素可用 a_{ij} 表示，下标中的第一个数字 i 与第二个数字 j 分别代表行数为 i 与列数为 j，称为**行标**与**列标**。

二阶行列式是由 a_{ij}（$i=1,2$；$j=1,2$）排成二行二列构成的。

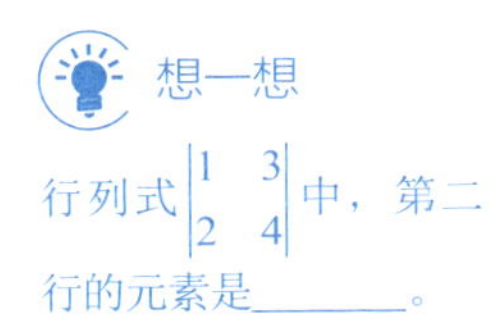

想一想

行列式$\begin{vmatrix} 1 & 3 \\ 2 & 4 \end{vmatrix}$中，第二行的元素是________。

行列式中由从左上角到右下角的元素构成的对角线叫**主对角线**，

而由从左下角到右上角的元素构成的对角线叫**副对角线**。

练一练

$\begin{vmatrix} 3 & x \\ x & x^2 \end{vmatrix}=$______。

定义 $\begin{vmatrix} a_{11} & a_{12} \\ a_{21} & a_{22} \end{vmatrix}=a_{11}a_{22}-a_{12}a_{21}$，即二阶行列式的值等于主对角线上元素的乘积减去副对角线上元素的乘积。这种计算方法称为**对角线法则**。

显然，行列式表达的是一种特殊的运算，其结果是一个具体的数值或代数式。

想一想

$\begin{matrix} 1 & 0 & 2 \\ 2 & 1 & 1 \\ 3 & -1 & 1 \end{matrix}$ 是不是行列式？为什么？

同理，记号 $\begin{vmatrix} a_{11} & a_{12} & a_{13} \\ a_{21} & a_{22} & a_{23} \\ a_{31} & a_{32} & a_{33} \end{vmatrix}$ 称为**三阶行列式**。它是由 a_{ij}（$i=1,2,3$；$j=1,2,3$）排成三行三列构成的。

练一练

$\begin{vmatrix} 1 & -2 & 1 \\ 3 & 0 & 3 \\ -1 & 0 & 1 \end{vmatrix}=$______。

定义 $\begin{vmatrix} a_{11} & a_{12} & a_{13} \\ a_{21} & a_{22} & a_{23} \\ a_{31} & a_{32} & a_{33} \end{vmatrix}$

$=(a_{11}a_{22}a_{33}+a_{12}a_{23}a_{31}+a_{13}a_{21}a_{32})-(a_{13}a_{22}a_{31}+a_{12}a_{21}a_{33}+a_{11}a_{23}a_{32})$。

2. 高阶行列式

$\begin{vmatrix} a_{11} & a_{12} & a_{13} & a_{14} \\ a_{21} & a_{22} & a_{23} & a_{24} \\ a_{31} & a_{32} & a_{33} & a_{34} \\ a_{41} & a_{42} & a_{43} & a_{44} \end{vmatrix}$ 称为**四阶行列式**。

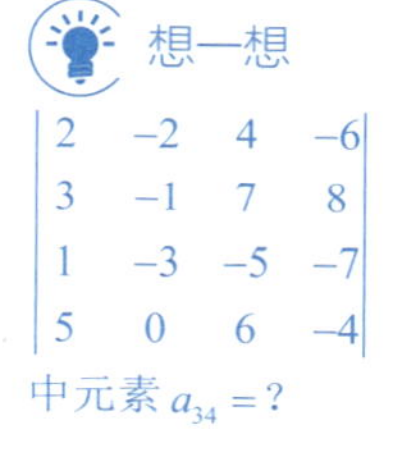

中元素 $a_{34}=$？

$\begin{vmatrix} a_{11} & a_{12} & \cdots & a_{1n} \\ a_{21} & a_{22} & \cdots & a_{2n} \\ \vdots & \vdots & \ddots & \vdots \\ a_{n1} & a_{n2} & \cdots & a_{nn} \end{vmatrix}$ 称为 n **阶行列式**。它是由 $n\times n$ 个元素 a_{ij}（$i=1,2,\cdots,n$；$j=1,2,\cdots,n$）排成 n 行 n 列构成的。

注 意

n 阶行列式有 n 行 n 列，即行数=列数=阶数。

四阶及四阶以上的行列式叫做**高阶行列式**。

3. 三角行列式

主对角线上方的元素全为零的行列式称为**下三角行列式**。类似的，主对角线下方的元素全为零的行列式称为**上三角行列式**。上三角行列式和下三角行列式统称为**三角行列式**。

除主对角线以外的元素全为零的行列式称为**对角行列式**。

如 $\begin{vmatrix} a_{11} & 0 & \cdots & 0 \\ a_{21} & a_{22} & \cdots & 0 \\ \vdots & \vdots & \ddots & \vdots \\ a_{n1} & a_{n2} & \cdots & a_{nn} \end{vmatrix}$ 为下三角行列式，$\begin{vmatrix} a_{11} & a_{12} & \cdots & a_{1n} \\ 0 & a_{22} & \cdots & a_{2n} \\ \vdots & \vdots & \ddots & \vdots \\ 0 & 0 & \cdots & a_{nn} \end{vmatrix}$ 为上三角行列式，$\begin{vmatrix} a_{11} & 0 & \cdots & 0 \\ 0 & a_{22} & \cdots & 0 \\ \vdots & \vdots & \ddots & \vdots \\ 0 & 0 & \cdots & a_{nn} \end{vmatrix}$ 为对角行列式。

4. 转置行列式

把行列式 D 的行依次变成同序号的列，得到的新行列式称为行列式 D 的**转置行列式**，记作 D^{T}。

例如 $D=\begin{vmatrix} a_{11} & a_{12} & \cdots & a_{1n} \\ a_{21} & a_{22} & \cdots & a_{2n} \\ \vdots & \vdots & \ddots & \vdots \\ a_{n1} & a_{n2} & \cdots & a_{nn} \end{vmatrix}$，则 $D^{\mathrm{T}}=\begin{vmatrix} a_{11} & a_{21} & \cdots & a_{n1} \\ a_{12} & a_{22} & \cdots & a_{n2} \\ \vdots & \vdots & \ddots & \vdots \\ a_{1n} & a_{2n} & \cdots & a_{nn} \end{vmatrix}$。

二、行列式的性质

性质 1 行列式与它的转置行列式相等。即 $D=D^{\mathrm{T}}$。

例如 $\begin{vmatrix} 1 & 3 & -1 \\ -2 & 0 & -4 \\ 1 & 3 & 1 \end{vmatrix}=\begin{vmatrix} 1 & -2 & 1 \\ 3 & 0 & 3 \\ -1 & -4 & 1 \end{vmatrix}$。

性质 2 行列式任意两行（列）互换，行列式的值仅改变符号。

例如 $\begin{vmatrix} 1 & 3 & -1 \\ -2 & 0 & -4 \\ 1 & 3 & 1 \end{vmatrix} \xlongequal{r_2 \leftrightarrow r_3} -\begin{vmatrix} 1 & 3 & -1 \\ 1 & 3 & 1 \\ -2 & 0 & -4 \end{vmatrix}$。

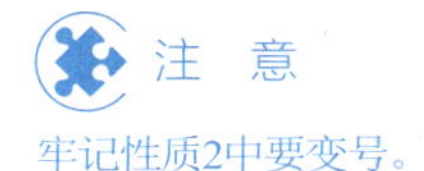

注 意

牢记性质2中要变号。

性质 3 用数 k 乘行列式的某一行（列），等于用数 k 乘此行列式。

例如 $\begin{vmatrix} 1 & 3 & -1 \\ -2 & 0 & -4 \\ 2 & 6 & -2 \end{vmatrix}=\begin{vmatrix} 1 & 3 & -1 \\ -2 & 0 & -4 \\ 2\times 1 & 2\times 3 & 2\times(-1) \end{vmatrix}=2\begin{vmatrix} 1 & 3 & -1 \\ -2 & 0 & -4 \\ 1 & 3 & -1 \end{vmatrix}$。

性质 4 满足下列条件之一的行列式的值为0：

（1）行列式中有某一行（列）的元素全为0；

（2）行列式中有两行（列）的元素对应相等；

（3）行列式中有两行（列）的元素对应成比例。

例如 $\begin{vmatrix} 1 & 0 & -1 \\ -2 & 0 & -4 \\ 2 & 0 & -2 \end{vmatrix}=0$，$\begin{vmatrix} 1 & 1 & 1 \\ -2 & 0 & -2 \\ 2 & 6 & 2 \end{vmatrix}=0$，$\begin{vmatrix} 1 & 3 & -1 \\ -2 & 0 & -4 \\ 2 & 6 & -2 \end{vmatrix}=0$。

想一想

r_i+kr_j 是哪一行怎样后，再加到哪一行上去？注意是哪一行发生了变化。

性质 5 用数 k 乘行列式的某一行（列）的各元素再加到另一行（列）的对应元素上，行列式的值不变。

例如 $\begin{vmatrix} 1 & 3 & -1 \\ -2 & 0 & -4 \\ 1 & 3 & 1 \end{vmatrix} \xlongequal{r_3+(-1)r_1} \begin{vmatrix} 1 & 3 & -1 \\ -2 & 0 & -4 \\ 0 & 0 & 2 \end{vmatrix}$。

性质 6 行列式的某一行（列）的元素都写成两项之和，则这个行列式等于把该行（列）各取一项相应行（列），而其余的行（列）不变的两个行列式之和。

例如 $D=\begin{vmatrix} 2 & 3 \\ 597 & 701 \end{vmatrix}=\begin{vmatrix} 2 & 3 \\ 600-3 & 700+1 \end{vmatrix}=\begin{vmatrix} 2 & 3 \\ 600 & 700 \end{vmatrix}+\begin{vmatrix} 2 & 3 \\ -3 & 1 \end{vmatrix}$。

提 示

使用性质5时，为了方便计算，尽量选择含1或−1的行（列）。

为了便于书写与复查，我们约定采用下列标记方法：

（1）$r_i \leftrightarrow r_j$（$c_i \leftrightarrow c_j$）表示第 i 行（列）与第 j 行（列）交换位置；

（2）kr_i（kc_i）表示第 i 行（列）乘以 k；

（3）$r_i + kr_j$（$c_i + kc_j$）表示第 j 行（列）的元素乘以 k 后再加到第 i 行（列）上。

三、行列式的计算方法

1. 定义法

$$\begin{vmatrix} a_{11} & a_{12} \\ a_{21} & a_{22} \end{vmatrix} = a_{11}a_{22} - a_{12}a_{21}$$

形式见图 8-1。

$$\begin{vmatrix} a_{11} & a_{12} & a_{13} \\ a_{21} & a_{22} & a_{23} \\ a_{31} & a_{32} & a_{33} \end{vmatrix}$$

$$= (a_{11}a_{22}a_{33} + a_{12}a_{23}a_{31} + a_{13}a_{21}a_{32}) - (a_{13}a_{22}a_{31} + a_{12}a_{21}a_{33} + a_{11}a_{23}a_{32})\text{。}$$

形式见图 8-2。

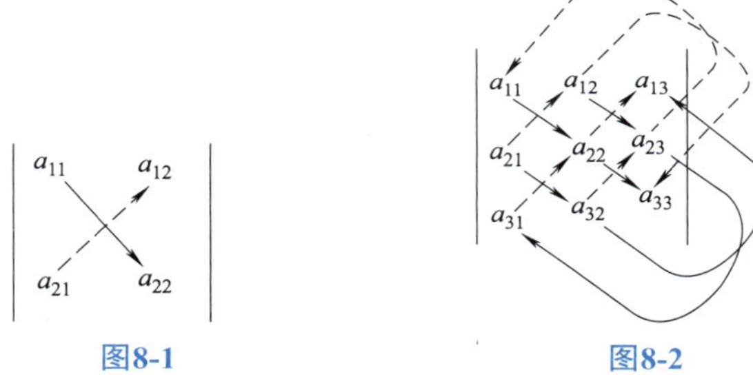

图8-1　　图8-2

定义法只适合用于二阶行列式与三阶行列式的计算中。

例题解析

例 1　求下列行列式的值。

（1）$\begin{vmatrix} 2 & 1 \\ 4 & 3 \end{vmatrix}$；　　（2）$\begin{vmatrix} 1 & 3 & -1 \\ -2 & 0 & -4 \\ 1 & 3 & 1 \end{vmatrix}$。

解　（1）$\begin{vmatrix} 2 & 1 \\ 4 & 3 \end{vmatrix} = 2\times3 - 1\times4 = 2$；

（2）$\begin{vmatrix} 1 & 3 & -1 \\ -2 & 0 & -4 \\ 1 & 3 & 1 \end{vmatrix} = 1\times0\times1 + 3\times(-4)\times1 + (-1)\times(-2)\times3 - (-1)\times0\times$
$1 - 3\times(-2)\times1 - 1\times(-4)\times3 = 12$。

2. 降阶法

在 n 阶行列式中划去元素 a_{ij} 所在的第 i 行和第 j 列的元素后，剩下的元素按原次序构成的 $n-1$ 阶行列式称为 a_{ij} 的**余子式**，记作 M_{ij}。称 $(-1)^{i+j}M_{ij}$ 为元素 a_{ij} 的**代数余子式**，记作 A_{ij}，即 $A_{ij}=(-1)^{i+j}M_{ij}$。称 $(-1)^{i+j}$ 为元素 a_{ij} 的**位置符号**。

例如 $D=\begin{vmatrix}3&0&1\\1&0&2\\6&7&3\end{vmatrix}$ 中，$a_{21}=1$ 的余子式为 $M_{21}=\begin{vmatrix}0&1\\7&3\end{vmatrix}$，代数余子式为 $A_{21}=(-1)^{2+1}M_{21}=-\begin{vmatrix}0&1\\7&3\end{vmatrix}$。

练一练

行列式 $\begin{vmatrix}2&0&3\\1&5&-2\\0&-1&2\end{vmatrix}$ 中，a_{21} 的余子式 M_{21} 和代数余子式 A_{21} 分别是什么。

行列式按行（列）展开

定理（降阶法）行列式 D 等于它的任一行（列）的各元素与对应的代数余子式的乘积之和，即

$D=a_{i1}A_{i1}+a_{i2}A_{i2}+\cdots+a_{in}A_{in}$（$i=1,2,\cdots,n$），或 $D=a_{1j}A_{1j}+a_{2j}A_{2j}+\cdots+a_{nj}A_{nj}$（$j=1,2,\cdots,n$）。

降阶法适合用于所有行列式中。

提　示

行列式按不同行或不同列展开后计算的结果相等。

提　示

行列式的位置符号进行标识为：

$\begin{vmatrix}+&-\\-&+\end{vmatrix}$；$\begin{vmatrix}+&-&+\\-&+&-\\+&-&+\end{vmatrix}$；$\begin{vmatrix}+&-&+&-\\-&+&-&+\\+&-&+&-\\-&+&-&+\end{vmatrix}$。

例题解析

例 2　将行列式 $\begin{vmatrix}2&3&-1\\1&-4&1\\5&-2&3\end{vmatrix}$ 分别按第一行、第三列展开。

解　按第一行展开得 $\begin{vmatrix}2&3&-1\\1&-4&1\\5&-2&3\end{vmatrix}$

$$=2\times(-1)^{1+1}\begin{vmatrix}-4&1\\-2&3\end{vmatrix}+3\times(-1)^{1+2}\begin{vmatrix}1&1\\5&3\end{vmatrix}+(-1)\times(-1)^{1+3}\begin{vmatrix}1&-4\\5&-2\end{vmatrix}=-32;$$

按第三列展开得 $\begin{vmatrix}2&3&-1\\1&-4&1\\5&-2&3\end{vmatrix}$

$$=(-1)\times(-1)^{1+3}\begin{vmatrix}1&-4\\5&-2\end{vmatrix}+1\times(-1)^{2+3}\begin{vmatrix}2&3\\5&-2\end{vmatrix}+3\times(-1)^{3+3}\begin{vmatrix}2&3\\1&-4\end{vmatrix}=-32。$$

例 3　计算行列式 $\begin{vmatrix}1&-1&3\\0&2&0\\1&3&0\end{vmatrix}$。

想一想

行列式$\begin{vmatrix}2&0&3\\1&0&-2\\0&-1&2\end{vmatrix}$怎么展开能使计算最简单？

解 $\begin{vmatrix}1&-1&3\\0&2&0\\1&3&0\end{vmatrix}=3\times(-1)^{1+3}\begin{vmatrix}0&2\\1&3\end{vmatrix}=-6$。

例 4 证明n阶行列式$\begin{vmatrix}a_{11}&0&\cdots&0\\a_{21}&a_{22}&\cdots&0\\\vdots&\vdots&\ddots&\vdots\\a_{n1}&a_{n2}&\cdots&a_{nn}\end{vmatrix}=a_{11}a_{22}\cdots a_{nn}$。

证明 先按行列式的第一项展开，得到新的行列式，再继续按第一项展开，以此类推，即可得证。

$$\begin{vmatrix}a_{11}&0&\cdots&0\\a_{21}&a_{22}&\cdots&0\\\vdots&\vdots&\ddots&\vdots\\a_{n1}&a_{n2}&\cdots&a_{nn}\end{vmatrix}=a_{11}(-1)^{1+1}\begin{vmatrix}a_{22}&0&\cdots&0\\a_{32}&a_{33}&\cdots&0\\\vdots&\vdots&\ddots&\vdots\\a_{n2}&a_{n3}&\cdots&a_{nn}\end{vmatrix}$$

$$=a_{11}\begin{vmatrix}a_{22}&0&\cdots&0\\a_{32}&a_{33}&\cdots&0\\\vdots&\vdots&\ddots&\vdots\\a_{n2}&a_{n3}&\cdots&a_{nn}\end{vmatrix}=a_{11}a_{22}\begin{vmatrix}a_{33}&0&\cdots&0\\a_{43}&a_{44}&\cdots&0\\\vdots&\vdots&\ddots&\vdots\\a_{n3}&a_{n4}&\cdots&a_{nn}\end{vmatrix}$$

$=a_{11}a_{22}\cdots a_{nn}$。　原题得证。

提示

利用性质将行列式逐步化为三角行列式，然后再计算主对角线上元素的乘积。这种计算方法，一般称为三角形法。

3. 三角形法

三角行列式和对角行列式的值都等于主对角线上的所有元素的乘积。即

$$\begin{vmatrix}a_{11}&0&\cdots&0\\a_{21}&a_{22}&\cdots&0\\\vdots&\vdots&\ddots&\vdots\\a_{n1}&a_{n2}&\cdots&a_{nn}\end{vmatrix}=a_{11}a_{22}\cdots a_{nn}\ ;$$

$$\begin{vmatrix}a_{11}&a_{12}&\cdots&a_{1n}\\0&a_{22}&\cdots&a_{2n}\\\vdots&\vdots&\ddots&\vdots\\0&0&\cdots&a_{nn}\end{vmatrix}=a_{11}a_{22}\cdots a_{nn}\ ;$$

$$\begin{vmatrix}a_{11}&0&\cdots&0\\0&a_{22}&\cdots&0\\\vdots&\vdots&\ddots&\vdots\\0&0&\cdots&a_{nn}\end{vmatrix}=a_{11}a_{22}\cdots a_{nn}。$$

三角形法适合用于所有行列式中。

例题解析

例 5 计算行列式 $D=\begin{vmatrix}1&7&2\\2&3&0\\6&0&0\end{vmatrix}$。

解 $D=\begin{vmatrix}1&7&2\\2&3&0\\6&0&0\end{vmatrix}\xlongequal{c_1\leftrightarrow c_3}-\begin{vmatrix}2&7&1\\0&3&2\\0&0&6\end{vmatrix}=-2\times3\times6=-36$。

例 6 计算行列式 $D=\begin{vmatrix}1&-1&1&1\\1&1&-1&1\\1&1&1&-1\\-1&1&1&1\end{vmatrix}$。

解 $D=\begin{vmatrix}1&-1&1&1\\1&1&-1&1\\1&1&1&-1\\-1&1&1&1\end{vmatrix}\xlongequal[r_4+r_1]{\substack{r_2-r_1\\r_3-r_1}}\begin{vmatrix}1&-1&1&1\\0&2&-2&0\\0&2&0&-2\\0&0&2&2\end{vmatrix}$

$\xlongequal{r_3-r_2}\begin{vmatrix}1&-1&1&1\\0&2&-2&0\\0&0&2&-2\\0&0&2&2\end{vmatrix}\xlongequal{r_4-r_3}\begin{vmatrix}1&-1&1&1\\0&2&-2&0\\0&0&2&-2\\0&0&0&4\end{vmatrix}=16$。

例 7 解方程 $\begin{vmatrix}1&1&1&1\\1&x&2&2\\2&2&x&3\\3&3&3&x\end{vmatrix}=0$。

解 因为 $\begin{vmatrix}1&1&1&1\\1&x&2&2\\2&2&x&3\\3&3&3&x\end{vmatrix}\xlongequal[r_4+3r_1]{\substack{r_2-r_1\\r_3-2r_1}}\begin{vmatrix}1&1&1&1\\0&x-1&1&1\\0&0&x-2&1\\0&0&0&x-3\end{vmatrix}$

$=(x-1)(x-2)(x-3)$，所以 $(x-1)(x-2)(x-3)=0$。

解之得 $x_1=1$、$x_2=2$、$x_3=3$。

注 意

例5中的 $\begin{vmatrix}1&7&2\\2&3&0\\6&0&0\end{vmatrix}$，不是三角行列式。因为它不是“主对角线”下的元素为零。

提 示

求解含有行列式的方程，一般是先求出行列式的值，然后再解方程。

三角形法的优点是运用行列式的性质使之出现许许多多的“0”，降阶法的优点是把行列式的“阶”降下来。综合这两方的优点，我们选择“0”的个数较多的某一行（列），再用降阶法进行展开，可以使得计算简单快捷。

例题解析

例 8 计算下列行列式 $D=\begin{vmatrix}3 & 1 & 1\\297 & 101 & 99\\5 & -3 & 2\end{vmatrix}$。

解 $D=\begin{vmatrix}3 & 1 & 1\\297 & 101 & 99\\5 & -3 & 2\end{vmatrix}\xlongequal{r_2-100r_1}\begin{vmatrix}3 & 1 & 1\\-3 & 1 & -1\\5 & -3 & 2\end{vmatrix}$

$\xlongequal{r_2+r_1}\begin{vmatrix}3 & 1 & 1\\0 & 2 & 0\\5 & -3 & 2\end{vmatrix}=2\times(-1)^{2+2}\begin{vmatrix}3 & 1\\5 & 2\end{vmatrix}=2$。

例 9 计算行列式 $D=\begin{vmatrix}-3 & 1 & 2 & 5\\0 & 5 & 3 & 2\\5 & -3 & 2 & 4\\1 & -1 & 0 & 1\end{vmatrix}$。

解 $D=\begin{vmatrix}-3 & 1 & 2 & 5\\0 & 5 & 3 & 2\\5 & -3 & 2 & 4\\1 & -1 & 0 & 1\end{vmatrix}\xlongequal[r_3+(-5)r_4]{r_1+3r_4}\begin{vmatrix}0 & -2 & 2 & 8\\0 & 5 & 3 & 2\\0 & 2 & 2 & -1\\1 & -1 & 0 & 1\end{vmatrix}$

$=(-1)^{4+1}\begin{vmatrix}-2 & 2 & 8\\5 & 3 & 2\\2 & 2 & -1\end{vmatrix}=-2\begin{vmatrix}-1 & 1 & 4\\5 & 3 & 2\\2 & 2 & -1\end{vmatrix}\xlongequal[r_3+2r_1]{r_2+5r_1}-2\begin{vmatrix}-1 & 1 & 4\\0 & 8 & 22\\0 & 4 & 7\end{vmatrix}$

$=(-2)(-1)(-1)^{1+1}\begin{vmatrix}8 & 22\\4 & 7\end{vmatrix}=-64$。

提 示

应尽量选择多个元素为“0”的某一行（或某一列）展开。如果没有多个元素为“0”的行（列），则可选取元素为 1 或 −1 较多的行（列），可利用行列式的性质，使这一行（列）的元素变成尽可能多的“0”，然后再进行展开。这样计算就比较简单便捷。

练一练

计算行列式 $\begin{vmatrix}2 & 1 & -1\\4 & -1 & 1\\201 & 102 & -99\end{vmatrix}$。

四、克莱姆法则

设含有 n 个未知数 n 个方程的线性方程组的一般形式为

$$\begin{cases}a_{11}x_1+a_{12}x_2+\cdots+a_{1n}x_n=b_1\\a_{21}x_1+a_{22}x_2+\cdots+a_{2n}x_n=b_2\\\cdots\cdots\cdots\cdots\\a_{n1}x_1+a_{n2}x_2+\cdots+a_{nn}x_n=b_n\end{cases}。\qquad(1)$$

（1）式中，若常数项 b_1、b_2、…、b_n 不全为零，则称此方程组为非齐次线性方程组；若常数项 b_1、b_2、…、b_n 全为零，则称此方程组为齐次线性方程组。

定理（克莱姆法则）

记方程组（1）的**系数行列式**为$D=\begin{vmatrix} a_{11} & a_{12} & \cdots & a_{1n} \\ a_{21} & a_{22} & \cdots & a_{2n} \\ \vdots & \vdots & \ddots & \vdots \\ a_{n1} & a_{n2} & \cdots & a_{nn} \end{vmatrix}$。

D_j（$j=1,2,\cdots,n$）是只把系数行列式D中第j列的元素a_{1j}、a_{2j}、$\cdots$、a_{nj}对应换成方程组右端的常数列b_1、b_2、$\cdots$、b_n，其余各列不变，而得到的n阶行列式。

如果$D\neq 0$，则该方程组（1）有唯一解，且$x_1=\dfrac{D_1}{D}$，$x_2=\dfrac{D_2}{D}$，$\cdots$，$x_n=\dfrac{D_n}{D}$。

显然，齐次线性方程组的系数行列式$D\neq 0$时，它有唯一解$x_1=x_2=\cdots=x_n=0$（称为零解），即只有零解。对于齐次线性方程组，我们需讨论的问题常常是它是否有非零解。由克莱姆法则可得以下推论。

推论 如果齐次线性方程组的系数行列式$D\neq 0$，则齐次线性方程组没有非零解。如果齐次线性方程组有非零解，则它的系数行列式$D=0$。

提 示

抓住克莱姆法则解方程组的两个条件：(1)方程个数等于未知量个数；(2)系数行列式$D\neq 0$。

例题解析

例 10 解线性方程组$\begin{cases} x_1-x_2+x_3-2x_4=2 \\ 2x_1 \quad -x_3+4x_4=4 \\ 3x_1+2x_2+x_3 \quad =-1 \\ -x_1+2x_2-x_3+2x_4=-4 \end{cases}$。

解 系数行列式为$D=\begin{vmatrix} 1 & -1 & 1 & -2 \\ 2 & 0 & -1 & 4 \\ 3 & 2 & 1 & 0 \\ -1 & 2 & -1 & 2 \end{vmatrix}=-2\neq 0$。

$D_1=\begin{vmatrix} 2 & -1 & 1 & -2 \\ 4 & 0 & -1 & 4 \\ -1 & 2 & 1 & 0 \\ -4 & 2 & -1 & 2 \end{vmatrix}=-2$，$D_2=\begin{vmatrix} 1 & 2 & 1 & -2 \\ 2 & 4 & -1 & 4 \\ 3 & -1 & 1 & 0 \\ -1 & -4 & -1 & 2 \end{vmatrix}=4$，

$D_3=\begin{vmatrix} 1 & -1 & 2 & -2 \\ 2 & 0 & 4 & 4 \\ 3 & 2 & -1 & 0 \\ -1 & 2 & -4 & 2 \end{vmatrix}=0$，$D_4=\begin{vmatrix} 1 & -1 & 1 & 2 \\ 2 & 0 & -1 & 4 \\ 3 & 2 & 1 & -1 \\ -1 & 2 & -1 & -4 \end{vmatrix}=-1$。

由克莱姆法则可得$x_1=\dfrac{D_1}{D}=\dfrac{-2}{-2}=1$，$x_2=\dfrac{D_2}{D}=\dfrac{4}{-2}=-2$，$x_3=\dfrac{D_3}{D}=$

提 示

齐次线性方程组一定有零解，但不一定有非零解。

$\frac{0}{-2}=0$，$x_4=\frac{D_4}{D}=\frac{-1}{-2}=\frac{1}{2}$。

例 11 问 λ 取何值时，齐次线性方程组 $\begin{cases}(5-\lambda)x+2y+2z=0\\2x+(6-\lambda)y=0\\2x+(4-\lambda)z=0\end{cases}$ 有非零解？

解 由定理可知，若齐次线性方程组有非零解，则系数行列式 $D=0$。而 $D=\begin{vmatrix}5-\lambda & 2 & 2\\2 & 6-\lambda & 0\\2 & 0 & 4-\lambda\end{vmatrix}=(5-\lambda)(6-\lambda)(4-\lambda)-4(4-\lambda)-4(6-\lambda)=(5-\lambda)(2-\lambda)(8-\lambda)$。所以，$(5-\lambda)(2-\lambda)(8-\lambda)=0$。

解之得 $\lambda=2$，$\lambda=5$ 或 $\lambda=8$。

练一练

k 为何值时，齐次线性方程组
$\begin{cases}x_1+x_2+kx_3=0\\x_1-kx_2-x_3=0\\x_1-x_2+3x_3=0\end{cases}$
有非零解？

习题8-1

1. 二阶行列式 $\begin{vmatrix}3 & -2\\2 & 1\end{vmatrix}$ 的值为（ ）。

A. 1； B. 8； C. 7； D. -1。

2. 行列式 $\begin{vmatrix}2 & 4 & 3\\-1 & 0 & 1\\5 & 1 & 3\end{vmatrix}$ 中元素 a_{32} 的代数余子式 $A_{32}=$（ ）。

A. 5； B. 1； C. 0； D. -5。

3. 三阶行列式 $\begin{vmatrix}1 & 0 & 0\\4 & 2 & 0\\5 & x & 3\end{vmatrix}$ 的值是________。

4. 如果 $\begin{vmatrix}a_{11} & a_{12}\\a_{21} & a_{22}\end{vmatrix}=1$，那么 $\begin{vmatrix}6a_{11} & 2a_{12}\\3a_{21} & a_{22}\end{vmatrix}=$________。

5. 若 $\begin{cases}x_1+3x_2=0\\x_1+kx_2=0\end{cases}$ 有非零解，那么 $k=$________。

6. 利用定义法计算行列式 $\begin{vmatrix}1 & -2 & 1\\2 & 1 & -3\\-1 & 1 & -1\end{vmatrix}$。

7. 计算行列式 $\begin{vmatrix}2 & 0 & 3\\7 & 1 & 6\\6 & 0 & 5\end{vmatrix}$。

8. 计算行列式$D=\begin{vmatrix} 1 & 1 & 1 \\ a & b & c \\ b+c & c+a & a+b \end{vmatrix}$。

9. 计算行列式$\begin{vmatrix} 0 & 1 & 0 & 0 \\ 0 & 0 & 2 & 0 \\ 0 & 0 & 0 & 3 \\ 4 & 0 & 0 & 0 \end{vmatrix}$。

10. 计算行列式$\begin{vmatrix} 0 & 1 & 3 & 2 \\ 1 & 1 & -1 & 2 \\ -2 & 0 & -2 & -5 \\ -1 & 2 & -1 & -2 \end{vmatrix}$。

11. 利用克莱姆法则解线性方程组$\begin{cases} 2x_1+5x_2+4x_3=10 \\ x_1+3x_2+2x_3=6 \\ 2x_1+10x_2+9x_3=20 \end{cases}$。

第二节　矩阵

一、矩阵的概念

1. 矩阵

定义　由$m\times n$个数a_{ij}（$i=1,2,\cdots,m$；$j=1,2,\cdots,n$）排成的m行n列的矩形数表$\boldsymbol{A}=\begin{pmatrix} a_{11} & a_{12} & \cdots & a_{1n} \\ a_{21} & a_{22} & \cdots & a_{2n} \\ \vdots & \vdots & \ddots & \vdots \\ a_{m1} & a_{m2} & \cdots & a_{mn} \end{pmatrix}$，称为**$m$行$n$列矩阵**，简称$m\times n$矩阵，通常用大写英文字母$\boldsymbol{A}$、$\boldsymbol{B}$、$\boldsymbol{C}$ …表示，可记为$\boldsymbol{A}_{m\times n}$或$\boldsymbol{A}=(a_{ij})_{m\times n}$。

2. 几个特殊矩阵

（1）行矩阵、列矩阵

当$m=1$时，矩阵只有一行，称为**行矩阵**，即$\begin{pmatrix} a_1 & a_2 & \cdots & a_n \end{pmatrix}$；

而当$n=1$时，矩阵只有一列，称为**列矩阵**，即$\begin{pmatrix} b_1 \\ b_2 \\ \vdots \\ b_m \end{pmatrix}$。

（2）零矩阵

所有元素均为零的矩阵称为零矩阵。一个m行n列零矩阵记为$\boldsymbol{O}_{m\times n}$或$\boldsymbol{O}$。

本节导学

内容：矩阵的概念与计算，矩阵的初等变换，逆矩阵。

重点：矩阵的计算，矩阵的初等变换以及逆矩阵。

难点：掌握矩阵的乘法，掌握逆矩阵求解方法。

注　意

矩阵与行列式的区别：

（1）矩阵用含有圆括号的表格表示，其结果为一个数表。行列式用含有两条竖线的表格表示一种特殊的运算，其结果为一个确定的实数；

（2）矩阵的行数和列数可以不相等，行列式的行数和列数必须相等。

提 示

零矩阵通常记为$\boldsymbol{O}$，它不是数字零。不同型的零矩阵是不相等的。

（3）方阵

行数与列数相等（即$m=n$）的矩阵称为**方阵**，也称n阶矩阵或n**阶方阵**。

（4）上三角矩阵、下三角矩阵

主对角线下方（或上方）的元素全为零的方阵，如

$$\begin{pmatrix} a_{11} & a_{12} & \cdots & a_{1n} \\ 0 & a_{22} & \cdots & a_{2n} \\ \vdots & \vdots & \ddots & \vdots \\ 0 & 0 & \cdots & a_{nn} \end{pmatrix} \text{和} \begin{pmatrix} a_{11} & 0 & \cdots & 0 \\ a_{21} & a_{22} & \cdots & 0 \\ \vdots & \vdots & \ddots & \vdots \\ a_{n1} & a_{n2} & \cdots & a_{nn} \end{pmatrix}$$

分别称为**上三角矩阵**和**下三角矩阵**。上三角矩阵和下三角矩阵统称为**三角矩阵**。

注 意

三角矩阵、对角矩阵、单位矩阵都是方阵。

（5）对角矩阵

主对角线上元素不全为零，而其他元素都为零的方阵称为**对角矩阵**。

$$\boldsymbol{A}=\begin{pmatrix} a_{11} & 0 & \cdots & 0 \\ 0 & a_{22} & \cdots & 0 \\ \vdots & \vdots & \ddots & \vdots \\ 0 & 0 & \cdots & a_{nn} \end{pmatrix} \text{或} \boldsymbol{A}=\begin{pmatrix} a_{11} & & & \\ & a_{22} & & \\ & & \ddots & \\ & & & a_{nn} \end{pmatrix}$$

（未注明的元素均为零）。

想一想

同型矩阵一定相等吗？相等的矩阵一定是同型矩阵吗？

（6）单位矩阵

主对角线上的元素都是1，而其他元素都为0的方阵称为**单位矩阵**。记为$\boldsymbol{I}$或$\boldsymbol{E}$，即

$$\boldsymbol{I}=\begin{pmatrix} 1 & 0 & \cdots & 0 \\ 0 & 1 & \cdots & 0 \\ \vdots & \vdots & \ddots & \vdots \\ 0 & 0 & \cdots & 1 \end{pmatrix}。$$

（7）同型矩阵、相等矩阵

如果矩阵$\boldsymbol{A}$与$\boldsymbol{B}$有相同的行数和列数，则称二者为**同型矩阵**；如果它们的对应元素也相等，则称二者为**相等矩阵**。

提 示

（1）只有同型矩阵才能进行加、减运算；

（2）同型矩阵作加、减运算是对应位置上的元素相加、减；

（3）同型矩阵的和、差仍然是这两个矩阵的同型矩阵。

二、矩阵的运算

1. 矩阵的加法与减法

定义 设有两个同型矩阵$\boldsymbol{A}=(a_{ij})_{m\times n}$，$\boldsymbol{B}=(b_{ij})_{m\times n}$，将它们的对应位置上的元素相加（或相减）得到的$m\times n$矩阵，称为矩阵$\boldsymbol{A}$与$\boldsymbol{B}$的和（或差），记为$\boldsymbol{A}+\boldsymbol{B}$（或$\boldsymbol{A}-\boldsymbol{B}$）。即$\boldsymbol{A}\pm\boldsymbol{B}=\boldsymbol{C}$，$\boldsymbol{C}=(c_{ij})_{m\times n}$，其中$c_{ij}=a_{ij}\pm b_{ij}$。亦即

$$\begin{pmatrix} a_{11} & a_{12} & \cdots & a_{1n} \\ a_{21} & a_{22} & \cdots & a_{2n} \\ \vdots & \vdots & \ddots & \vdots \\ a_{m1} & a_{m2} & \cdots & a_{mn} \end{pmatrix} \pm \begin{pmatrix} b_{11} & b_{12} & \cdots & b_{1n} \\ b_{21} & b_{22} & \cdots & b_{2n} \\ \vdots & \vdots & \ddots & \vdots \\ b_{m1} & b_{m2} & \cdots & b_{mn} \end{pmatrix}$$

$$=\begin{pmatrix} a_{11}\pm b_{11} & a_{12}\pm b_{12} & \cdots & a_{1n}\pm b_{1n} \\ a_{21}\pm b_{21} & a_{22}\pm b_{22} & \cdots & a_{2n}\pm b_{2n} \\ \vdots & \vdots & \ddots & \vdots \\ a_{m1}\pm b_{m1} & a_{m2}\pm b_{m2} & \cdots & a_{mn}\pm b_{mn} \end{pmatrix}。$$

矩阵的加法和减法满足以下运算规律：

（1）加法交换律 $\boldsymbol{A}+\boldsymbol{B}=\boldsymbol{B}+\boldsymbol{A}$；

（2）加法结合律 $(\boldsymbol{A}+\boldsymbol{B})+\boldsymbol{C}=\boldsymbol{A}+(\boldsymbol{B}+\boldsymbol{C})$；

（3）$\boldsymbol{A}-\boldsymbol{B}=\boldsymbol{A}+(-\boldsymbol{B})$，$\boldsymbol{A}+\boldsymbol{O}=\boldsymbol{A}$，$\boldsymbol{A}+(-\boldsymbol{A})=\boldsymbol{O}$。其中，$\boldsymbol{A}$、$\boldsymbol{B}$、$\boldsymbol{C}$、$\boldsymbol{O}$ 均为同型矩阵。

例题解析

例 1 设 $\boldsymbol{A}=\begin{pmatrix} 11 & -5 & 3 \\ -2 & 7 & 1 \end{pmatrix}$，$\boldsymbol{B}=\begin{pmatrix} -9 & 2 & -6 \\ -1 & 13 & 8 \end{pmatrix}$，求（1）$\boldsymbol{A}+\boldsymbol{B}$；（2）$\boldsymbol{A}-\boldsymbol{B}$。

解 （1）$\boldsymbol{A}+\boldsymbol{B}=\begin{pmatrix} 11 & -5 & 3 \\ -2 & 7 & 1 \end{pmatrix}+\begin{pmatrix} -9 & 2 & -6 \\ -1 & 13 & 8 \end{pmatrix}$

$$=\begin{pmatrix} 11+(-9) & (-5)+2 & 3+(-6) \\ (-2)+(-1) & 7+13 & 1+8 \end{pmatrix}=\begin{pmatrix} 2 & -3 & -3 \\ -3 & 20 & 9 \end{pmatrix};$$

（2）$\boldsymbol{A}-\boldsymbol{B}=\begin{pmatrix} 11 & -5 & 3 \\ -2 & 7 & 1 \end{pmatrix}-\begin{pmatrix} -9 & 2 & -6 \\ -1 & 13 & 8 \end{pmatrix}$

$$=\begin{pmatrix} 11-(-9) & (-5)-2 & 3-(-6) \\ (-2)-(-1) & 7-13 & 1-8 \end{pmatrix}=\begin{pmatrix} 20 & -7 & 9 \\ -1 & -6 & -7 \end{pmatrix}。$$

2. 矩阵的数乘法

定义 用常数 k 乘以矩阵 $\boldsymbol{A}=(a_{ij})_{m\times n}$ 中的每一个元素所得到的矩阵，称为常数 k 与矩阵 $\boldsymbol{A}$ 的**数乘**。即 $k\boldsymbol{A}=\begin{pmatrix} ka_{11} & ka_{12} & \cdots & ka_{1n} \\ ka_{21} & ka_{22} & \cdots & ka_{2n} \\ \vdots & \vdots & \ddots & \vdots \\ ka_{m1} & ka_{m2} & \cdots & ka_{mn} \end{pmatrix}$。

> **注 意**
> 矩阵与行列式在数乘法上面的区别是：数乘矩阵必须用数去乘以矩阵的所有元素；数乘行列式只需用数乘以行列式的某一行（列）的所有元素。

矩阵的数乘满足下列运算规律：

（1）$k(\boldsymbol{A}+\boldsymbol{B})=k\boldsymbol{A}+k\boldsymbol{B}$；（2）$(k+l)\boldsymbol{A}=k\boldsymbol{A}+l\boldsymbol{A}$；

（3）$k(l\boldsymbol{A})=(kl)\boldsymbol{A}=l(k\boldsymbol{A})$。其中，$k$、$l$ 为常数，$\boldsymbol{A}$、$\boldsymbol{B}$ 是同型矩阵。

例题解析

例 2 甲、乙两仓库的三类商品 3 种型号的库存件数分别用矩阵

练一练

已知

$A=\begin{pmatrix}1 & 4 & 5\\ 0 & -1 & 2\end{pmatrix}$，

$B=\begin{pmatrix}-3 & 1 & -2\\ 2 & 1 & -5\end{pmatrix}$，求：

（1）$2A$；

（2）$2B-3A$。

A与B表示，且$A=\begin{pmatrix}1 & 2 & 5\\ 3 & 4 & 7\\ 2 & 5 & 3\end{pmatrix}$，$B=\begin{pmatrix}3 & 5 & 1\\ 2 & 1 & 3\\ 4 & 3 & 4\end{pmatrix}$。已知甲仓库每件商品的保管费为3元/件，乙仓库每件商品的保管费为2元/件。求甲、乙两仓库同类且同一型号商品的保管费之和。

解 甲、乙两仓库同类且同一型号商品的保管费之和用矩阵C表示，$C=3A+2B=3\begin{pmatrix}1 & 2 & 5\\ 3 & 4 & 7\\ 2 & 5 & 3\end{pmatrix}+2\begin{pmatrix}3 & 5 & 1\\ 2 & 1 & 3\\ 4 & 3 & 4\end{pmatrix}$

$$=\begin{pmatrix}3 & 6 & 15\\ 9 & 12 & 21\\ 6 & 15 & 9\end{pmatrix}+\begin{pmatrix}6 & 10 & 2\\ 4 & 2 & 6\\ 8 & 6 & 8\end{pmatrix}=\begin{pmatrix}9 & 16 & 17\\ 13 & 14 & 27\\ 14 & 21 & 17\end{pmatrix}。$$

3. 矩阵的乘法

定义 设矩阵$A=(a_{ij})_{m\times l}$的列数与矩阵$B=(b_{ij})_{l\times n}$的行数相等，则由元素$c_{ij}=a_{i1}b_{1j}+a_{i2}b_{2j}+\cdots+a_{il}b_{lj}$（$i=1,2,\cdots,m$；$j=1,2,\cdots,n$）构成的$m\times n$矩阵，即$C=(c_{ij})_{m\times n}$称为**矩阵$A$与$B$的乘积**。

矩阵相乘的行列规则：

（1）第一个矩阵的列数与第二个矩阵的行数相等时，矩阵相乘才有意义；

（2）相乘的结果是一矩阵，它的行数与第一个矩阵的行数相同，列数与第二个矩阵的列数相同；

（3）所得矩阵中第i行、第j列的元素等于第一个矩阵第i行的各元素与第二个矩阵第j列的各元素对应相乘之积的和。

矩阵的乘法满足下列规律：

（1）$(AB)C=A(BC)$；

（2）$A(B+C)=AB+AC$，$(B+C)A=BA+CA$；

（3）$k(AB)=(kA)B=A(kB)$（k为常数）。

提 示

只有当第一个矩阵（左边矩阵）的列数等于第二个矩阵（右边矩阵）的行数时，两个矩阵才能相乘。

提 示

若A为方阵时，习惯上，记$AA=A^2$。

注 意

矩阵乘法运算与数的运算有许多不同之处：(1) $AB\neq BA$。矩阵的乘法不满足交换律，有时AB有意义，而BA不一定有意义；有时二者都有意义，却不一定相等。所以矩阵相乘时，不能任意互换两个矩阵的位置；（2）$AB=O$不能推出$A=O$或$B=O$；（3）$(AB)^n\neq A^nB^n$。

例题解析

例3 已知矩阵$A=\begin{pmatrix}4 & -1 & 2\\ 1 & 1 & 0\\ 0 & 3 & 1\end{pmatrix}$，$B=\begin{pmatrix}1 & 2\\ 0 & 1\\ 3 & 0\end{pmatrix}$，求$AB$和$BA$。

解 $AB=\begin{pmatrix}4 & -1 & 2\\ 1 & 1 & 0\\ 0 & 3 & 1\end{pmatrix}\begin{pmatrix}1 & 2\\ 0 & 1\\ 3 & 0\end{pmatrix}$

$$=\begin{pmatrix}4\times1+(-1)\times0+2\times3 & 4\times2+(-1)\times1+2\times0\\1\times1+1\times0+0\times3 & 1\times2+1\times1+0\times0\\0\times1+3\times0+1\times3 & 0\times2+3\times1+1\times0\end{pmatrix}=\begin{pmatrix}10 & 7\\1 & 3\\3 & 3\end{pmatrix};$$

因为 $\boldsymbol{B}$ 的列数不等于 $\boldsymbol{A}$ 的行数，所以 $\boldsymbol{BA}$ 无意义。

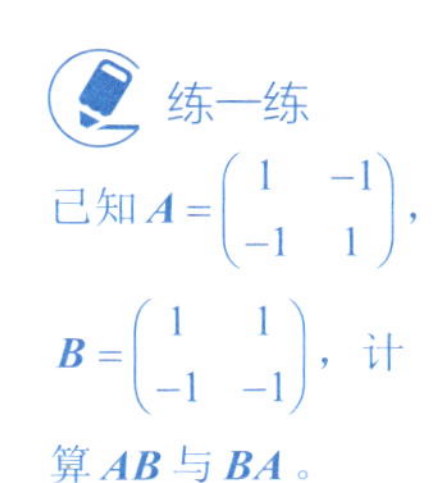

例 4 计算下列矩阵与矩阵的乘积。

（1）$\begin{pmatrix}4 & 3 & 1\\1 & -2 & 3\\5 & 7 & 0\end{pmatrix}\begin{pmatrix}7\\2\\1\end{pmatrix}$；（2）$\begin{pmatrix}x_1 & x_2 & x_3\end{pmatrix}\begin{pmatrix}a_{11} & a_{12} & a_{13}\\a_{12} & a_{22} & a_{23}\\a_{13} & a_{23} & a_{33}\end{pmatrix}\begin{pmatrix}x_1\\x_2\\x_3\end{pmatrix}$。

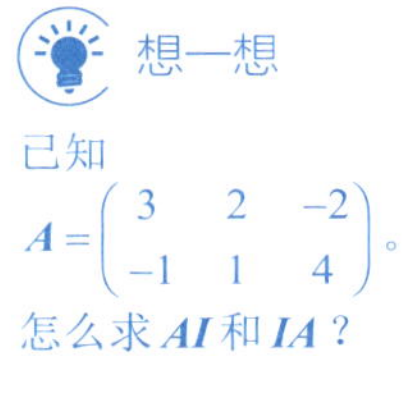

解 （1）$\begin{pmatrix}4 & 3 & 1\\1 & -2 & 3\\5 & 7 & 0\end{pmatrix}\begin{pmatrix}7\\2\\1\end{pmatrix}=\begin{pmatrix}4\times7+3\times2+1\times1\\1\times7+(-2)\times2+3\times1\\5\times7+7\times2+0\times1\end{pmatrix}=\begin{pmatrix}35\\6\\49\end{pmatrix}$；

（2）$\begin{pmatrix}x_1 & x_2 & x_3\end{pmatrix}\begin{pmatrix}a_{11} & a_{12} & a_{13}\\a_{12} & a_{22} & a_{23}\\a_{13} & a_{23} & a_{33}\end{pmatrix}\begin{pmatrix}x_1\\x_2\\x_3\end{pmatrix}$

$$=\begin{pmatrix}a_{11}x_1+a_{12}x_2+a_{13}x_3 & a_{12}x_1+a_{22}x_2+a_{23}x_3 & a_{13}x_1+a_{23}x_2+a_{33}x_3\end{pmatrix}\begin{pmatrix}x_1\\x_2\\x_3\end{pmatrix}$$

$$=\big((a_{11}x_1+a_{12}x_2+a_{13}x_3)x_1+(a_{12}x_1+a_{22}x_2+a_{23}x_3)x_2+(a_{13}x_1+a_{23}x_2+a_{33}x_3)x_3\big)$$

$$=\left(a_{11}x_1^{2}+a_{22}x_2^{2}+a_{33}x_3^{2}+2a_{12}x_1x_2+2a_{13}x_1x_3+2a_{23}x_2x_3\right)。$$

4. 转置矩阵

定义 将矩阵 $\boldsymbol{A}$ 的行依次换成相应的列所得到的新矩阵，称为矩阵 $\boldsymbol{A}$ 的**转置矩阵**，记为 $\boldsymbol{A}^{\mathrm{T}}$，即

$$\boldsymbol{A}=\begin{pmatrix}a_{11} & a_{12} & \cdots & a_{1n}\\a_{21} & a_{22} & \cdots & a_{2n}\\\vdots & \vdots & \ddots & \vdots\\a_{m1} & a_{m2} & \cdots & a_{mn}\end{pmatrix}，则 \boldsymbol{A}^{\mathrm{T}}=\begin{pmatrix}a_{11} & a_{21} & \cdots & a_{m1}\\a_{12} & a_{22} & \cdots & a_{m2}\\\vdots & \vdots & \ddots & \vdots\\a_{1n} & a_{2n} & \cdots & a_{mn}\end{pmatrix}。$$

如 $\boldsymbol{A}=\begin{pmatrix}1 & 2\\0 & 1\\3 & 4\end{pmatrix}$，则 $\boldsymbol{A}^{\mathrm{T}}=\begin{pmatrix}1 & 0 & 3\\2 & 1 & 4\end{pmatrix}$。

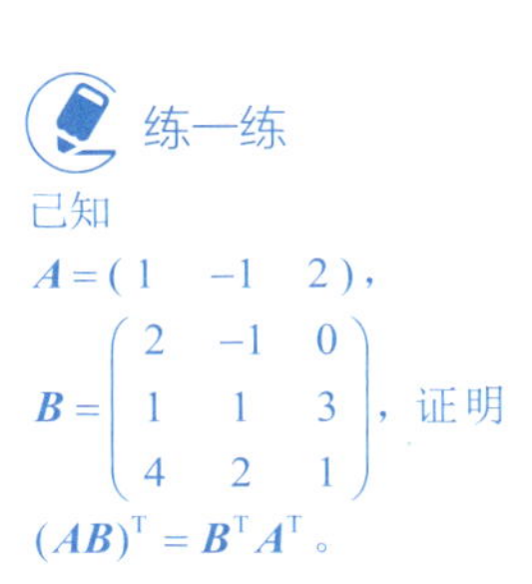

转置矩阵满足下列运算规律：

（1）$(\boldsymbol{A}^{\mathrm{T}})^{\mathrm{T}}=\boldsymbol{A}$；（2）$(\boldsymbol{A}+\boldsymbol{B})^{\mathrm{T}}=\boldsymbol{A}^{\mathrm{T}}+\boldsymbol{B}^{\mathrm{T}}$；

（3）$(k\boldsymbol{A})^{\mathrm{T}}=k\boldsymbol{A}^{\mathrm{T}}$（$k$ 为常数）；（4）$(\boldsymbol{AB})^{\mathrm{T}}=\boldsymbol{B}^{\mathrm{T}}\boldsymbol{A}^{\mathrm{T}}$。

5. 方阵的行列式

定义 把方阵 $\boldsymbol{A}$ 的元素按原来的次序所构成的行列式叫做**矩阵 $\boldsymbol{A}$ 的行列式**，记做 $|\boldsymbol{A}|$。即

$$\boldsymbol{A}=\begin{pmatrix} a_{11} & a_{12} & \cdots & a_{1n} \\ a_{21} & a_{22} & \cdots & a_{2n} \\ \vdots & \vdots & \ddots & \vdots \\ a_{n1} & a_{n2} & \cdots & a_{nn} \end{pmatrix}，则|\boldsymbol{A}|=\begin{vmatrix} a_{11} & a_{12} & \cdots & a_{1n} \\ a_{21} & a_{22} & \cdots & a_{2n} \\ \vdots & \vdots & \ddots & \vdots \\ a_{n1} & a_{n2} & \cdots & a_{nn} \end{vmatrix}。$$

有几种方法可求 $|3\boldsymbol{A}|$ 和 $|\boldsymbol{AB}|$。

n 阶方阵的行列式有下面几个性质：

（1）$|\boldsymbol{A}^{\mathrm{T}}|=|\boldsymbol{A}|$；（2）$|k\boldsymbol{A}|=k^n|\boldsymbol{A}|$（$k$ 为常数）；

（3）$|\boldsymbol{AB}|=|\boldsymbol{A}||\boldsymbol{B}|$。

练一练

已知

$\boldsymbol{A}=\begin{pmatrix} 2 & 5 & -1 \\ 0 & -1 & 6 \\ 0 & 0 & 3 \end{pmatrix}$，

$\boldsymbol{B}=\begin{pmatrix} 7 & 0 & 0 \\ -3 & 2 & 0 \\ 9 & 8 & 1 \end{pmatrix}$，

求 $|\boldsymbol{AB}|$。

例题解析

例 5 已知 $\boldsymbol{A}=\begin{pmatrix} 1 & 2 \\ 3 & 4 \end{pmatrix}$，$\boldsymbol{B}=\begin{pmatrix} 1 & 3 \\ 2 & 5 \end{pmatrix}$，求 $|3\boldsymbol{A}|$，$|\boldsymbol{AB}|$。

解 $|3\boldsymbol{A}|=3^2|\boldsymbol{A}|=9\begin{vmatrix} 1 & 2 \\ 3 & 4 \end{vmatrix}=-18$；

$$|\boldsymbol{AB}|=|\boldsymbol{A}||\boldsymbol{B}|=\begin{vmatrix} 1 & 2 \\ 3 & 4 \end{vmatrix}\times\begin{vmatrix} 1 & 3 \\ 2 & 5 \end{vmatrix}=(-2)\times(-1)=2。$$

三、矩阵的初等变换

提 示

矩阵的初等行变换和初等列变换，统称为矩阵的初等变换。本章内容重点研究初等行变换。

定义 对矩阵的行（列）实施以下三种变换，称为矩阵的**初等变换**。

（1）互换 互换矩阵的两行（列）的位置。

例如，交换矩阵的第 i 与 j 行（列），记作 $r_i \leftrightarrow r_j$（$c_i \leftrightarrow c_j$）。

（2）倍乘 用非零的数 k 乘矩阵的某一行（列）。

例如，用 k 乘第 i 行（列），记作 kr_i（kc_i）。

（3）倍加 把矩阵的某一行（列）的 k 倍加到另一行（列）的对应元素上。

例如，用数 k 乘第 j 行（列）加到第 i 行（列），记作 r_i+kr_j（c_i+kc_j）。

例题解析

注 意

对矩阵进行初等变换后所得的矩阵，一般不与原矩阵相等，仅是矩阵的演变，矩阵间只能写箭头，不能写等号。

例 6 设矩阵 $\boldsymbol{A}=\begin{pmatrix} 3 & -1 & -4 \\ -2 & 2 & 1 \\ 1 & 5 & 7 \end{pmatrix}$，将其进行下列初等行变换。

（1）交换第一行与第三行的位置；

（2）用数 3 乘第二行；

（3）将第三行的 (-3) 倍加到第一行上去。

解 （1）$\boldsymbol{A}=\begin{pmatrix} 3 & -1 & -4 \\ -2 & 2 & 1 \\ 1 & 5 & 7 \end{pmatrix}\xrightarrow{r_1\leftrightarrow r_3}\begin{pmatrix} 1 & 5 & 7 \\ -2 & 2 & 1 \\ 3 & -1 & -4 \end{pmatrix}$；

（2）$\boldsymbol{A}=\begin{pmatrix}3&-1&-4\\-2&2&1\\1&5&7\end{pmatrix}\xrightarrow{3r_2}\begin{pmatrix}3&-1&-4\\-6&6&3\\1&5&7\end{pmatrix}$；

（3）$\boldsymbol{A}=\begin{pmatrix}3&-1&-4\\-2&2&1\\1&5&7\end{pmatrix}\xrightarrow{r_1-3r_3}\begin{pmatrix}0&-16&-25\\-2&2&1\\1&5&7\end{pmatrix}$。

四、矩阵的秩

定义 满足下列两个条件的矩阵称为**阶梯形矩阵**。

（1）若有零行（元素均为零的行），零行一定在非零行下方；

（2）各非零行第一个非零元素的下方的所有元素都为零。

如$\boldsymbol{A}=\begin{pmatrix}2&1&3\\0&1&2\\0&0&3\end{pmatrix}$，$\boldsymbol{B}=\begin{pmatrix}3&4&5&6\\0&2&2&5\\0&0&4&2\\0&0&0&0\end{pmatrix}$均为阶梯形矩阵。

提 示

任何非零矩阵都可以通过初等行变换化为阶梯形矩阵，继而化为简化阶梯形矩阵。

对于阶梯形矩阵，若它还满足各非零行的第一个非零元素为1，且所在列的其他元素都为零，则称为**简化阶梯形矩阵**。

如$\boldsymbol{A}=\begin{pmatrix}1&-2&0&0&2\\0&0&1&0&1\\0&0&0&1&3\end{pmatrix}$，$\boldsymbol{B}=\begin{pmatrix}1&4&0&7\\0&0&1&5\\0&0&0&0\end{pmatrix}$均为简化阶梯形矩阵。

提 示

零矩阵的秩为0。

在阶梯形矩阵$\boldsymbol{A}$中，非零行的行数，称为**矩阵$\boldsymbol{A}$的秩**，记作$R(\boldsymbol{A})$。如果n阶方阵的行列式$|\boldsymbol{A}|\neq 0$，即$R(\boldsymbol{A})=n$，则称$\boldsymbol{A}$为**满秩方阵**。

用初等行变换求矩阵秩的方法：

对矩阵实施初等行变换，使其化为阶梯形矩阵，阶梯形矩阵的非零行的行数，即为该矩阵的秩。

例题解析

例7 求下列矩阵的秩。

（1）$\boldsymbol{A}=\begin{pmatrix}3&1&2&1\\1&-3&2&2\\4&-2&4&3\end{pmatrix}$；（2）$\boldsymbol{B}=\begin{pmatrix}2&-3&1\\0&-1&7\\0&0&4\end{pmatrix}$。

提 示

实施初等行变换，使矩阵转化为阶梯形矩阵，为了计算便利，往往是把第一行第一个元素变为1或−1。

解 （1）$\boldsymbol{A}=\begin{pmatrix}3&1&2&1\\1&-3&2&2\\4&-2&4&3\end{pmatrix}\xrightarrow{r_1\leftrightarrow r_2}\begin{pmatrix}1&-3&2&2\\3&1&2&1\\4&-2&4&3\end{pmatrix}$

$$\xrightarrow[r_3-4r_1]{r_2-3r_1}\begin{pmatrix}1&-3&2&2\\0&10&-4&-5\\0&10&-4&-5\end{pmatrix}\xrightarrow{r_3-r_2}\begin{pmatrix}1&-3&2&2\\0&10&-4&-5\\0&0&0&0\end{pmatrix}$$，所以 $R(\boldsymbol{A})=2$；

（2）因 $|\boldsymbol{B}|=-8\neq 0$，所以 $R(\boldsymbol{B})=3$，矩阵 $\boldsymbol{B}$ 为满秩方阵。

练一练

利用初等行变换把矩阵 $\boldsymbol{A}=\begin{pmatrix}2&2&3\\1&-1&0\\-1&2&1\end{pmatrix}$ 化成阶梯形矩阵和简化阶梯形矩阵，并求矩阵的秩。

五、逆矩阵

1. 逆矩阵的概念

定义 设 $\boldsymbol{A}$ 是 n 阶方阵，$\boldsymbol{I}$ 是 n 阶单位矩阵，如果存在一个 n 阶方阵 $\boldsymbol{B}$，使得 $\boldsymbol{AB}=\boldsymbol{BA}=\boldsymbol{I}$，那么方阵 $\boldsymbol{B}$ 称为方阵 $\boldsymbol{A}$ 的**逆矩阵**（简称**逆阵**），记作 $\boldsymbol{A}^{-1}=\boldsymbol{B}$，即 $\boldsymbol{AA}^{-1}=\boldsymbol{A}^{-1}\boldsymbol{A}=\boldsymbol{I}$。这时称 $\boldsymbol{A}$ 是**可逆**的，否则称 $\boldsymbol{A}$ 是不可逆的。

提 示

定义中，$\boldsymbol{A}$ 和 $\boldsymbol{B}$ 的地位是对等的，若 $\boldsymbol{B}$ 是 $\boldsymbol{A}$ 的逆矩阵，则 $\boldsymbol{A}$ 也是 $\boldsymbol{B}$ 的逆矩阵。

例如，对于矩阵 $\boldsymbol{A}=\begin{pmatrix}4&3&2\\3&2&1\\2&1&1\end{pmatrix}$，$\boldsymbol{B}=\begin{pmatrix}-1&1&1\\1&0&-2\\1&-2&1\end{pmatrix}$ 均有 $\boldsymbol{AB}=\boldsymbol{BA}=\begin{pmatrix}1&0&0\\0&1&0\\0&0&1\end{pmatrix}=\boldsymbol{I}$。所以 $\boldsymbol{B}$ 是 $\boldsymbol{A}$ 的逆矩阵，即 $\boldsymbol{A}^{-1}=\boldsymbol{B}=\begin{pmatrix}-1&1&1\\1&0&-2\\1&-2&1\end{pmatrix}$。

想一想

单位矩阵的逆矩阵会是谁呢？

2. 逆矩阵的性质

（1）若矩阵 $\boldsymbol{A}$ 可逆，则它的逆阵是唯一的；

（2）矩阵 $\boldsymbol{A}$ 的逆矩阵的逆矩阵仍是 $\boldsymbol{A}$，即 $(\boldsymbol{A}^{-1})^{-1}=\boldsymbol{A}$；

（3）若 $\boldsymbol{A}$ 是可逆的，且数 $\lambda\neq 0$，则 $(\lambda\boldsymbol{A})^{-1}=\dfrac{1}{\lambda}\boldsymbol{A}^{-1}$；

（4）若 $\boldsymbol{AB}$ 可逆，则 $(\boldsymbol{AB})^{-1}=\boldsymbol{B}^{-1}\boldsymbol{A}^{-1}$；

（5）若 $\boldsymbol{A}^{\mathrm{T}}$ 可逆，则 $(\boldsymbol{A}^{\mathrm{T}})^{-1}=(\boldsymbol{A}^{-1})^{\mathrm{T}}$。

$(\boldsymbol{AB})^{-1}\neq\boldsymbol{A}^{-1}\boldsymbol{B}^{-1}$。

3. 逆矩阵的求法

（1）用伴随矩阵求逆矩阵

定义 由 n 阶方阵 $\boldsymbol{A}=\begin{pmatrix}a_{11}&a_{12}&\cdots&a_{1n}\\a_{21}&a_{22}&\cdots&a_{2n}\\\vdots&\vdots&\ddots&\vdots\\a_{n1}&a_{n2}&\cdots&a_{nn}\end{pmatrix}$ 中的元素 a_{ij} 的代数余子式 A_{ij} 组成的矩阵 $\boldsymbol{A}^{*}=\begin{pmatrix}A_{11}&A_{21}&\cdots&A_{n1}\\A_{12}&A_{22}&\cdots&A_{n2}\\\vdots&\vdots&\ddots&\vdots\\A_{1n}&A_{2n}&\cdots&A_{nn}\end{pmatrix}$ 称为矩阵 $\boldsymbol{A}$ 的**伴随矩阵**，简称**伴随阵**。

书写矩阵 $\begin{pmatrix}a_{11}&a_{12}&\cdots&a_{1n}\\a_{21}&a_{22}&\cdots&a_{2n}\\\vdots&\vdots&\ddots&\vdots\\a_{n1}&a_{n2}&\cdots&a_{nn}\end{pmatrix}$ 的伴随矩阵时，请记住是将方阵 $\boldsymbol{A}$ 的行列式 $|\boldsymbol{A}|$ 中的各个元素换成其对应的代数余子式后进行转置。

定理 n 阶方阵 $\boldsymbol{A}$ 可逆的充分必要条件是 $|\boldsymbol{A}|\neq 0$，且当 $\boldsymbol{A}$ 可逆时，

有 $\boldsymbol{A}^{-1}=\dfrac{1}{|\boldsymbol{A}|}\boldsymbol{A}^{*}$。

例题解析

例 8 判定下列矩阵是否可逆？若可逆，求其逆矩阵。

（1）$\boldsymbol{A}=\begin{pmatrix}1&2&3\\2&2&1\\1&0&3\end{pmatrix}$；（2）$\boldsymbol{B}=\begin{pmatrix}2&1&1\\-1&1&3\\1&5&11\end{pmatrix}$。

解（1）因为 $|\boldsymbol{A}|=\begin{vmatrix}1&2&3\\2&2&1\\1&0&3\end{vmatrix}=-10\neq0$，所以矩阵 $\boldsymbol{A}$ 可逆。

求出 $|\boldsymbol{A}|$ 中所有元素的代数余子式，得

$A_{11}=\begin{vmatrix}2&1\\0&3\end{vmatrix}=6$，$A_{12}=-\begin{vmatrix}2&1\\1&3\end{vmatrix}=-5$，$A_{13}=\begin{vmatrix}2&2\\1&0\end{vmatrix}=-2$，

$A_{21}=-\begin{vmatrix}2&3\\0&3\end{vmatrix}=-6$，$A_{22}=\begin{vmatrix}1&3\\1&3\end{vmatrix}=0$，$A_{23}=-\begin{vmatrix}1&2\\1&0\end{vmatrix}=2$，

$A_{31}=\begin{vmatrix}2&3\\2&1\end{vmatrix}=-4$，$A_{32}=-\begin{vmatrix}1&3\\2&1\end{vmatrix}=5$，$A_{33}=\begin{vmatrix}1&2\\2&2\end{vmatrix}=-2$。

于是有伴随矩阵 $\boldsymbol{A}^{*}=\begin{pmatrix}A_{11}&A_{21}&A_{31}\\A_{12}&A_{22}&A_{32}\\A_{13}&A_{23}&A_{33}\end{pmatrix}=\begin{pmatrix}6&-6&-4\\-5&0&5\\-2&2&-2\end{pmatrix}$。

所求逆矩阵为 $\boldsymbol{A}^{-1}=\dfrac{1}{|\boldsymbol{A}|}\boldsymbol{A}^{*}=-\dfrac{1}{10}\begin{pmatrix}6&-6&-4\\-5&0&5\\-2&2&-2\end{pmatrix}=\begin{pmatrix}-\frac{3}{5}&\frac{3}{5}&\frac{2}{5}\\\frac{1}{2}&0&-\frac{1}{2}\\\frac{1}{5}&-\frac{1}{5}&\frac{1}{5}\end{pmatrix}$；

（2）因为 $|\boldsymbol{B}|=\begin{vmatrix}2&1&1\\-1&1&3\\1&5&11\end{vmatrix}=0$，所以 $\boldsymbol{B}$ 不可逆。

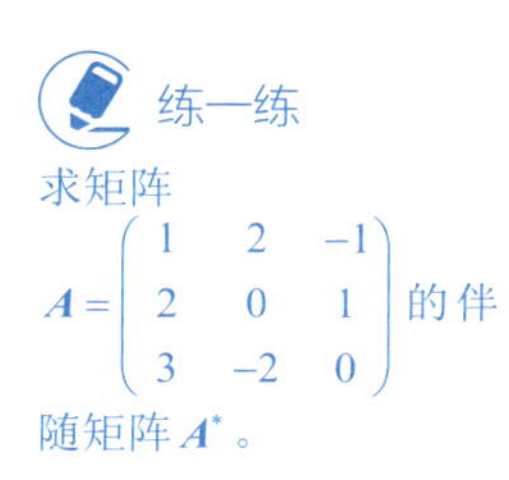

练一练

求矩阵 $\boldsymbol{A}=\begin{pmatrix}1&2&-1\\2&0&1\\3&-2&0\end{pmatrix}$ 的伴随矩阵 $\boldsymbol{A}^{*}$。

提 示

当 $|\boldsymbol{A}|=0$ 时，$\boldsymbol{A}$ 称为奇异方阵；当 $|\boldsymbol{A}|\neq0$ 时，称为非奇异方阵，也就是可逆矩阵。

（2）用初等行变换求逆矩阵

在给定的 n 阶方阵 $\boldsymbol{A}$ 的右边放一个 n 阶单位矩阵 $\boldsymbol{I}$ 形成一个 $n\times2n$ 的矩阵 $(\boldsymbol{A}\vdots\boldsymbol{I})$，然后对矩阵 $(\boldsymbol{A}\vdots\boldsymbol{I})$ 实施初等行变换，直到将原矩阵 $\boldsymbol{A}$ 所在部分变成单位矩阵 $\boldsymbol{I}$，原单位矩阵部分经同样的初等行变换后，所得到的矩阵就是 $\boldsymbol{A}$ 的逆矩阵 $\boldsymbol{A}^{-1}$，即 $(\boldsymbol{A}\vdots\boldsymbol{I})\xrightarrow{\text{初等行变换}}(\boldsymbol{I}\vdots\boldsymbol{A}^{-1})$。

在用初等行变换求矩阵的逆矩阵时，若矩阵 $\boldsymbol{A}$ 经过一系列初等行变换后不能得到单位矩阵，则可以判定矩阵 $\boldsymbol{A}$ 不可逆。比如对于矩阵

提 示

用初等行变换求方阵A的逆矩阵的过程，实际上是用初等行变换求解矩阵方程$AX=I$，有$X=A^{-1}I$。

想一想

二阶行列式与三阶行列式用伴随矩阵法求逆矩阵比较容易一些，而高阶行列式用初等行变换法求逆矩阵会更方便些。为什么？

$A=\begin{pmatrix}2&3\\6&9\end{pmatrix}$，用初等行变换求其逆矩阵的过程如下：

$$(A\vdots I)=\left(\begin{array}{cc:cc}2&3&1&0\\6&9&0&1\end{array}\right)\xrightarrow{r_2-3r_1}\left(\begin{array}{cc:cc}2&3&1&0\\0&0&-3&1\end{array}\right)。$$

显然，矩阵A经过初等行变换不能得到单位矩阵，所以矩阵A不可逆，即A的逆矩阵A^{-1}不存在。

例题解析

例 9 利用初等行变换求矩阵$A=\begin{pmatrix}3&-1&2\\1&4&-3\\2&2&1\end{pmatrix}$的逆矩阵。

解
$$(A\vdots I)=\left(\begin{array}{ccc:ccc}3&-1&2&1&0&0\\1&4&-3&0&1&0\\2&2&1&0&0&1\end{array}\right)$$

$$\xrightarrow{r_1\leftrightarrow r_2}\left(\begin{array}{ccc:ccc}1&4&-3&0&1&0\\3&-1&2&1&0&0\\2&2&1&0&0&1\end{array}\right)$$

$$\xrightarrow[r_3-2r_1]{r_2-3r_1}\left(\begin{array}{ccc:ccc}1&4&-3&0&1&0\\0&-13&11&1&-3&0\\0&-6&7&0&-2&1\end{array}\right)$$

$$\xrightarrow{r_2-2r_3}\left(\begin{array}{ccc:ccc}1&4&-3&0&1&0\\0&-1&-3&1&1&-2\\0&-6&7&0&-2&1\end{array}\right)$$

$$\xrightarrow[r_3-6r_2]{r_1+4r_2}\left(\begin{array}{ccc:ccc}1&0&-15&4&5&-8\\0&-1&-3&1&1&-2\\0&0&25&-6&-8&13\end{array}\right)$$

$$\xrightarrow[\frac{1}{25}r_3]{(-1)r_2}\left(\begin{array}{ccc:ccc}1&0&-15&4&5&-8\\0&1&3&-1&-1&2\\0&0&1&-\frac{6}{25}&-\frac{8}{25}&\frac{13}{25}\end{array}\right)$$

$$\xrightarrow[r_2-3r_3]{r_1+15r_3}\left(\begin{array}{ccc:ccc}1&0&0&\frac{2}{5}&\frac{1}{5}&-\frac{1}{5}\\0&1&0&-\frac{7}{25}&-\frac{1}{25}&\frac{11}{25}\\0&0&1&-\frac{6}{25}&-\frac{8}{25}&\frac{13}{25}\end{array}\right)。$$

于是 $A^{-1}=\begin{pmatrix}\frac{2}{5} & \frac{1}{5} & -\frac{1}{5}\\ -\frac{7}{25} & -\frac{1}{25} & \frac{11}{25}\\ -\frac{6}{25} & -\frac{8}{25} & \frac{13}{25}\end{pmatrix}=\frac{1}{25}\begin{pmatrix}10 & 5 & -5\\ -7 & -1 & 11\\ -6 & -8 & 13\end{pmatrix}$。

习题8-2

1. 下列关于矩阵的说法正确的是（　　）。

A. 矩阵的行数与列数必须相等；

B. 方阵主对角线下方元素都是0的矩阵是下三角矩阵；

C. 两个零矩阵一定相等；

D. 单位矩阵的主对角线上的元素都是1。

2. 已知矩阵 $A_{4\times3}$、$B_{3\times3}$、$C_{3\times4}$，可以运算的是（　　）。

A. $A+B$；　B. $B-C$；　C. BC；　D. CB。

3. 已知矩阵 $A=\begin{pmatrix}1 & 0 & 1\\ -1 & 0 & 2\end{pmatrix}$，$B=\begin{pmatrix}-2 & 1 & 0\\ 1 & 1 & 2\end{pmatrix}$，则 $A-B=$________；$3A+2B=$________。

4. $\begin{pmatrix}1 & 2 & 3\end{pmatrix}\begin{pmatrix}3\\ 2\\ 1\end{pmatrix}=$________；$\begin{pmatrix}1\\ 2\\ 3\end{pmatrix}\begin{pmatrix}-2 & 1\end{pmatrix}=$________。

5. 已知 $A=\begin{pmatrix}1 & 2\\ 3 & 4\end{pmatrix}$，则 $A^{T}=$________；$|A|=$________。

6. 设 A 为3阶方阵，且 $|A|=-3$，则 $|-2A|=$________。

7. 计算下列矩阵的乘积。

（1）$\begin{pmatrix}0 & 0 & 1\\ 0 & 1 & 0\\ 1 & 0 & 0\end{pmatrix}\begin{pmatrix}2\\ 3\\ 4\end{pmatrix}$；（2）$\begin{pmatrix}2 & 1 & 4 & 0\\ 1 & -1 & 3 & 4\end{pmatrix}\begin{pmatrix}1 & 3 & 1\\ 0 & -1 & 2\\ 1 & -3 & 1\\ 4 & 0 & -2\end{pmatrix}$。

8. 用初等行变换求矩阵 $A=\begin{pmatrix}1 & -2 & -1 & 3\\ 3 & -6 & -3 & 9\\ -2 & 4 & 2 & 5\end{pmatrix}$ 的秩 $R(A)$。

9. 用初等行变换将矩阵 $\begin{pmatrix}1 & -1 & 2 & 2\\ -1 & -1 & 2 & 0\\ 3 & 1 & -2 & 2\end{pmatrix}$ 化为阶梯形矩阵。

10. 利用伴随矩阵求矩阵 $A=\begin{pmatrix}1 & 2 & 2\\ 0 & 1 & -2\\ 0 & -1 & 1\end{pmatrix}$ 的逆矩阵 A^{-1}。

11. 利用初等行变换求矩阵 $\boldsymbol{A}=\begin{pmatrix}1&2&2\\0&1&-2\\0&-1&1\end{pmatrix}$ 的逆矩阵 $\boldsymbol{A}^{-1}$。

第三节　线性方程组

本节导学

内容： 线性方程组解的判断及求解。

重点： 熟练运用初等变换求解线性方程组。

难点： 理解线性方程组解的几种情况。

1. 线性方程组的矩阵表示

定义　由 n 个未知量，m 个线性方程组成的方程组

$$\begin{cases}a_{11}x_1+a_{12}x_2+\cdots+a_{1n}x_n=b_1\\a_{21}x_1+a_{22}x_2+\cdots+a_{2n}x_n=b_2\\\qquad\cdots\cdots\cdots\cdots\\a_{m1}x_1+a_{m2}x_2+\cdots+a_{mn}x_n=b_m\end{cases},$$

根据矩阵的运算可写成矩阵方程形式 $\boldsymbol{AX}=\boldsymbol{B}$。其中，

$\boldsymbol{A}=\begin{pmatrix}a_{11}&a_{12}&\cdots&a_{1n}\\a_{21}&a_{22}&\cdots&a_{2n}\\\vdots&\vdots&\ddots&\vdots\\a_{m1}&a_{m2}&\cdots&a_{mn}\end{pmatrix}$ 为系数矩阵，$\boldsymbol{X}=\begin{pmatrix}x_1\\x_2\\\vdots\\x_n\end{pmatrix}$ 为未知数矩阵，

$\boldsymbol{B}=\begin{pmatrix}b_1\\b_2\\\vdots\\b_m\end{pmatrix}$ 为常数项矩阵。由系数和常数项组成的矩阵

$(\boldsymbol{A}\vdots\boldsymbol{B})=\begin{pmatrix}a_{11}&a_{12}&\cdots&a_{1n}&b_1\\a_{21}&a_{22}&\cdots&a_{2n}&b_2\\\vdots&\vdots&\ddots&\vdots&\vdots\\a_{m1}&a_{m2}&\cdots&a_{mn}&b_m\end{pmatrix}$ 称为**增广矩阵**，记为 $\bar{\boldsymbol{A}}$。

提　示

线性方程组的未知数的个数与方程的个数可以不相等。

2. 线性方程组解的判定定理

线性方程组的解分为三种情况：唯一解、无穷多解、无解。

定理　（线性方程组解的判定定理）　对于非齐次线性方程组

$$\begin{cases}a_{11}x_1+a_{12}x_2+\cdots+a_{1n}x_n=b_1\\a_{21}x_1+a_{22}x_2+\cdots+a_{2n}x_n=b_2\\\qquad\cdots\cdots\cdots\cdots\\a_{m1}x_1+a_{m2}x_2+\cdots+a_{mn}x_n=b_m\end{cases}$$

有解的充要条件是 $R(\boldsymbol{A})=R(\bar{\boldsymbol{A}})$。

（1）当 $R(\boldsymbol{A})=R(\bar{\boldsymbol{A}})=n$ 时，方程组有唯一解；

（2）当 $R(\boldsymbol{A})=R(\bar{\boldsymbol{A}})<n$ 时，方程组有无穷多组解；

（3）当 $R(\boldsymbol{A})\neq R(\bar{\boldsymbol{A}})$ 时，方程组无解。

特别地，当 $b_1=b_2=b_3=\cdots=b_m=0$ 时，即方程组为齐次线性方程组时，显然有 $R(\boldsymbol{A})=R(\bar{\boldsymbol{A}})$，齐次线性方程组总有解（至少有零解）。

（1）当 $R(A)=R(\bar{A})=n$ 时，方程组只有零解；

（2）当 $R(A)=R(\bar{A})<n$ 时，方程组有无穷多个非零解。

3. 线性方程组的求解方法

（1）利用逆矩阵解线性方程组

定义 对于矩阵方程 $AX=B$，若矩阵 A 可逆，两边左乘 A^{-1} 得 $A^{-1}AX=A^{-1}B$，即得 $X=A^{-1}B$。由此可推广，若 $XA=B$，则 $X=BA^{-1}$；若 $AXB=C$，则 $X=A^{-1}CB^{-1}$（A、B 均可逆）。

例如，若 $A=\begin{pmatrix}1&2\\3&2\end{pmatrix}$，$B=\begin{pmatrix}1&2\\-1&4\end{pmatrix}$，且 $AX=B$，求矩阵 X。因为 $AX=B$，方程两边同时左乘 A^{-1}，有 $X=A^{-1}B$。又因为 $A^{-1}=\frac{1}{-4}\begin{pmatrix}2&-2\\-3&1\end{pmatrix}$，

所以 $X=A^{-1}B=\frac{1}{-4}\begin{pmatrix}2&-2\\-3&1\end{pmatrix}\begin{pmatrix}1&2\\-1&4\end{pmatrix}=\frac{1}{-4}\begin{pmatrix}4&-4\\-4&-2\end{pmatrix}=\begin{pmatrix}-1&1\\1&\frac{1}{2}\end{pmatrix}$。

注 意

矩阵 A 从左边对矩阵 B 相乘时，称 A 对 B 左乘，记为 AB；而矩阵 A 从右边对矩阵 B 相乘时，称 A 对 B 右乘，记为 BA。特别要记住分清左乘与右乘。左乘、右乘不可颠倒。

提 示

在解线性方程组时，把方程组看成矩阵形式 $AX=B$，利用逆矩阵左乘 A^{-1} 得解 $X=A^{-1}B$。这种方法叫做用逆矩阵法求线性方程组的解。

例题解析

例 1 用逆矩阵法解线性方程组 $\begin{cases}x+y+z=2\\2x+y=-1\\x+y=1\end{cases}$。

解 线性方程组 $\begin{cases}x+y+z=2\\2x+y=-1\\x+y=1\end{cases}$ 可表示为 $\begin{pmatrix}1&1&1\\2&1&0\\1&1&0\end{pmatrix}\begin{pmatrix}x\\y\\z\end{pmatrix}=\begin{pmatrix}2\\-1\\1\end{pmatrix}$。

记 $A=\begin{pmatrix}1&1&1\\2&1&0\\1&1&0\end{pmatrix}$，$X=\begin{pmatrix}x\\y\\z\end{pmatrix}$，$B=\begin{pmatrix}2\\-1\\1\end{pmatrix}$。即有 $AX=B$。由于

$|A|=\begin{vmatrix}1&1&1\\2&1&0\\1&1&0\end{vmatrix}=1\neq 0$，从而 A 可逆，有 $A^{-1}=\begin{pmatrix}0&1&-1\\0&-1&2\\1&0&-1\end{pmatrix}$，于是得 $X=A^{-1}B=\begin{pmatrix}0&1&-1\\0&-1&2\\1&0&-1\end{pmatrix}\begin{pmatrix}2\\-1\\1\end{pmatrix}=\begin{pmatrix}-2\\3\\1\end{pmatrix}$。即原方程组的解为

$\begin{pmatrix}x\\y\\z\end{pmatrix}=\begin{pmatrix}-2\\3\\1\end{pmatrix}$。

练一练

解方程组 $\begin{cases}2x_1+2x_2+x_3=5\\3x_1+x_2+5x_3=0\\3x_1+2x_2+3x_3=4\end{cases}$。

例 2 解矩阵方程 $X-XA=B$。其中 $A=\begin{pmatrix}1&0&1\\2&1&0\\-3&2&-3\end{pmatrix}$，

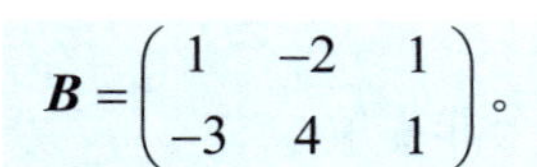

提 示

在矩阵运算中 $X-XA=X(I-A)$，这里的 I 与 A 必须是同型矩阵。

$$B=\begin{pmatrix}1&-2&1\\-3&4&1\end{pmatrix}。$$

解 由矩阵方程 $X-XA=B$ 得，$X(I-A)=B$，所以有

$$X=B(I-A)^{-1}=\begin{pmatrix}1&-2&1\\-3&4&1\end{pmatrix}\left(\begin{pmatrix}1&0&0\\0&1&0\\0&0&1\end{pmatrix}-\begin{pmatrix}1&0&1\\2&1&0\\-3&2&-3\end{pmatrix}\right)^{-1}$$

$$=\begin{pmatrix}1&-2&1\\-3&4&1\end{pmatrix}\begin{pmatrix}0&0&-1\\-2&0&0\\3&-2&4\end{pmatrix}^{-1}=\begin{pmatrix}1&-2&1\\-3&4&1\end{pmatrix}\left(\frac{1}{-4}\begin{pmatrix}0&2&0\\8&3&2\\4&0&0\end{pmatrix}\right)$$

$$=\begin{pmatrix}1&-2&1\\-3&4&1\end{pmatrix}\begin{pmatrix}0&-\frac{1}{2}&0\\-2&-\frac{3}{4}&-\frac{1}{2}\\-1&0&0\end{pmatrix}=\begin{pmatrix}3&1&1\\-9&-\frac{3}{2}&-2\end{pmatrix}。$$

练一练

解矩阵方程

$$X\begin{pmatrix}1&3&3\\1&4&3\\1&3&4\end{pmatrix}=\begin{pmatrix}2&-1&1\end{pmatrix}。$$

（2）利用矩阵的初等行变换求解线性方程组

先看一个简单的例子：解线性方程组 $\begin{cases}x_1+2x_2=1\\2x_1+5x_2=4\end{cases}$。

解 方程组的消元过程与增广矩阵的初等行变换过程如下：

方程组的消元过程	增广矩阵的初等行变换
$\begin{cases}x_1+2x_2=1 & (1)\\2x_1+5x_2=4 & (2)\end{cases}$	$\overline{A}=\begin{pmatrix}1&2&1\\2&5&4\end{pmatrix}$
$(-2)\times(1)$加到 $(2)\downarrow$	$r_2+(-2)\times r_1\downarrow$
$\begin{cases}x_1+2x_2=1 & (1)\\x_2=2 & (2)\end{cases}$	$\begin{pmatrix}1&2&1\\0&1&2\end{pmatrix}$
$(-2)\times(2)$加到 $(1)\downarrow$	$r_1+(-2)\times r_2\downarrow$
$\begin{cases}x_1=-3\\x_2=2\end{cases}$ （方程组的解）	$\begin{pmatrix}1&0&-3\\0&1&2\end{pmatrix}$ （简化阶梯形矩阵）

想一想

初等行变换下的增广矩阵，每一行代表的其实是一个线性方程。

通过上表对照可以看出，对线性方程组进行消元的过程，实际上是对其增广矩阵实施初等行变换，将增广矩阵化为简化阶梯形矩阵的过程。

由此可知，用初等行变换求解线性方程组的一般步骤如下：

（1）实施初等行变换，将增广矩阵 $\overline{A}$ 化成阶梯形矩阵。根据 $R(A)$ 与 $R(\overline{A})$ 是否相等，判断方程组是否有解；

（2）如果有解，用初等行变换进一步将阶梯形矩阵化为简化阶梯形矩阵，写出对应的同解方程组，从而判断或得出线性方程组的解。

想一想

解线性方程组时，能不能用初等列变换？为什么？

例题解析

例 3 解线性方程组 $\begin{cases}2x_1-x_2+3x_3=1\\4x_1+2x_2+5x_3=4\\2x_1+2x_3=6\end{cases}$。

解 对增广矩阵 $\overline{A}$ 进行初等行变换，化为简化阶梯形矩阵。

$$\overline{A}=\begin{pmatrix}2&-1&3&1\\4&2&5&4\\2&0&2&6\end{pmatrix}\xrightarrow[r_3-r_1]{r_2-2r_1}\begin{pmatrix}2&-1&3&1\\0&4&-1&2\\0&1&-1&5\end{pmatrix}$$

$$\xrightarrow{r_2\leftrightarrow r_3}\begin{pmatrix}2&-1&3&1\\0&1&-1&5\\0&4&-1&2\end{pmatrix}\xrightarrow[r_1+r_2]{r_3-4r_2}\begin{pmatrix}2&0&2&6\\0&1&-1&5\\0&0&3&-18\end{pmatrix}$$

$$\xrightarrow[\frac{1}{3}r_3]{\frac{1}{2}r_1}\begin{pmatrix}1&0&1&3\\0&1&-1&5\\0&0&1&-6\end{pmatrix}\xrightarrow[r_2+r_3]{r_1-r_3}\begin{pmatrix}1&0&0&9\\0&1&0&-1\\0&0&1&-6\end{pmatrix}。$$

故原线性方程组的解为 $\begin{cases}x_1=9\\x_2=-1\\x_3=-6\end{cases}$。

例 4 解线性方程组 $\begin{cases}x_1+x_2+x_3=1\\-x_1+2x_2-4x_3=2\\2x_1+5x_2-x_3=3\end{cases}$。

解 对增广矩阵 $\overline{A}$ 进行初等行变换，化为阶梯形矩阵。

$$\overline{A}=\begin{pmatrix}1&1&1&1\\-1&2&-4&2\\2&5&-1&3\end{pmatrix}\xrightarrow[r_3-2r_1]{r_2+r_1}\begin{pmatrix}1&1&1&1\\0&3&-3&3\\0&3&-3&1\end{pmatrix}\xrightarrow{r_3-r_2}$$

$\begin{pmatrix}1&1&1&1\\0&3&-3&3\\0&0&0&-2\end{pmatrix}$。由于 $R(\overline{A})\neq R(A)$，故原线性方程组无解。

例 5 判断方程组 $\begin{cases}x_1+2x_2-5x_3=-1\\2x_1+4x_2-3x_3=5\\3x_1+6x_2-10x_3=2\\x_1+2x_2+2x_3=6\end{cases}$ 是否有解。若有解，并求出其解。

练一练

解线性方程组 $\begin{cases}2x_1+x_2=5\\x_1-4x_2=7\end{cases}$。

注 意

例4中，增广矩阵初等行变换后得到 $\begin{pmatrix}1&1&1&1\\0&3&-3&3\\0&0&0&-2\end{pmatrix}$。第三行表示方程 $0x_1+0x_2+0x_3=-2$，为矛盾方程，则方程组无解。

提 示

简化阶梯形矩阵中的非零行的非零首元所对应的未知量取作非自由未知量，其余的未知量取自由未知量。这里x_2为自由未知量，移到等号后面。

解 对增广矩阵施行初等行变换，即$\bar{A}=\begin{pmatrix}1&2&-5&-1\\2&4&-3&5\\3&6&-10&2\\1&2&2&6\end{pmatrix}$

$$\xrightarrow[r_4-r_1]{\substack{r_2-2r_1\\r_3-3r_1}}\begin{pmatrix}1&2&-5&-1\\0&0&7&7\\0&0&5&5\\0&0&7&7\end{pmatrix}\xrightarrow{\frac{1}{7}r_2}\begin{pmatrix}1&2&-5&-1\\0&0&1&1\\0&0&5&5\\0&0&7&7\end{pmatrix}$$

$\xrightarrow[r_1+5r_2]{\substack{r_3-5r_2\\r_4-7r_2}}\begin{pmatrix}1&2&0&4\\0&0&1&1\\0&0&0&0\\0&0&0&0\end{pmatrix}$。显然$R(A)=R(\bar{A})=2<n=3$，故方程组有无穷多解。此时，原方程组的同解方程组为$\begin{cases}x_1+2x_2=4\\x_3=1\end{cases}$，从而原方程组的解为$\begin{cases}x_1=4-2C\\x_2=C\\x_3=1\end{cases}$。

习题8-3

1. 方程组$\begin{cases}5x+y=7\\x-3y=-5\end{cases}$的解可以写为$\begin{pmatrix}x\\y\end{pmatrix}=$（ ）。

A. $\begin{pmatrix}1\\2\end{pmatrix}$； B. $\begin{pmatrix}2\\1\end{pmatrix}$； C. $\begin{pmatrix}1\\1\end{pmatrix}$； D. $\begin{pmatrix}7\\-5\end{pmatrix}$。

2. 已知矩阵方程$\boldsymbol{X}\begin{pmatrix}0&1&-1\\2&0&2\\1&-1&1\end{pmatrix}=\boldsymbol{B}$，下列解法正确的是（ ）。

A. 等式左边左乘$\begin{pmatrix}0&1&-1\\2&0&2\\1&-1&1\end{pmatrix}^{-1}$，右边右乘$\begin{pmatrix}0&1&-1\\2&0&2\\1&-1&1\end{pmatrix}^{-1}$；

B. 等式左边右乘$\begin{pmatrix}0&1&-1\\2&0&2\\1&-1&1\end{pmatrix}^{-1}$，右边左乘$\begin{pmatrix}0&1&-1\\2&0&2\\1&-1&1\end{pmatrix}^{-1}$；

C. 等式左边左乘$\begin{pmatrix}0&1&-1\\2&0&2\\1&-1&1\end{pmatrix}^{-1}$，右边左乘$\begin{pmatrix}0&1&-1\\2&0&2\\1&-1&1\end{pmatrix}^{-1}$；

D. 等式左边右乘$\begin{pmatrix} 0 & 1 & -1 \\ 2 & 0 & 2 \\ 1 & -1 & 1 \end{pmatrix}^{-1}$，右边右乘$\begin{pmatrix} 0 & 1 & -1 \\ 2 & 0 & 2 \\ 1 & -1 & 1 \end{pmatrix}^{-1}$。

3. 增广矩阵$\begin{pmatrix} 1 & 0 & 0 & 1 \\ 0 & 1 & 0 & 1 \\ 0 & 0 & 1 & 1 \end{pmatrix}$中的第三行代表的可能是（　　）。

A. 数列$0,0,1,1$；

B. 等式$0+0+1=1$；

C. 一种变换为$0 \to 0 \to 1 \to 1$；

D. 一个线性方程为$0x+0y+1z=1$。

4. 方程组$\begin{cases} 2x_1+7x_2=10 \\ 3x_1-5x_2=-2 \end{cases}$可写成矩阵方程形式$\boldsymbol{AX}=\boldsymbol{B}$，则（1）$\boldsymbol{A}=$ ________；（2）$\boldsymbol{B}=$ ________；（3）$\boldsymbol{X}=$ ________；（4）$\bar{\boldsymbol{A}}=$ ________。

5. 已知$\boldsymbol{A}=\begin{pmatrix} 2 & 1 \\ -1 & 2 \end{pmatrix}$，且$\boldsymbol{BA}=\boldsymbol{B}+2\boldsymbol{I}$，则矩阵$\boldsymbol{B}=$ ________。

6. 解下列矩阵方程。

（1）$\begin{pmatrix} 2 & 5 \\ 1 & 3 \end{pmatrix}\boldsymbol{X}=\begin{pmatrix} 4 & -6 \\ 2 & 1 \end{pmatrix}$；（2）$\boldsymbol{X}\begin{pmatrix} 2 & 1 & -1 \\ 2 & 1 & 0 \\ 1 & -1 & 1 \end{pmatrix}=\begin{pmatrix} 1 & -1 & 3 \\ 4 & 3 & 2 \end{pmatrix}$。

7. 用逆矩阵法解线性方程组$\begin{cases} x_1+2x_2+3x_3=1 \\ 2x_1+2x_2+5x_3=2 \\ 3x_1+5x_2+x_3=3 \end{cases}$。

8. 用初等行变换法解下列线性方程组。

（1）$\begin{cases} x_1+3x_2+2x_3=4 \\ 2x_1+5x_2+4x_3=9 \\ x_1+7x_2+3x_3=2 \\ 3x_1+8x_2+2x_3=5 \end{cases}$；（2）$\begin{cases} x_1-x_2-x_3+x_4=0 \\ x_1-x_2+x_3-3x_4=1 \\ x_1-x_2-2x_3+3x_4=-\dfrac{1}{2} \end{cases}$。

9. 判断下列线性方程组是否有解？若有解，说明解的情况。

（1）$\begin{cases} 2x_1-x_2-x_3+x_4=1 \\ x_1+2x_2-x_3-2x_4=0 \\ 3x_1+x_2-2x_3-x_4=2 \end{cases}$；（2）$\begin{cases} x_1+2x_2+3x_3-x_4=2 \\ 3x_1+2x_2+x_3-x_4=4 \\ x_1-2x_2-5x_3+x_4=0 \end{cases}$。

10. 有三台打印机同时工作，一分钟共打印8200行字。如果第一台工作2分钟，第二台工作3分钟，共打印12200行字；如果第一台工作1分钟，第二台工作2分钟，第三台工作3分钟，共打印17600行字。问每台打印机每分钟可打印多少行字？

复习题八

一、选择题

1. 已知$\begin{vmatrix} a_1 & b_1 \\ a_2 & b_2 \end{vmatrix}=1$，$\begin{vmatrix} a_1 & c_1 \\ a_2 & c_2 \end{vmatrix}=2$，则$\begin{vmatrix} a_1 & b_1+c_1 \\ a_2 & b_2+c_2 \end{vmatrix}=$（　　）。

A. 3；　　B. 1；　　C. -3；　　D. -1。

2. 若$\begin{vmatrix} a_{11} & a_{12} & a_{13} \\ a_{21} & a_{22} & a_{23} \\ a_{31} & a_{32} & a_{33} \end{vmatrix}=1$，则$\begin{vmatrix} 4a_{11} & 3a_{12} & a_{13} \\ 4a_{21} & 3a_{22} & a_{23} \\ 4a_{31} & 3a_{32} & a_{33} \end{vmatrix}=$（　　）。

A. 12；　　B. 15；　　C. 20；　　D. 1。

3. 行列式$\begin{vmatrix} 0 & -1 & 1 \\ 1 & 0 & -1 \\ -1 & 1 & 0 \end{vmatrix}$中元素$a_{21}$的代数余子式$A_{21}=$（　　）。

A. 2；　　B. 1；　　C. -2；　　D. -1。

4. 设$\boldsymbol{A}$为三阶方阵，且$|\boldsymbol{A}|=2$，则$|-2\boldsymbol{A}|=$（　　）。

A. -4；　　B. 4；　　C. -16；　　D. 16。

5. $\begin{pmatrix} 1 \\ 2 \end{pmatrix}\begin{pmatrix} 2 & 3 \end{pmatrix}=$（　　）。

A. 8；　　B. $\begin{pmatrix} 2 & 6 \end{pmatrix}$；　　C. $\begin{pmatrix} 2 \\ 6 \end{pmatrix}$；　　D. $\begin{pmatrix} 2 & 3 \\ 4 & 6 \end{pmatrix}$。

6. 已知矩阵$\boldsymbol{A}_{3\times2}$、$\boldsymbol{B}_{3\times3}$、$\boldsymbol{C}_{2\times3}$，则下面可以运算的是（　　）。

A. $\boldsymbol{A}+\boldsymbol{B}$；　　B. $\boldsymbol{AB}$；　　C. $\boldsymbol{BC}$；　　D. $\boldsymbol{AC}$。

7. 设$\boldsymbol{A}$与$\boldsymbol{B}$为同阶方阵，下列等式成立的是（　　）。

A. $\boldsymbol{AB}=\boldsymbol{BA}$；　　B. $(\boldsymbol{AB})^{-1}=\boldsymbol{A}^{-1}\boldsymbol{B}^{-1}$；

C. $|\boldsymbol{A}+\boldsymbol{B}|=|\boldsymbol{A}|+|\boldsymbol{B}|$；　　D. $|\boldsymbol{AB}|=|\boldsymbol{A}||\boldsymbol{B}|$。

8. 判断方程组$\begin{cases} x_1-x_2+x_3=1 \\ x_2+3x_3=0 \\ 2x_1+x_2+12x_3=0 \end{cases}$的解的情况为（　　）。

A. 有唯一解；　　B. 无解；　　C. 有无穷解；　　D. 不能确定。

二、填空题

9. 设a为实数，且$\begin{vmatrix} a & 1 \\ 1 & 2 \end{vmatrix}=0$，则$a=$__________。

10. 设$\boldsymbol{A}=\begin{pmatrix} 1 & -1 \\ 1 & 1 \end{pmatrix}$，$\boldsymbol{B}=\begin{pmatrix} -1 & -2 \\ 1 & 2 \end{pmatrix}$，则$\boldsymbol{A}-2\boldsymbol{B}=$________。

11. 设$\begin{pmatrix} a & b \\ 2 & a-b \end{pmatrix}=\begin{pmatrix} 3 & 1 \\ 2 & c \end{pmatrix}$，则$a+b+c=$________。

12. 设矩阵$\boldsymbol{A}=\begin{pmatrix} 1 & -1 & 1 & 2 \\ 3 & 5 & -1 & 2 \\ 5 & 3 & 1 & 6 \end{pmatrix}$，则它的秩$R(\boldsymbol{A})=$________。

13. 设$\boldsymbol{A}=\begin{pmatrix}1 & 2\\ 3 & -1\end{pmatrix}$，则$\boldsymbol{A}^2-3\boldsymbol{A}^{\mathrm{T}}=$ ________。

14. 设$\boldsymbol{A}=\begin{pmatrix}1 & 2\\ 3 & 2\end{pmatrix}$，$\boldsymbol{C}=\begin{pmatrix}1 & 2\\ -1 & -6\end{pmatrix}$，且$\boldsymbol{AX}=\boldsymbol{C}$，则 $\boldsymbol{X}=$ ________。

三、解答题

15. 已知$\boldsymbol{A}=\begin{pmatrix}2 & 1\\ 0 & 3\\ -1 & 4\end{pmatrix}$，$\boldsymbol{B}=\begin{pmatrix}-1 & 4\\ 2 & 0\\ 5 & -3\end{pmatrix}$，且$2\boldsymbol{A}-3\boldsymbol{X}=\boldsymbol{B}$，求$\boldsymbol{X}$。

16. 计算下列行列式的值。

（1）$\begin{vmatrix}m & 0 & 1\\ 1 & 2 & m\\ 3 & 4 & 0\end{vmatrix}$；　（2）$\begin{vmatrix}2 & -1 & 5 & 7\\ 0 & 1 & -3 & 8\\ 4 & -2 & 12 & 17\\ 0 & 0 & -1 & 0\end{vmatrix}$。

17. 设$\boldsymbol{A}=\begin{pmatrix}1 & 1 & 1\\ 1 & 1 & -1\\ 1 & -1 & 1\end{pmatrix}$，$\boldsymbol{B}=\begin{pmatrix}1 & 2 & 3\\ -1 & -2 & 4\\ 0 & 5 & 1\end{pmatrix}$，求

（1）$3\boldsymbol{AB}-2\boldsymbol{A}$；（2）$\left|\boldsymbol{A}^{\mathrm{T}}\boldsymbol{B}\right|$。

18. 分别用伴随矩阵法和初等变换法求方阵$\boldsymbol{A}=\begin{pmatrix}1 & 2 & 2\\ 2 & 1 & -2\\ 2 & -2 & 1\end{pmatrix}$的逆阵$\boldsymbol{A}^{-1}$。

19. 分别用克莱姆法则和初等行变换法求解方程组

$$\begin{cases}2x_1-x_2+3x_3=1\\ x_1+2x_2-x_3=-2\\ 3x_1+x_2+x_3=3\end{cases}。$$

20. 判断方程组$\begin{cases}x_1-x_2-x_3+x_4=0\\ x_1-x_2+2x_3-5x_4=1\\ x_1-x_2-2x_3+3x_4=-\dfrac{1}{3}\end{cases}$ 是否有解。若有解，求其解。

参考文献

[1] 樊映川. 高等数学讲义. 北京：高等教育出版社，1987.

[2] 盛集明，袁黎明，张正东. 高等数学. 武汉：华中科技大学出版社，2002.

[3] 凌明娟.高等数学（一）学习辅导. 上海：同济大学出版社，2003.

[4] 赵佳因.高等数学. 北京：北京大学出版社，2004.

[5] 同济大学数学系. 线性代数. 北京：清华大学出版社，2007.

[6] 李富江，何春辉，赵俊修. 高等数学. 天津：南开大学出版社，2011.

[7] 郭连英，段冬冬. 工程数学. 北京：中国电力出版社，2012.

[8] 同济大学数学系. 高等数学. 北京：高等教育出版社，2014.

[9] 吴赣昌. 应用数学基础学习辅导与习题解答. 北京：中国人民大学出版社，2013.

[10] 卢秀惠. 高等数学及应用数学. 哈尔滨：哈尔滨工程大学出版社，2018.

[11] 陈翔英，熊宵. 高等数学. 北京：中国电力出版社，2019.

[12] 侯方勇. 高等数学学习指导. 西安：西安交通大学出版社，2019.